哲学新课题丛书

SELF-KNOWLEDGE

布瑞·格特勒 著　　徐竹 译

自我知识

华夏出版社
HUAXIA PUBLISHING HOUSE

Routledge
Taylor & Francis Group

目　　录

致 谢

在相当长时间以前,乔斯·路易·贝穆德斯就催促我写这本书,而我实在是拖得时间太长了,在这里要感谢他的耐心。感谢劳特里奇出版社的托尼·布鲁斯和亚当·约翰逊,他们是可靠的、优秀的审稿人。感谢詹姆斯·托马斯的细致而及时的文字编辑工作,感谢马克·伊尔斯曼迅速地完成了本书的索引工作。乔迪·费尔南德斯、卢卡·费雷罗和拉姆·奈塔对本书的手稿作了极有助益的评论,正是他们的意见使本书从实质和行文风格上都获得了提升。安东尼娅·罗罗尔多对有关笛卡尔和洛克的章节作出了极有价值的回应,尽管我也马上指出,她可能并不赞同我对这些观点的处理方式。我同样也受惠于莉萨·莎贝尔,一方面是有关康德观点的理解,另一方面,更重要的是她自始至终对本书写作计划的坚定支持。我也非常感谢弗吉尼亚大学文理学院,允许我从教学工作中抽身休假以完成本书的写作。我要把最深的谢意致以我的丈夫马蒂,感谢他的爱与鼓励。

1

引　言

1.1　本书的主题：自我知识与自我意识

本书所关注的仅仅是一个问题：我们是怎样知道自己的心智状态的？例如，你如何确定当下的感觉与思想？你如何确认自己的信念与愿望？毫无疑问，我们的确知道自己的某些心智状态，就像"我觉得痒"，"我正想要柠檬水"，"我相信今天是个晴天"等这样的陈述，在某些情况下就表达知识。然而，哲学家们对这种知识的本性意见不一。这些分歧对于某些有关知识与心智的更大的争论有着重要的意义。

在刚刚给出的例子中，关于心智状态的知识包含着把这一状态认定为是认知者自己的。例如，辨识出我现在觉得痒。这引起了关于人们如何设想自己、如何把自己区别于其他东西的诸多问题。大多数哲学家同意，任何人都有关于某个"我"或自己的意识，尽管某些哲学家否认自我的存在。但是，关于这种意识是如何获得的，以及它存在于哪里，仍然有着很深的分歧。关于自我意识的争议在形成有关自我及其与世界关系的理论中发挥着关键作用。

我们已经区分了两大类现象，分别称之为"自我知识"（self –

knowledge)和"自我意识"(self‐awareness)。

> 自我知识是关于某人自己的心智状态的知识。例如,关于某人自己当下的经验、思想、信念或愿望的知识。
>
> 自我意识是识别自我(这个"我")的能力,即能够把自我区别于其它东西。

本书主要关心的是自我知识。自我意识的重要性是第二位的。

本章将详细阐述自我知识与自我意识的哲学疑难,简要概述自我知识与自我意识的主要理论,这些理论实际上将贯穿全书,并解释这些议题的哲学意义。我们将会看到,关于自我知识与自我意识的问题,以及对解答这些问题的建议,对于心智哲学、认识论和形而上学中的许多争论都有着重要的意义。实际上,一个人关于自我知识与自我意识的观点,能够在形成他关于心智、知识和自我的理解中起着基础性的作用。所以,哲学家们无休止地为自我知识与自我意识的本性争辩,是完全不会令人奇怪的。

后续几章的深入讨论并不需要以这个简要的引言为前提。在哲学的上述领域已有充分知识背景的读者可以直接进入本章的最后一节,第1.5节。那里展示了全书的基本框架。

1.2 自我知识

1.2.1 自我知识的疑难

很显然的是,你通常能够知道你当下的感觉,你在想什么,你相信什么,你想要什么。这并不是说你通常实际地知道这些——我们几乎很少关注自己的心智状态,所以我们通常也不作诸如"我正在怀念夏天"、"我正有一种温暖的感觉"这样的判断。即便如此,假设某人付给你一便士,想要知道你当下的思想,你却总能够确定你正在思考什么。(尽管你可能不会为了什么微不足道的好处而乐意公开它。)当医生问你的断了的脚趾头感觉如何时,你或许能够给出一个精准的、有信息量的对感觉的描述。当侍者问你是否想要在咖啡中加牛奶时,你能够有信心地回答他。在这些情境中,你处于一种获得了关于你的心智状态的知识的位置上,即知道你在怀念夏天,知道你正感到脚趾头传来轻微的疼痛,知道你想要在咖啡中加牛奶。

同样清楚的一点是,一般而言,在识别你自己的心智状态方面,你要比其他人更有优势。假使别人对于你的思想、感觉和愿望也拥有同样可靠的通路,那么他们就不会为了想要知道你的思想而付给你钱,或焦虑于咨询你对脚趾头的感觉,你是否想要加奶了。因而,对于你当下的感觉或思想,你看起来拥有某种权威,因为你可以通过一种途径,不同于且优越于他人所能采取的方法,来确定这些。更一般地说,主体似乎对于自己的心智状态享有某种第一人称权威。

这种第一人称权威是有限的。某些心理学研究指出,我们特别容易对自己心智生活的某些方面产生误解。具体而言,对于自己的情感特征和倾向的感觉,对于那些激发了选择的原因,主体的认知往往是不可靠的。你的亲密朋友对你的性格和动机的判断,可能要比你自己所作的判断更可靠。第3章讨论了这些实验结果,并介绍了某些哲学考察,它们表明我们在某些类型的心智状态上缺乏第一人称权威。综上所述,这些经验的和概念的研究结果表明,第一人称权威的领域是有明确界限的。我们似乎至多是对自己当下的思想、感觉、经验和命题态度比较有权威。大多数哲学家都承认,我们对于某些心智状态拥有某些类型的第一人称权威。(有一个少数派连这一点也否认。参见下面的2.6节和3.3节。)

阐释在何种意义上我们对自己的心智状态具有权威,并解释这种权威的基础,是许多自我知识理论的首要目标。这些理论特别关心如下的观点:在理解自我心智状态的过程中,人们用了一种其他人所不能用的方法,即一种彻底的第一人称方法。哲学家们试图解释这种方法是怎样运作的,它又如何能导向自我知识。

正如我们所看到的,即便第一人称权威的本性也仍然是可质疑的。一些哲学家把第一人称权威理解为认识论的,将其归于如下事实:主体在观察他们自己的心智状态方面拥有绝佳的位置——也即是说,他们对这些状态有着优先的通路。另外一些哲学家拒斥这种解释,论证说第一人称权威源于我们对自己这些状态的特别的责任,或者是源自于别人如何看待我们对自己这些状态的报告。此外,还有一些哲学家完全否认有第一人称权威,主张我们用以获知自己状态的方法本质上与他人的方法是类似的,尽管它可能看起来好像是不同的方法。

1.2.2   自我知识的诸理论

我们现在来简要考察一下自我知识的主要理论,其中最著名的是亲知理论(acquaintance theory),内感觉理论(inner sense theory)和理性主义理论(rationalist theory)。虽然,所有这些理论中的任何一个都不是内部完全同质的,而是都包含了多种不同的版本,各版本的观点之间在诸多细节上存在差异;但是,仍然存在着这样一些核心论断,它们是界定某种理论区别于其它理论的根据。这些论断乃是对下述问题的回答:人们究竟是通过什么过程获得"自我归因"(self-attributions 关于自己的心智状态的信念)的? 这种过程又如何有助于获得自我知识?

我们先来对亲知理论作一初步的、概要性的阐述,这种理论也是第 4 章的主题。亲知理论家将第一人称权威理解为一种认识论现象,主张理解自我心智状态的唯一途径就是借助第一人称的方法。这种方法也就是内省,即对自我心理内容的内在反思。用以界定亲知理论的明确论断是：人们在内省中直接地意识到——亦即"亲知"到——自己的心智状态。

我们可以通过与知觉意识的对比来解释这种观点。假设现在你看到在你面前有一张桌子。你关于桌子的意识依赖于某些特定的因果关系：一般而言，你之所以能意识到桌子，只是因为那张桌子已经以某种适当的方式（这可能包括桌子如何反射光线到你的视网膜，等等——我们不必为这些细节而操心）因果地形塑了你的视觉经验。若按照亲知理论，对心智状态的内省意识就要比关于桌子的知觉意识更为直接。当你小心谨慎地反思你所具有的某种感觉时——例如你在咬嘴唇时所感到的轻微疼痛，那个疼痛本身并不只是因果地形塑你的内省经验。桌子只是你的知觉经验的原因，但疼痛与此不同，它就是内省经验的一部分。根据这种观点，内省意识并不以某种因果过程（例如光线从桌子上反射到你的视网膜）为中介。在这个意义上，内省意识具有形而上学的直接性：在某人的心智状态与他自己关于这一状态的意识之间，不存在任何的中介环节。

亲知理论家主张，内省意识的这种形而上学特征在认识论上有着重要的意义。知觉同样提供了与此有关的对比。知觉信念的认识论处境依赖于因果关系。假如你以为你看到在你面前有一张桌子，那么在此基础上，你就能进一步相信你面前有一张桌子。这个信念是否能算作知识，将取决于你的视觉经验（看起来像是看到了一张桌子）是否由一张桌子的真实存在所导致。如果它是由某种致幻药物所导致的，那么实际上你就并不知道在你面前有一张桌子。但根据亲知理论，对心智状态的内省意识并不依赖于这种因果关系。因此，基于内省的自我归因就不会出这种类型的错误。现在，亲知理论家不必说，基于内省的判断是不可错的。关键的一点是，知觉信念所容易犯的那种错误并不能影响内省信念。不仅如此，那种能够影响内省信念的错误，例如粗心或没有注意，也同样能影响知觉信念。因此,与知觉信念相比,(某些)内省信念享有特别高度的认识论上的安全性和确定性。

尽管亲知理论强调自我知识与知觉知识的差异,内感觉理论(将会在第5章中讨论)却强调两者之间的相似性。正如其名称所预示的,内感觉理论用知觉或感知的模型来理解内省过程。它的特征论断是,内省意识也是通过一种在知觉意识中也具有的因果过程而发生的。因此内感觉理论家反对亲知理论的核心主张,也就是那种认为内省意识具有一种特殊的、形而上学的直接性——并因此对于自己的心智状态是一种非因果的关系。

在形而上学议题上与亲知理论的分歧同样也导致了认识论上的分歧。既然亲知理论家相信,关于某人自己的心智状态的知识发生于与知觉类似的过程,他们也就否认在这种知识与关于外部世界的知识——例如,关于在你面前有一张桌子的知识——之间有任何复杂的认识论差异。具体而言,他们主张内省性辩护与知觉辩护是类似的,内省判断也会像知觉判断那样出同一类型的错误。

在与知觉相对比时,内省被刻画为形而上学上或认识论上特殊的东西,这使它看起来是神秘莫测的。因此,通过将内省同化于知觉之中,内感觉理论有助于消解这种神秘性。它因此支持了关于心智的自然主义观点,即主张心智与其他自然现象都处于同一个连续统。尽管自然主义不是内感觉理论的一部分,但严格说来,许多内感觉理论的支持者都把这个理论的自然主义涵义视作其重要的优点。

我们已经注意到亲知理论与内感觉理论之间重要的形而上学与认识论差异。对亲知理论家来说,内省导致了一种对某人自己的状态的直接的、非因果的把握。这种把握给予内省信念特别可靠的辩护。而内感觉理论家认为,内省是一个因果过程,内省信念与知觉信念拥有同样类型(或在某种程度上相同)的认识论辩护。

尽管存在这些差异,亲知理论与内感觉理论仍有一种共同的倾向,即它们都把自我知识看作经由观察得到的,并存在于内省经验之中(是内省意识的片段)。在这个意义上,它们都是经验主义的自我知识理论。

我们将在第 6 章讨论自我知识的理性主义理论,它就反对这种经验论倾向。[1]理性主义者的起点是我们对自己的心智状态具有权威这一观点,但他们否认这种第一人称权威是源自于某种对自己状态的特别观察。他们批评说,把我们仅仅看作是自己状态的观察者,这种经验主义的描述把我们刻画得很被动。这里忽视了一个"主体具有权威性"的更深层的涵义,即她是一个能动者(agent),能够对她自己的心智状态的形成负责。

理性主义者论证说,假如自我知识仅仅是一种观察的话,下述情境就将变得不可理解:

> 我内省地观察到,在被一场瓢泼大雨淋透的同时,我仍然相信今天是个晴天。
> 我内省地观察到自己想要退出锻炼,但同时也意识到,这样做就会不利于保持我的身体健康。

这些情境尽管看上去是融贯的,实际上也产生了某种张力。这种张力来自于在理解某人具有某种态度的同时,认识到那些造成这种态度的因素是不合适的、不应当出现的。换句话说,主体的态度并没有适当地与她的理由保持一致:她的理由与她关于今天是晴天的信念相矛盾,与她想要退出锻炼的意向相冲突。理性主义者主张,任何理性主体在这种情况下都会做出解决上述张力的举动:要么他们抛弃那个成问题的态度(例如,关于今天是晴天的信念,或者想要退出锻炼的意向),要么修正那些使其显得不适当的因素(例如,再一次查看天气,或重新评价锻炼对健康的益处。在理性主义者看来,我们消解这种张力的倾向表明,我们并不只是自己态度的被动的观察者。既然我们在促使自己的态度与理由相一致的努力中发挥了这种能动性，那么我们在面对自己的态度时就是理性的能动者。

由于理性主义者关心自我知识中理由的作用，因而理性主义理论就被完全导向了那种以理由来支持（或反驳）的心智状态。这就是命题态度：信念、愿望、意向等。命题态度可以清楚地由理由辩护：例如，关于现在在下雨的信念可以被看到外面在下雨来辩护；想要帮助朋友的愿望能够被所赋予友谊的价值来辩护；想要参加会议的意向可以从实现某人职责的目标来辩护。命题态度也可以用理由来反驳，正如前一段所描述的那些情境那样。但仍然有很大范围的心智状态是理由既不能辩护也不能反驳的，其中包括经验、感觉和幻想。理性主义理论不能应用于这些状态。实际上，理性主义者一般同意我们是经由观察来知道那些状态的。

理性主义者提出态度与理由之间的关系来解释我们如何知道自己的态度。一个基本的观念是，因为命题态度与理由辩护紧密关联，我们就能通过直接考虑自己的理由来确定采取什么态度。如果我被问到关于天气的信念，我会考虑我正被淋透了的事实，然后报告说我相信天正在下雨。如果我被问到是否愿意继续锻炼，我会考虑锻炼的好处，然后报告说我想要继续。关键的一点是，理性主义主张，我们不用通过反省自己的态度就可以知道它们。（从反省到自我知识的明确道路是复杂的，第 6 章会详细讨论。）

自我知识中蕴含着理性的能动性与责任，这一观点引向了理性主义理论与亲知理论、内感觉理论的最重要的分歧。在理性主义者看来，使自我知识根本上区别于他人对你的态度的知识的因素并不是认识论的——这并不是由于你处于一个绝佳的观察你自己态度的位置；上述因素是规范性的，即与你的权利和责任相关的。[2] 因为你是唯一能通过理性的能动性来形成自己的态度的人，你就是唯一一个对这些态度负责的人。特别地，你对确保自己的态度（至少在近似的程度上)与理由相符合负有责任:信念也适合于证据,意向要与长远的目标相一致,等等。如果你违背了这些合理的规范,你就不能经由反思理由来知道自己的态度。理性主义者主张,尽管他人至多只能观察你的态度(或许只是通过观察你的行为来间接地实现),但你却可以非观察地知道这些态度。

沿着上述对亲知理论、内感觉理论和理性主义理论的粗略勾画,我们再来转向第二个问题,即关于自我意识的问题。

1.3　自我意识

自我知识的表述典型地包含对自我或"我"的指称,例如,"我觉得痒",或"我想要退出锻炼"。自我意识的问题关心的是,这种指称是如何做到的,我们如何一般地思虑自我。这些问题不是由自我知识理论提出来的。自我知识理论解释的是我们如何发现那些事实上是我们自己的感觉、思想或态度。而关于如何把那些心智状态确认为我们自己的——也即是说,某人如何把它们识别为是"我的",则是更进一步的问题。

亲知理论与内感觉理论在自我意识问题上没有特别的预设,因而它们能够兼容许多不同的立场和主张。例如,它们与一种极端最小论(minimalist account)是相容的,这种观点否认有任何实质性的自我来作为"主我(I)"或"宾我(me)"的指称物。按照这种最小论观点,那种对自我的指称实际上只不过是对心智状态或事件的指称:"我正在怀念夏天"仅仅意味着,一个有关夏天的思想正在发生。因此,"我"这个词项仅仅具有语法上的功能,正如"它(it)"在"天正在下雨(it is raining)"中的作用一样。思想正如下雨一样发生了,但正如下雨的主语并没有实质地指称哪个东西一样,也不存在任何自我作为思想的主语。

另一方面,亲知理论与内感觉理论又与一种全然相反的观点,即一种强版本的自我意识感觉论(sensory account)相容。感觉论主张,人们的自我概念来自于人们对时空中的自我以及周边环境的知觉经验。一般地,我们把自己思虑为一种在时间中持存的物理存在。所以,即便我们把某个心智状态归因于自己,例如,"我正在怀念夏天",我们也仍是把这种状态归因于一个作为持存性物理对象的自我。

其他值得注意的自我意识观点或许也能够兼容于自我知识的亲知理论与内感觉理论。这其中包括内省论(introspectivism)和主体立足论(situated subject account)的观点。正如其名称所揭示的,内省论认为我们对自我的理解植根于内省性的知识。我们最基本的自我概念,是把自我当作拥有某些心智状态的东西,而那些状态正是我们所内省的心智状态。(这当然并不是说,我们要把那些具体状态当作自我的本质。例如,你可能把自我确认为那个正在经历某种特别的痒的存在,而不必把这种痒当作自我存在的必要条件。)主体立足论的观点首先起于这样一种主张:你如果想指称任何一种具体的东西,就必须选择从一个特定的视角或立足点出发。例如,为了指称那只具体的猫,我必须把它指称为我现在在院子里看见的那只猫,或我正在报纸上读到的那只猫,等等。按照主体立足论的观点,这种关于指称的事实提供了自我意识的钥匙:人们一般地思虑自我,乃是把它当作这个立足点的占有者。正是从主体所占有的这个立足点出发,人们才能指称其它东西。换句话说,我们把所有指称性关系都锚定在自我上。

较之于亲知理论与内感觉理论,理性主义理论在自我意识的问题上就不能持中立的立场了。正如我们将在第6章看到的,理性主义者主张,我们通过基于理由的反思而获得的自我知识,部分地来自于下述事实:我们把自我界定为理性的能动者。但是,能够满足这一限制条件的自我意识观点也不止一种。因此,尽管自我知识的理性主义观点排除了某些自我意识的立场,它也并没有预设任何一种特殊的自我意识观点。

我已经部分地给出了关于自我意识观点的概要，以便指出这些观点所致力于解决的那些问题。第 7 章将会更加详细地讨论这些观点，还会提出其它一些这里尚未涉及到的观点。

1.4 上述理论的哲学蕴涵

我们关于自我知识与自我意识的观点，将会影响到我们对心智哲学、形而上学与认识论中诸多重要主题的视角，或者说，它们会反过来受这些视角影响。尽管自我知识与自我意识的问题就其自身而言已经是富有魅力的，但哲学家们在处理相关问题的时候，往往是怀着与心智、知识和自我相关的更大的理论动机。并且，在这些更大的主题上的具体立场将会形成对自我知识与自我意识的理解。本节就简要地展现了一些其中的联系。（其它内容还将在随后几章中呈现。）

1.4.1 自我知识与心智的特殊性

自我知识之所以引起哲学上的兴趣，部分地是因为它看起来区别于其它类型的知识。它似乎是通过某个特殊的方式达到的，而且这种方式在认识论上特别安全。亲知理论与理性主义理论断言，自我知识是与众不同的，并试图明确解释自我知识何以区别于其它类型的知识。（内感觉理论也同样产生于对自我知识特殊性观点的回应，但大多数内感觉理论家都致力于反驳这种观点，试图解释为什么自我知识仅仅是显得比较特殊。）

特别地，亲知理论与理性主义理论主张，自我知识的特殊性反映了其对象——心智的特殊性。我们现在就来看看，这些理论如何能支持下述观点：在心理的东西与非心理的东西之间，存在着一种复杂的差异。

根据亲知理论,我们对于自己的心智状态有一种形而上学上直接的关系——也即是说,我们是亲知到它们。[3]但我们不能亲知到任何超越自己心智的东西。这表明,在心理领域与非心理领域之间存在着某种重要的划分。前者存在于心理词项中,包括心智状态与思想者,能够通过亲知联系。后者则存在于诸如状态、对象、事件等词项中,它们不能与心理领域中的存在形成亲知的联系。

基于心理与非心理领域的这一区分,以及亲知的知识论,一些哲学家由此支持心身二元论观点。二元论主张,心智是一类独特的现象,它区别于且不可还原为非心理的现象(包括纯粹的物理现象)。从亲知理论中推得二元论,乃是根据弗兰克·杰克逊(Frank Jackson)提出的著名的"知识论证"(Jackson 1982)。论证过程大致如下:

> 根据亲知理论,我们是通过亲知来把握自己经验的某些方面,比如痒是一种什么感觉。但我们不能通过亲知来把握经验的任何非心理的方面。例如,我们不能用亲知来理解与伴随痒的那种神经生理现象。既然亲知到痒并不能提供任何关于其非心理方面的信息,那么我们就能够知道所有关于痒的非心理方面的知识,但却并不亲知到痒。现在,如果一项痒的感觉(心理的方面)可以还原为其非心理的方面(例如那种相伴随的神经生理现象),那么,关于后者的全部知识就能够使我们理解前者。但即便我们获知了关于痒的非心理方面的全部知识,我们也可以还是不知道痒究竟是一种怎样的感觉。未来的神经科学家可能会拥有关于痒的所有神经生理学知识,但她仍然不能由此确定出痒的感觉。要想理解痒的心理方面,我们必须自己去经历(亲知)一番痒。所以,痒的心理方面,比如它的感受特征,是区别于且不可还原为任何非心理方面的,这里也包括与之相伴随的神经生理现象。

　　这里的结论是,心智乃是从形而上学上区别于非心理存在的。它是从种类上根本地区别于非心理存在。这个论证乃是从经由亲知可能与不可能知道的认识论差异中推出两者的形而上学差异。

　　上述心身二元论论证利用了亲知理论的一个论断,即内省深刻地区别于我们用以获知非心理事实的知觉。内感觉理论完全拒绝这种观点。正如上面提到的,内感觉理论通常意味着心智在根本上是与非心理现象类似的。内感觉理论的这个涵义乃是其重要的优点之一。内感觉理论将会支持那种认为心智并无(深刻的)独特特征的观点。

　　这把我们引向了理性主义理论。理性主义主张,自我知识从根本上区别于其它类型的知识。但这并不是因为我们拥有一种独特的、直接观察自己状态的方式,就像亲知理论所认为的那样;实际上,这恰是由于自我知识并不需要采用任何观察。我获知自己的命题态度的能力本就源自于我形成态度的能力,即使我的态度与理由保持一致。这意味着我可以完全不思虑自己的态度,却能够获知自我知识。例如,如果别人问我关于天气的信念,我并不通过试图内省自己的信念来回答。我所考虑的是天气本身:由于注意到阳光普照大地,我就得出结论说,我相信今天是个晴天。这样,自我知识之所以是特别的,乃是因为它可以不经由对知识对象——亦即态度的反省而获得。

　　这种独特特征完全来自于态度是规范性的这一事实。态度的规范性地位——即这究竟是不是思维主体所应该拥有的态度,取决于它是否与主体的理由保持一致。更进一步地说,理性主义一般主张规范性是态度的内在属性。一个理性主体的心智状态,如果不能面向主体的理由作出评价,那么它就不能算作信念。因此,理性主义者认为,态度从根本上区别于那些本质上无规范性的实在方面,这其中不仅包括外部(非心理的)世界,也包括与理由无关的感觉或其它心智状态。

1.4.2　自我知识与认识论辩护

自我知识理论当然也是关于某一具体类型事实的知识理论。因此,自我知识理论对于许多一般的认识论主题有实质意涵,就不足为奇了。

"知识究竟是什么?"这是认识论中最基本的问题。哲学家们尽管一般都同意知识必须是真信念,但在知识所要求的其它特征方面,仍然存在着诸多分歧。换句话说,这些分歧主要是关于认识论辩护的本性,而这是知识所要求的超出真信念之外的东西。[4]自我知识的各种具体理论非常显著地与认识论辩护的某些论点联系在一起。

为了解释这种关联,我们必须区分两种关于认识论辩护的一般概念,即内部论概念与外部论概念。所谓内部论,是指主张认识论辩护采用信念的内在理由,或许是以证据的形式。有些内部论者主张内在理由是指那些存在于心智中的理由(参见 2.3.2 节)。但更多的标准内部论观点则认为,内在理由就是那些可获得的理由。举例来说,我关于"今天是晴天"的真信念,只有当我获得了相信它的理由时,才称得上是知识。而我可能只是看了看窗外,发现外面阳光明媚,所以就获得了相信的理由。如果我不可能获得这种理由或证据,那么即便我的信念为真,从我的视角看,那也不过只是一项猜测而已。所以在内部论的视角下,我就不会认为自己的确知道今天是个晴天,即便我的信念的确是准确无误的。

与此相反,认识论上的外部论者却否认知识需要可获得的理由或证据。一项真信念可以算作知识,只要它恰当地与其所关注的事实联系起来。例如,我可能知道今天是个晴天,只是因为"今天是个晴天"这一事实因果导致了我的信念,或是因为这一信念通过其它可靠的途径联系到实际的天气。这里的关键点在于,我的信念之所以算作是知识,只是由于它与事实本身的联系,即便我不可能知道这种联系究竟是什么。[5]

就以上所谈的内容而言,在我们前面概述的三种自我知识理论与这些相互竞争的辩护概念之间,并不存在严格的蕴涵关系。但一般说来,亲知理论通常与认识论上的内部论观点相联系,而内感觉理论家则大多是认识论的外部论者。理性主义理论则倾向于融合内部论与外部论的观点。

亲知理论通过提供一种满足内部论要求的知识模型来支持内部论的认识论立场。例如,亲知到痒的感觉使我能够内省这种感受,从而这种感受的出现就为我提供了可以获得的理由,使我相信"我现在感到痒"。(这种描述忽略了很多复杂的细节,第 4 章将会给出详细讨论。)更一般地说,当我通过亲知把握到一种心智状态,那个状态就能够作为一个可获得的理由,使我相信我正处于那种状态之中。因此,亲知理论意味着说,至少存在一种知识,亦即反省性知识,能够满足内部论的要求。因而它弱化了对内部论的一项主要的反驳,即是说内部论对知识的要求不合理。亲知理论表明内部论的知识要求是能够得到满足的,至少在反省性知识上已经实现了。

内感觉理论提供了与之完全相反的图景。既然这种理论把内省理解为一种与知觉相类似的因果过程,那么它就特别地合乎外部论的认识论观点。举例来说,内感觉理论家可以主张,之所以关于"我正感觉到痒"的内省判断称得上是知识,乃是因为它是由其关心的事实——亦即"痒的存在"所恰当地导致的。[6]这一(可靠的)因果过程辩护了我关于"我正感觉到痒"的信念。并且,即便该因果过程完全发生于我的视域之外,即便我完全不可获知它,它也仍然能够发挥这种辩护作用。[7]

认识论的外部论者也倾向于支持广义上的自然主义立场,而这同样也是内感觉理论的特点。外部论与内感觉理论都支持下述观点:心智并非根本上独特的存在,而是与自然中的其它部分相连续的。正如我们已经看到的,内感觉理论之所以持有这一观点,乃是因为它把对心理存在的内省性知识也归为对普通对象的知觉。而外部论也尽可能地缩小认知的(与心理的)特殊性,把知识理解为某种类型上的规律性,就类似那种在非认知的(与非心理的)现象中也存在的因果规律。这两大理论结合起来,就形成了一种强大的自然主义图景:它既是针对我们对自我的认识论关系,也同样针对我们对世界的认识论关系。

现在,内感觉理论是一种内省性理论:它主张我们通常能够内省自己的心智状态。因此它承认存在着一种通向我们的心智状态的方式(例如,对明媚阳光的视觉经验,等等)。但是,这种通路与内部论的知识要求无关。尽管只有主体自己才能够使用她的内感觉,内感觉所提供的那种通路却与知觉的通路基本类似。然而,内部论者一般认为,对知识而言,主体必须要对其理由拥有"某些特殊种类的认识论通路"(Plantinga 1993, p. 6;粗体为我所加)。[8]既然内省的通路与知觉的通路是相类似的,那么在内感觉理论看来,内省就没有形成一种特殊类型的认识论通路。因此,既然内部论要求认知主体对他们的理由拥有特殊的通路,内感觉理论就不能与内部论观点相容。

亲知理论也正是在这一方面补充了认识论的内部论。亲知理论承认我们对自己的心智状态具有某种"特殊类型的认识论通路",因此它就有助于理解,为什么不仅仅是自我知识,而且是更为一般的知识都可能满足内部论的可通达性(accessibility)要求。

我想再次重申一遍,认同亲知理论或者内感觉理论,并不必然蕴涵着承诺某种关于辩护本性的具体观点。反过来也是一样:赞同内部论或是外部论,也并不预设任何关于自我知识的具体理论。然而,基于上述理论观点之间相互支持与亲缘性的关系,我们也有理由认为,如果亲知理论家一般接受内部论,而内感觉理论家一般接受外部论,那么也是很合乎情理的现象。

一旦我们考虑到自我知识的第三种主要理论——理性主义,情况就变得更加复杂起来。理性主义的主要论点似乎是外部论意义上的:对于自我知识,它们并不要求认知主体通达某些支持其自我归因的具体理由。但它们同时也断言,只有基于对我们作为理性认知者之本性的纯粹反思,我们才能理解自我归因在一般意义上是怎样得到辩护的。因此,我们可以说理性主义总体上是内部论的:它主张自我知识之所以可能,恰是因为我们能够把握那些与我们的理性本质相关的因素——正是这些因素,在一般意义上为我们的自我归因作辩护。理性主义所包含的认识论细节将会在第 6、8 章中花较大的篇幅讨论。

1.4.3 自我知识与知觉知识

亲知理论主张,我们总是直接地亲知到心智状态,这种直接关系是特殊的:在心智之外,我们并不直接亲知到任何(具体的、偶然的)状态或事件。具体来说,我们不能亲知到外在于心智的世界中的任何物理对象。因此,对外部世界的知觉通路在形而上学上就是非直接的。

亲知理论并不由此蕴涵任何关于知觉知识如何发生的具体观点。但对于某些哲学家而言,内省通路与知觉通路的差异表明,我们对心智之外的世界的知觉把握,是以心智状态为中介的——具体来说,就是以知觉经验为中介的。这通常体现在下述观点中:经验在认知者与外部世界之间形成了一个“知觉之幕”。举例来说,当我感知到外面在下雨,那么我对雨的关系就是以我看到或听到雨的经验为中介的。由于这些经验的存在,我不能直接地通达到雨本身,因为任何这种经验都不能衍推出“外面在下雨”。如果事实上外面没在下雨,而我所看到的下雨实际上只不过是一种视觉幻象,那么上述经验仍然能够发生。更进一步地说,我不可能直接地确定这些知觉经验如何关联到雨本身。假设我现在试图确定这种关系,也即是说,去证实我对雨的视觉经验的确对应于实际的情况,即外面正在下雨。我可能会询问他人是否也看到在下雨，或再次从窗户望出去，或努力看自己是否能听到雨声。但所有这些试图确定视觉经验反映实在的努力，都只能产生更进一步的知觉经验：例如，只有通过我对他人说话的听觉经验，我才能够获得他人关于看到下雨的报告。因此，知觉经验就总是我们对外部世界的关联的中介，它造成了一张无法被撩开的"幕布"。

如前所述，亲知理论家主张我们对自己的某些心智状态拥有形而上学上直接的通路，并且认为内省性知识也会因此得到良好的辩护，是确定的知识。而如果认为知觉经验中介了我们对外部世界的关系，那么相应地，知觉知识就相比于内省性知识而言更少确定性了。

实际上，某些哲学家相信，关于"知觉之幕"的主张将会导向知觉知识的怀疑论。其中的关联是：如果我们不能跨过这层幕布，不能最终确定我们的经验究竟是否精确地反映了幕布之外的世界，那么我们的知觉信念就没有得到辩护。然而，只有在我们首先接受一种过于苛刻的知识要求之后，知觉之幕的观念才会导向怀疑论，而这种知识要求已经远远超出了普通的内部论对可通达性的要求。这种要求就是，认知者不仅必须能够获得他的理由——在这个例子中，就是知觉经验——而且还必须能够确认下述事实：他的那些理由表达了真理。

乔治·贝克莱曾走得比怀疑论者更远。他论证说，造成知觉之幕的经验能够得到完全的解释，并不需要诉诸心智之外的物理对象。因此，知觉之幕的概念就参与建构了贝克莱的唯心论形而上学，这种形而上学主张不存在任何物理对象——整个世界知识是由心智组成的。

内感觉理论也并不预设任何知觉知识的观点。在以知觉的模型解释内省的过程中，内感觉理论没有运用任何特殊的知觉理论。它仅仅假设知觉是一种产生知识的因果过程，而这是一个广为接受的假设。

然而,尽管内感觉理论并不蕴涵任何关于知觉知识的具体观点,但由于它支持外部论概念的认识论辩护,所以它自然也就与知觉知识的外部论观点相结合。按照这些外部论观点,如果认知者的信念恰当地联结到它所关注的事实,那么知觉知识就发生了。例如,如果我关于"我面前有一张桌子"的信念是由桌子的存在所恰当地导致的,那么我就有了关于"我面前有一张桌子"的知觉知识。认识论上的外部论观点并不否认知觉经验在这里的关键作用——它们仅是主张,只有基于知觉经验的信念才能被其所关注的事实所恰当地导致。

问题的关键点在这儿。既然内感觉理论认为内省性知识从根本上是与知觉知识同类的,那么这就表明,心智状态并不会在认知者与心智之外的世界之间造成知觉之幕。因为,假如这里面的确有知觉之幕,那么对那些造成这一幕布的经验,我们所拥有的通路就会区别于我们对幕布之外的世界的通路。但是,内感觉理论已经表明,知觉意识所给予我们的对外部世界的通路,与内省意识给予我们的对自己心智状态的通路,是完全同类的东西。

最后,自我知识的理性主义理论在知觉知识问题上是完全中立的。毋庸置疑,知觉知识是经验性的。既然理性主义主张自我知识是非经验性的知识,那么这一理论对于知觉知识也就没有任何教益可言了。[9]

1.4.4 自我意识与个人同一性

个人同一性理论关心的问题是:在某一时刻上或某一段时间内,究竟是什么组成了一个个体的人。假设我现在既"坐在走廊上"又"思考哲学问题",那么说这两个属性都是同一个人(我自己)的属性,这是什么意思呢?如果我站了起来,那么又有什么东西能够保证,站起来的这个人与先前坐着的那个人是同一个人呢?个人同一性理论就是有关处于某一时刻或某一时间段上的个人如何被个体化(individuated)的理论。

自我意识的理论并没有指明个人的个体化条件。然而,那些对个人同一性感兴趣的哲学家往往是从自我意识问题开始的:最基本的问题是,我们如何思虑自身,以及我们如何把自己与其它东西区别开。因为这些有关自我意识的哲学地图较为复杂,所以我只能就几个关键点作一论述。

对某些自我意识观点而言,我们最基本的自我概念乃是基于内省:我设想自己就是具有我所内省——或能够内省的状态的那个东西。这种简单的内省论观点能够与许多可能的个体化方式相容。它显然提出了一条解决个人同一性问题的心理学进路,也即是说,通过诉诸心智状态之间的关系来确认相同的个体。试想一下我当下有关汽水的念头和对鸟儿歌唱的听觉经验。它们之所以都属于同一个人(我自己),乃是因为这一事实:它们相互之间有着某种重要的心理学联系。例如,我能够同时意识到它们两者的存在。(或者为了避免使用"我"这个词,我们可以换一种说法:两个心智状态属于同一个人,仅当单独某一个状态就能够组成对这两者的意识。)这一进路还用心理学关系解释跨越时间段的个人同一性。例如,我当下关于汽水的念头与今天早晨关于咖啡的念头属于同一个人,乃是因为这一事实:我能在回忆咖啡念头的同时反省自己关于汽水的念头(或者这样说:当下关于汽水的念头可以恰当地与咖啡念头的片段回忆联结起来)。

尽管心智状态之间的关系对于个人同一性的重要性乃是基于心理学的进路,这却并不否认个人也是物理的存在。例如,心智状态可能就等同于大脑的物理状态。关键的一点是,只有根据其与心智的关系,物理因素才能有助于区别不同的个人。

与内省论观点相反的是贝穆德斯(Bermúdez)的感觉论观点。根据这种自我意识理论,任何内省性反思都不能使我产生自我意识。因为我对自己的心智状态的内省通路是"私人性的"：其他任何人都不能以同样的方式通达我的心智状态；然而，充分的自我概念会要求将我展现为一个公共对象，即它的属性也同样能被他人观察到。贝穆德斯论证说，在最根本的意义上，我们是把自己设想为时空中的物理存在。自我意识就是在世界中游历的实践能力。这种自我意识理论非常符合个人同一性问题的身体性进路，它主张通过物理特征之间的关系来确认相同的个体。假如我原先坐着，但现在站起来了，那么按照身体性进路，"原先坐着"与"现在站着"这两个属性都属于同一个人，只是因为它们是同一个身体的属性，或与身体的延续之间存在某种因果关系。正如心理学进路不需要把个人还原为心智状态一样，身体性进路也不需要把个人还原为身体。它所主张的只是，从根本上说，确认相同的个体，区别不同的个体，都是根据身体的属性与关系。

尽管有上述各种分歧，简单的内省论观点与贝穆德斯的感觉论观点都主张自我是一个对象。内省论设想自我是这样一种对象：它的各种状态都在我们的内省中呈现。而贝穆德斯的理论却主张自我是一种公共可观察的对象。但是，主体立足论与理性能动论都反对把自我理解为对象。因为这些理论关注的是我们做了什么，即作为主体的方面，而非我们作为观察对象具有什么性质，即作为客体的方面。

主体立足论背后的重要观念是，我们最根本的自我概念来源于我们意识到并指向非我的具体存在的能力。既然这种意识要求我们相对于这些非我的存在而立足，那么我们就必须采取如此这般的立场。但我们获知这些其它事物的能力并没有给出更多的启示——具体来说，它对于揭示自我的同一性条件并没有任何帮助。

自我意识的理性能动论同样关注我们所做的事情。但不同的一点是，虽然主体立足论关注的事实是我们对具体对象的指称，理性能动论却关注的是我们从事着形成信念与意向的推理性活动。

因此,基本的自我概念是一种能够通过这种推理,形成自己的态度的存在。(这里同样也有一种规范性因素:我就是那个对自己的态度负责任的存在。)所以我们并不只是拥有自己的态度;我们形成了、或者说创造(author)了它们。科斯嘉(Christine Korsgaard)在康德那里发现了这个观点,她描述如下:

> 在一种强调能动性与创造关系(authorship)的个人同一性
> 理论中,……你主动获得的信念与愿望,较之于那些只是在你
> 心中不自觉地涌现的信念与愿望,更加真实地属于你自己。
>
> (Korsgaard 1989, p. 121)

理性能动论的支持者主张用与能动性相关的概念来区别不同的个体,确认相同的个体。个人是能动者,就一个态度来说,它之所以属于某个具体的个人,乃是因为这个人能够在该态度上展现能动性(或者说,承担相应的责任)。

对于各种相互竞争的自我知识与自我意识理论,我们已经追溯了它们在认识论与形而上学上的主要蕴涵。显然,反方向的蕴涵关系也同样存在:有关上述认识论与形而上学主题的各种观点也会影响对于自我知识与自我意识的立场。在接下来的几章中,许多这样的联系还会进一步展现在我们对理论的评价中。

1.5　本书的框架

本书中每一章都是(相对)自成体系的论述,因此那些有哲学背景的读者可以单独摘出几章来阅读。如果讨论涉及到前面章节中的材料,那么我们也会给出清晰的注释,以引导读者去关注相关的章节。

第 2 章概述了哲学史上与自我知识有关的主要观点。我们首

先简要讨论了古希腊哲学中自我知识的重要性,然后转入了对近代哲学家的讨论,这些人的工作对当下的争论仍然有着举足轻重的影响。这一章同时对后面几章将要讨论的观点作了一个更为详细的概述,因为那些观点都能在哲学史上找到其根源。例如,从自我知识的认识论,乃至自我知识理论对关于知识和心智的更大主题的涵义来说,笛卡尔的工作有助于亲知理论的形成。内感觉理论则导源于洛克的著作。更进一步地说,当代内感觉理论家听从洛克的指导,用这一理论解释心智状态的意识性。康德强调能动性在自我理解问题上的核心价值,这激发了理性主义理论。理性主义者也采用一种泛康德主义的先验论证,为那些他们所认为的自我知识提供认识论基础。这一章也讨论了维特根斯坦和赖尔对自我知识之特殊性的质疑。类似的质疑在当代推动了许多针对亲知理论的批评,而支持了某些替代的选项。

我们已经看到,自我知识在某种意义上是特殊的——尽管还有一些理论质疑这个观念,但它无疑是大多数自我知识理论的出发点。因此,在评价这些理论之前,我们需要更好地理解这种所谓的特殊性。第 3 章就考察了自我知识之所以被称作特殊的几种方式。首先,它考察了那种主张我们对于自己的心智状态享有"优先通路"的观点。然后,我们综述了一些经验研究成果,表明我们对自我心智状态的归因并不特别可靠;同时,我们还评论了一些质疑这种优先通路的哲学论证。最后得出结论说,尽管有很多我们的心智特征并不在优先通路的领域中,但如果把讨论的范围限制在某些类型的心智状态上,那么主张自我知识特殊性的观点仍然还是成立的,能够经得起经验的和哲学上的挑战。

接下来的三章分别详细讨论了自我知识的某一个具体观点。第 4 章讨论的是亲知理论。这个理论延续了笛卡尔主义的精神,但它最晚近的鼻祖却是伯特兰·罗素。这一章简要概括了罗素的亲知理论,指出了其观点中的几个疑难。该章的重点放在当代亲知理论的讨论上,其主要代表人物是劳伦斯·邦茹(Laurence BonJour)和理查德·富莫顿(Richard Fumerton)。他们的工作抛弃了罗素理论中很成问题的预设。在阐释了当代亲知理论之后,我们考察了一些对它的主要反驳。对亲知理论的强烈质疑乃是与自我归因形成过程中的概念应用有关(威廉·詹姆斯曾提出了这一焦虑,在当代它又重新出现在罗伯特·斯塔内克(Robert Stalnaker)等人的反驳中)。一种关于现象概念(phenomenal concept)的建议可能有助于驱散上述质疑。如果这种解决方案是成功的,那么它同时也拒斥了维特根斯坦关于私人性的焦虑,以及最近蒂莫西·威廉姆森(Timothy Williamson)有关限制优先通路范围的努力。

第 5 章的主题是内感觉理论,这是由大卫·阿姆斯特朗(David Armstrong)与威廉·莱肯(William Lycan)提出的。在阐述这一理论的过程中,我解释了它广泛的自然主义用途,以及它与意识的高阶知觉理论(the higher – order perception theory of consciousness)的联系。这一章的很多篇幅都用来讨论悉尼·休梅克(Sydney Shoemaker)对内感觉理论的重要批评。我会提出一种论证策略,既能包容休梅克的主张,又能保留内感觉理论。阿姆斯特朗和莱肯都为意识的高阶知觉理论辩护。我将解释为什么这一理论将会与内感觉理论休戚与共。该章还将简要考察自我知识的知觉模型的另一种可能性:弗雷德·德莱克(Fred Dretske)的移位知觉论。

第 6 章讨论自我知识的理性主义理论,重点是泰勒·伯奇(Tyler Burge)和理查德·莫兰(Richard Moran)的紧密相关的观点。我特别讨论了理性主义中一个有些棘手的问题:理性主义是否与那些更为人所熟知的理论一样,也是以认识论维度为核心的自我知识理论? 我的答案是肯定的,同时表明,理性主义者是怎样把自我知识的认识论基础安放于规范性的人类能动性上。我指出了伯奇理论与莫兰理论之间的一个至关重要的分歧,讨论了最近乔迪·费尔南德斯(Jordi Fernández)和阿历克斯·伯恩(Alex Byrne)的一项理论努力:针对莫兰所主张的确定自己态度的"通透性"(transparency)方法,他们试图为此提供一种认识论基础。本章还简要考察了安德雷·加洛(André Gallois)的理性主义观点、休梅克的构成论(constitutivism)观点、以及大卫·芬克尔斯坦(David Finkelstein)和多利特·巴昂(Dorit Bar－On)的新表示论(neo－expressivist)观点。

第7章处理了自我意识的问题。我们首先讨论有助于界定该问题的一些要点,主要有:休谟关于自我不可内省的观点,詹姆斯关于作为对象与作为主体的自我意识的区分,以及与自我意识相关的两种现象:彻底的索引性(indexicality)与免于误认(misidentification)的错误。基于这种对自我意识问题的理解,我们进而讨论了对这一现象的诸多理论解释。第一个是笛卡尔式的内省论观点,罗伯特·豪厄尔(Robert Howell)发展了这一观点;第二是伊丽莎白·安斯康姆(Elizabeth Anscombe)的紧缩论观点;第三和第四个分别是休梅克的主体立足论和露茜·奥布莱恩(Lucy O'Brien)的理性能动论,两者都是康德式的理性主义观点。最后,我们讨论了分别由加雷思·埃文斯(Gareth Evans)和乔斯·贝穆德斯(José Bermúdez)发展的两种感觉论观点。该章以对上述理论观点的详细比较而结束。

在最后的第8章,我们所关注的恐怕是与自我知识和自我意识相关的最基本的主题。我们应该用经验论的术语来解释这些现象吗?自我知识的经验论观点包括亲知理论和内感觉理论,自我意识的经验论观点包括内省论和感觉论。抑或是我们应该采取一种理性主义的解释,支持自我知识与自我意识的理性主义理论?在对这些议题的讨论中,我重点关注了理性主义者对经验论观点的几项批评,例如说它们不能论证通透性的现象,不能证明自我知识在何种意义上区别于一般的观察知识。我将论证这些关于自我知识的考虑并不能保证理性主义的正当性。这里的理性主义观点乃是基于某种对人与理性的更一般的理性主义图景。这个更一般的图景包括了(但并不仅限于)自我意识的理性主义观点。因此,我的结论是,仅就对自我知识自身的思考并不足以论证理性主义的正当性。

小　结

　　自我知识的问题是从下述事实提出来的:我们每个人都似乎具有某种获知自己心智状态的特殊方式,其他人不可能以同样的方式获知我们的心智状态。大多数自我知识理论都致力于探讨这种排他的第一人称方法是如何运作的。但也有一些理论否认我们对自己的心智状态拥有特殊的通路,这些理论致力于解释的是,为什么我们对自己心智状态的通路却看起来像是不同于其他人对这些状态的通路。自我意识的问题关心的是我们如何从思想上把自己与非我的存在区别开——也即我们究竟是采用什么手段,才把自己设想为"主我"或"客我"的。

　　自我意识理论还对很多其它的哲学主题具有重要意义。这些哲学议题包括:心身二元论是否合理、什么是认识论辩护、知觉知识的本性等。自我意识的理论同样也有很多重要的哲学意涵,其中很多是显著地与个人同一性相关。

拓展阅读

　　Hetherington(2007)是一本不错的书,它采用自我反思的训练,促使刚入门的哲学学生了解一系列关于知识、心智和自我的主题。Alter 和 Howell(2009)很容易找到,它为关于心身二元论的争论提供了有趣的导读。Pappas(2008)讨论了认识论的内部论和外部论的重要形式,清晰地解释了区分这些竞争性论点的分歧。Bon-Jour(2009)阐释了知觉知识的主要理论。Perry(1975)汇集了关于个人同一性问题的经典论文,既包括论述某一时刻同一性的文章,也有论述跨越时间段的同一性的文章。Gertler(2008)简要综述了这一领域的研究现状,包括了自我知识的主要理论的概要,以及对每一理论的重要反驳。Kriegel（2007）则考察了自我意识的各种观点。

2

历 史 背 景

2.1　导论

　　本章将概括阐述哲学史上对自我知识与自我意识的各种视角，特别关注那些对该领域的当代思想产生了重要影响的历史人物。

　　我们首先简要地讨论了古希腊哲学家，然后把本章的重心放在三位近代哲学家身上：勒内·笛卡尔（1596－1650），约翰·洛克（1632－1704）和伊曼努尔·康德（1724－1804）。他们的工作持续影响着这一领域的争论。这三位哲学家分别引导了本书所要讨论的自我知识三大理论。亲知理论（第4章）在广义上是笛卡尔主义的，内感觉理论（第5章）植根于洛克的著作，而理性主义理论（第6章）则导源于康德的思想。笛卡尔和康德还分别激发了当代的自我意识理论（第7章）。本章的最后一节讨论了两位二十世纪哲学家的工作：路德维希·维特根斯坦和吉尔伯特·赖尔。他们都反对那种主张对自我心智状态的理解是一种特殊知识类型的观点。他们的论证构成了当代反驳自我知识理论的主要来源。

2.2　古希腊哲学:知晓本性的重要意义

古希腊人认为,自我理解是极其重要的事情。公元前六世纪,"认识你自己"的诫令已经被刻在德尔菲神庙里。这条诫令的要点是不要鼓励那种目空一切式的自我陶醉。希腊人之所以认为自我知识极为重要,乃是因为他们认为自我知识是其它类型的知识——理论知识与技艺知识——的前提。

这种对自我知识的态度在柏拉图《斐德罗篇》的一段中体现得非常明显。据信,该书大概成于公元前360年。在对话中,苏格拉底(公元前469 - 399年)被问到他是否相信某个神话传说。他解释了他为什么无暇去探究这类事情的原因。

> 我的朋友,这件事情的原因如下:我甚至还不能像德尔菲诫令所说的那样"认识我自己",而如果我仍然在这个主题上继续无知下去,那么去探究那些本就不属于我的东西就更显荒谬了。
>
> (Plato 2005, p. 6; 229e)

为什么这件事情会是荒谬的呢? 从载于柏拉图《申辩篇》的苏格拉底受审判时的发言中,我们可以窥豹一斑。德尔菲的先知,据称是阿波罗神的发言人,告诉苏格拉底说,雅典城里再也没有比他更明智的人了。苏格拉底在法庭上重述说,自己听到这番话时感到非常困惑和费解。他从一开始就把先知的预言当成一个"谜",因为在他看来,显然地有很多人比他知道更多东西。具体说来,他提到工匠们"具有关于许多精巧工艺的知识"(Plato 2002, p. 27; 22d)。然而最终他解出了这个谜,因为他认识到,自己具有那些工匠们所缺乏的某种东西,即对于自己知识界限的把握。他承认这或许就是一种明智。

> 每一个工匠都会因为自己在技艺上的成功,而认为自己在其它更重要的事情上也会非常明智。这种错误反而遮蔽了他们实际拥有的明智的光芒。于是,我从先知的角度反躬自问:我究竟是愿意像这些工匠一样,既有其明智又有其无知呢,还是更乐意做我自己,既没有他们的明智,也没有他们那样的无知?我给我自己和先知的答案是:我的优点恰好在于做我自己。
>
> (Plato 2002, p. 27;22d – e)

与工匠不同的是,执着于认识论抱负的苏格拉底意识到他知之甚少。他也因此具备了某种认识上的谦逊德性,而这也是他所说的一种明智。苏格拉底称之为"人类的智慧",表明它至少在当下体现了我们知识的顶点。(但是,苏格拉底也的确认为,人类能够合乎情理地追求更有实质内容的知识。[1])

苏格拉底的观点似乎可以概括如下:如果我们在不清楚自己的认识论界限的情况下寻求知识,那么我们很有可能犯一些无知的错误。正像工匠们那样,我们有可能犯错,且还没有意识到我们已经错了。即便我们已经获得了某些方面的智慧,如同工匠们具有技艺方面的智慧一样,那么这种智慧也将没有多少价值,因为我们不能区分哪些是实际上拥有的智慧,哪些是我们误以为自己知道的东西。在这个意义上,那些明智的光芒也将会被我们的错误所"遮蔽"。

这个论点可以推而广之。不管我们所寻求的是哪一类知识,只要我们不警惕那种认识论越界(epistemically overreach)的倾向,我们的知识寻求就将无果而终。所谓认识论越界,是指以为我们知道一些实际上我们并不知道的东西。尽管《斐德罗篇》的那个段落表明,我们必须在寻求其它类型的知识之前,先获得自我知识,但实际上,自我知识的优先性并不必是时间层面的在先。自我知识必须引导其它类型的知识,因为,对理解的运作与界限的敏感性应当指导所有领域的知识寻求。

希腊哲学家之所以认为自我知识是重要的,也还有其他的理由。我们只有基于正确的自我理解,才能找到那种最适合我们的生活方式。苏格拉底的一个很著名的观点是,最好的生活一定也是一种反思性的生活,因为"对人类来说,没有经过反思考察的生活是不值得过的"(Plato 2002,p. 41;38a)。限定语"对人类来说"在这里非常关键,因为苏格拉底正是从人类的本性引申出反思的重要性:人是理性的生物,因而特别适合于反思。

亚里士多德(公元前 384 – 322 年)追随苏格拉底和柏拉图的论点,主张自我知识对于确定"什么是好的人类生活"非常重要。他明确地论证说,一种关于善好生活的充分概念,必须建立在清楚理解人类能力和倾向性的基础上。亚里士多德在这里看起来似乎与苏格拉底分道扬镳,因为他强调的是把人类作为一种动物来理解的重要性。毕竟,在前面所引的《斐德罗篇》中的那个段落,苏格拉底非常特别地谈到,他必须首先知晓自己,然后才能去寻求其它知识。但是,尽管苏格拉底经常强调人与人之间的差异,例如他自己与工匠之间的不同,他却是用这些差异来揭示关于人类本性的更一般的事实——例如,自知其无知的重要性。合乎人类本性的善好生活是苏格拉底和亚里士多德共同的出发点,即在亚里士多德意义上的幸福。

亚里士多德主张,为了理解何为对人类而言的幸福生活,我们必须首先确认出一种人类独有的能力,那种使我们区别于其他生活的能力。在《尼各马可伦理学》(1097b)中,他提出,幸福的生活就是实现这种独特的能力或"完善的活动"。

　　对一个吹笛手、一个木匠或任何一个专家,总而言之,对任
何一个有某种活动或实践的人来说,他们的善或出色就在于那
种活动的完善。同样,如果人有一种活动,他的善也就在于这
种活动的完善。

（Aristotle 1962, p. 16)①

　　为了找出这种特殊的能力,亚里士多德决定性地采取了生物学
进路,即把人类看作是众多类型动物中的一种。他发现我们的很多
能力其实都不是人类特有的。例如,其它动物也具备类似于感知、
生殖以及自主活动的能力。但是,理性乃是人类独有的。所以,善
好的生活必应包含理性活动的正当运用。

　　亚里士多德主张幸福生活的核心乃是理性的运用,这并不是
说,他主张至善就是获取知识。知识就其自身而言,是一个静态的、
惰性的条件。认知者如果仅满足于重述那些她所感兴趣的固定事
实,那么她也只能被当作一个絮絮叨叨的书呆子。亚里士多德论证
说,善好的生活还要求正当地运用知识来指导行动。属人的善的生
活,即幸福,就是运用理性去思辨——以及更重要的是,运用理性以
形成自己行动的向导。所以,幸福的生活是这样一种活动:它恰当
地得到理论理性与实践理性的指导——亦即是"那种由理性因素的
活动所决定的生活"(ibid., 16 - 17; Nicomachean Ethics 1098a)。

　　人应当如何生活? 这是古希腊哲学家关注伦理问题的核心。
因此,他们把"认识你自己"的诫令也看作是要求反思某些人类本性
的方面,以有助于确定什么是善好的生活。尽管亚里士多德研究这
些主题的方式大大不同与苏格拉底(和柏拉图),但这些哲学家都承
认,善好的生活需要对"应当过的生活"的理性思辨,以及由此引发

---

　　①　译者注:此处译文引用了廖申白先生的《尼各马可伦理学》中译本,商务印书馆
2005 年版,第 19 页。

的对每个人活动的指导。

我们现在赋予自我知识的意义,或可以追溯到希腊人对自我反思的看重。但接下来我们将离开对古希腊哲学家的讨论,因为他们与本书所关注的那些问题并没有太多关联。我们如何知道自己当下的心智状态,我们如何获得自我意识——把自己看作一个独特的个体,这些问题才是本书的焦点所在,而它们只是到了近代才居于哲学讨论的核心位置。

2.3 笛卡尔:自我知识作为认识论的基础

由于笛卡尔在十七世纪的工作,自我知识方面的哲学旨趣从古希腊人关注的伦理意义转向了认识论与形而上学意义。自我知识的讨论着重于以下几个方面的问题:

> 自我知识是否具有认识论意义上的特殊性?
>
> 如果自我知识有助于确保其它类型的知识,那么这种作用究竟是什么?
>
> 内省性反思究竟如何揭示了自我或心智的本性?

笛卡尔对这些问题的回答构成了其哲学的核心。其中,前两个是认识论问题,笛卡尔对它们的回答来源于对知识结构的基础主义观点,以及天赋观念论的信条。第三个则是本体论问题,笛卡尔的回答反映在他的心身二元论之中。尽管几乎所有当代哲学家都拒斥笛卡尔的天赋观念论,[2]但他的认识论基础主义与二元论仍然在影响着当下的认识论与形而上学争论。接下来,我将分别讨论这三个观点。

有关上述三个论断的核心文本是笛卡尔的《第一哲学的沉思》。这部著作本质上是一系列认知能力的训练。由于其哲学上的洞察力,这些训练依赖于每一个读者亲自去体验和尝试。在这个意义上,从事这种认知训练的方法论是第一人称的,也就是说,读者需要假设自己进入那个沉思者的角色(书中的"我")。笛卡尔希望他的读者采取这种第一人称的立场,这在《第一哲学的沉思》的开头就清楚地表现出来。

> 多年之前,我受惑于许多形形色色的假象,在我的童年时代,我就已经把它们接受为真理。随后,我又在此基础上,进一步受惑于那个更加可疑的知识大厦。
>
> (Descartes 1641/1984, p. 12)

显然,这种观点意在引出接下来的探究和考察。[3]但是,如果"我"指的是笛卡尔,那么这一段就只是表达了一个平淡无奇的传记事实:一个十七世纪的法国人曾经意识到,他的很多观念都是假的。尽管这个传记事实能够说明他为什么要系统地考察信念的来源,但却不能激发读者也参与到这项事业中来。如果这一段被解读成一项邀请,即请求读者也开始认识到,他或她[4]也有时会持有虚假的观念,并进而影响着其他的信念,那么这一段才会具备它所应该具备的那种动机性力量。

在关于天赋观念、认识论基础主义和心身二元论的论证中,第一人称方法论都发挥了作用。我们在转向这些论证之前,先对解释本身作一点简要的评论。尽管我所勾画的论证通常被认为是笛卡尔的主张,但对于同一个相关的文本,仍然存在着几种不同的解释,它们对这些论证的阐释彼此不同、相互竞争。对于这些解释上的争论,我不打算做任何裁决的努力。因为我们首要关心的是当代自我知识争论的来源问题,而非对历史上的哲学观点的阐释。我所提供的都是那些强烈地影响了当前争论的解释模式。

2.3.1　内省与天赋观念论

正是在为天赋观念论辩护的语境中，笛卡尔作出了他对自我知识的大胆论断："较之于其他人，对于我自己的心智，我能够获得更简单、更自明的知觉。"（Descartes ibid, p. 22－23）。这就是第二个沉思中著名的白蜡论证的结论。沉思者看到一块融化着的蜡，——或是实在的意义上，或是在其心智的眼中——注意到它所有的感觉性质都发生变化。但他意识到，他仍然把融化前后的东西看作是同一块蜡。他承认白蜡经历了这些变化而自身保持不变。这表明，那些变化了的感觉性质对于他所考察的白蜡而言并不是根本的。

> 但经历这些变化之后的东西，仍然是同一块蜡吗？必须承认，的确是同一块蜡。没有人否认这一点，没有人相信还会有别的答案。那么，究竟是蜡中的什么东西，使我的理解如此清晰和确定？显然，这不可能是那些我通过感觉获得的特征。因为，即便我通过味觉、嗅觉、视觉、触觉或听觉获得的东西都变化了，蜡本身也仍然保持不变。
>
> （ibid, p. 20）

这种思维训练向沉思者表明，他所考察的蜡本身可能有"无穷多种变化"（ibid, p. 21），并且在空间中延展。空间的广延性对其概念非常重要：他所考察的蜡本身一定有某种形状和大小。沉思者意识到，他不可能经由感觉经验获得上述概念，主要根据两个理由：第一，他并没有也不可能经由视觉或其它什么感觉观察到蜡中的"无数种变化"，即便用一生的时间来观察，也还是不能实现。他也不能一个一个地设想那些无数种变化。因此，所谓无数种变化的概念就是一个理智性的、而非感觉的或想象性的概念。第二，我们对广延的理解本质上是数学性的。我们所理解的物体在空间的延展，乃是基于空间的几何性质。(笛卡尔用他的坐标系来解释空间的几何模型,这一点是解析几何的基础。)数学概念来源于人类的理智,而非感性知觉。

沉思者推断说,如果他关于蜡的概念并非来源于感性知觉,那么它一定是天赋的观念。笛卡尔从这个白蜡的特例中,抽象得出了更为一般的结论。他论证说,任何物理存在的本质都是空间的广延性,而既然空间的广延性又是一个数学概念,需要以几何学的术语来解释,因此,我们关于物理存在的概念就不能得自于感觉经验,而只能是一种天赋的理智概念。[5]

最后,既然我们对物理对象(或"物体")的理解有赖于天赋的理智概念,那么,即便是对一块普通的蜡的反思,也有助于揭示心智及其所拥有的天赋观念。

> 我现在知道,即便是感觉或想象的能力也不能严格地把握物体,但仅仅靠理智自身却可以。对物体的这种知觉并不来源于对它的触觉或视觉经验,而是来源于我们对它的理解。在这些思考中,我当然知道,较之于其他人,对于我自己的心智,我能够获得更简单、更自明的知觉。

> (Ibid, p. 22－23)

笛卡尔的精彩结论是,至少有某种自我知识比某些似乎更一般的知识——例如,对物质对象(一块蜡)本性的理解——更容易获得。要想真正理解一块蜡,人们就必须理解广延的基本属性,这进而就要求把握心智中关于广延性的天赋概念。我们正是用这种概念来理解(表面上的)物理对象。

这种观点是否正确?主张我们在对一块蜡的理解中应用了广延性的天赋概念,并不等于说,对蜡的理解包含着对广延性的理解。试比较一下:某人可以相信一幅画是美丽的,且他的信念是得到辩护的，即便他并没有反思任何关于美丽的概念——或是任何可能导向美本质的任何东西。如果说一个人只有在具备审美理论之后才能认识到一幅画是美的，那么这显然不合情理。类似地，我们也可以说，如果要求一个人只有先具备对广延本性的理解，才能认识到一块蜡是广延的，那同样不合情理。基于这一反驳，尽管我在理解蜡的过程中事实上应用了天赋观念，但是，蜡仍然有可能"得到比对我自己的心智更容易、更清晰的理解"。

笛卡尔通过诉诸于认识论的内部论，也能够回应这一反驳。

2.3.2　自我知识与认识论的内部论

在1.4.2节，我们已经勾画出了认识论的内部论与外部论的区别。这里的关键问题是对知识通路的要求。认识论的内部论者一般承认，知识要求认知者对其信念拥有可获致的理由；而外部论者则会拒斥这一要求。以我们前面讨论过的例子来说，我关于"今天是个晴天"的真信念之所以算作知识，乃是因为我能够获得理由去相信这一点——例如，我回忆起几分钟之前，当我从窗户望出去的时候，我获得了关于明媚阳光的视觉经验。

然而，另一种对知识的要求还界定了几种不同的内部论立场。这个要求就是，知识必须得到认知者心智中的理由的支持（参见Conee and Feldman 2004）。这一要求与上面的通路要求紧密联系在一起。那个关于"今天是个晴天"的可获致的理由正是在我心智中的理由：它就是那个当我从窗户望去时发生的视觉经验（心理事件）。实际上，有些哲学家认为，正由于这两个要求是紧密联系的，所以它们在早期关于辩护的文献中就被合并在一起来讨论。但这两个要求又必然是不同的。如果一个信念满足了其中一个要求，在缺乏进一步论证的前提下，并不意味着它也满足了另一个要求。[6]

笛卡尔似乎对知识同时主张了上述两个要求，因此被当作是典型的老牌内部论者。[7]他认为，知识——或就其最高形态、他称之为

"学问"(scientia)的东西来说,就是基于理由的信念。这些作为信念基础的理由,必须既是可获致的,又是存在于认知者心智中的理由。这将有助于解释,笛卡尔的沉思者何以能从对蜡的反思中得出结论说,"较之于其他人,对于我自己的心智,我能够获得更简单、更自明的知觉"(Descartes ibid., p. 22 – 23)。如果我关于外部世界的信念能够算作知识,那么我必须能够获得某些支持该信念的理由,并且,这些信念必须是在我的心智之中的东西。由于笛卡尔从认知者自己心智中的可获致的理由来界定知识,所以他实际上也就认为,所有知识都蕴涵着关于认知者自己的心智状态的知识。他指出,"所有那些组成了我关于蜡的知觉的思考,或任何什么其他的东西,都不可能比我自己心智的本性更加清楚明白"(ibid, p. 22)。

这些对知识的强内部论要求实在是有些过分了。但在《第一哲学的沉思》中,笛卡尔的目的是推证出知识的最高形式——学问的必要条件。学问之所以是知识的特殊的崇高形式,乃在于它必须能够经得起所有的怀疑。他自述其目标是"在诸门学问中确立一种稳定的、有可能持续下去的结构"(ibid., p. 12)。一种有限的笛卡尔立场是,知识中任何特别安全可靠的部分都至少潜在地依赖于自我知识。而一种较为健全的认识论内部论将可以很好地支持这种有限的笛卡尔观点。如果这两个内部论要求运用于那些对外部对象或事实的知识,那么就会看到,我们关于自己心智状态的通路就将被蕴涵在某些关于外部世界的知识之中。

2.3.3 自我知识与认识论的基础主义

我们刚刚已经看到,对笛卡尔来说,自我知识是蕴涵在所有知识状态之中的,至少需要蕴涵在那些具有充分严格形式的知识(scientia)之中。笛卡尔的自我知识观点也影响了他对知识的总体结构的看法:他认为自我知识为认知者的知识整体提供了基础。

笛卡尔通过在知识整体与建筑物之间的类比,来表明他的认识论基础主义立场。笛卡尔主张知识形成了一个结构。就像在一般的建筑物中那样,这个结构中的上半部分是否稳定,部分地取决于它的基础是否牢固。一般的建筑物的地基必须十分牢固,这样才能支撑起上面的楼层。与之相类似的是,我们的知识大厦的基础也必须非常的牢固,只有这样它才能支持知识结构中的其它部分。我们知识大厦的基础部分是一类特别可靠、享有优先地位的信念——它们被称为基础的(或基本的)信念。其它信念要依赖于这些基础信念为之提供辩护。

除非基础信念自身已经得到了非常可靠的辩护,否则它们就不能承担起为其它信念提供辩护的重负。在《第一哲学的沉思》中,为了论证基础信念享有最强的辩护效力,它引导读者去做这样一种认知训练:首先把沉思者所有的不能得到充分辩护的信念全部清除出去。一项信念要想在知识整体中获得自己的地位,就必须满足一种过度严格的辩护标准:它必须是不可怀疑的。信念 P 是不可怀疑的,仅当怀疑 P 对人们来说是完全不可能的事情。(至于这种不可能性究竟只是心理学意义上的,还是也是认识论的意义上的,仍然是一个有争议的问题。但是,从心理学上说,只要认知者有能力怀疑一项信念,那么该信念就不是不可怀疑的。)如果真的存在某种不可怀疑的信念,那么它们必定能够作为沉思者新的信念整体的基础。所以,笛卡尔非常恰当地认为信念的整体是一幢"大厦"。

通过把某人的信念置于"不可怀疑性"的标准之下,寻求某些极端可靠的信念,这种方法被称为怀疑的方法。在第一个沉思中,沉思者徒劳地尝试确定一个不可怀疑的信念。在第二个沉思中,沉思者更新了她对确定性寻求的预设,阐述了怀疑的方法。

> 任何东西只要有一丁点可怀疑的地方,我都将置之一旁,就好象我已经发现它是全然虚假的东西一样。我将一直这样进行下去,直到我发现某种确定的东西;或者如果没有任何东

西留下来的话,那么我至少也认识到没有什么确定性。阿基米德曾经只要求一个固定的不动的点就能撬动地球,同样地,我最大的愿望也是找到一个东西,无论它多么微不足道,但却是确定的和不可撼动的东西。

(Ibid., p. 16)

一旦发现了它,那么这个"确定无疑"的信念就将形成我们新的信念大厦的基石,因为(1)其它信念都依赖于它(也就是说,由它来辩护),但(2)它却并不依赖于其它信念为之提供辩护。

为了帮助读者运用怀疑的方法,笛卡尔提供了一个装置,用来帮助我们设想到某些以前从来不可能想到的怀疑。他要求我们设想"某个恶意的魔鬼,以它强大的能力和精明,尽其最大的努力来欺骗我"(ibid., p. 15)。这就提供了某种最糟糕的知识图景:那个恶魔或邪恶精灵拥有控制人类思想的最大可能,其目的在于用虚假的信念来诱骗人类。

在第二个沉思的我思论证中,沉思者发现,"我存在"通过了邪恶精灵的测试。显然,沉思者关于自己存在的信念,只有联系到她对自己的思想(或感觉)的当下意识,才能算作是确定的。

我假设,有一个拥有强大能量和绝顶聪明的欺骗者,它故意一直欺骗我。在这种情况下,如果它在欺骗我,我却仍然毫无疑问地存在着;即便它尽其所有可能来欺骗我,但只要我认为我是存在的,它也不能使我不存在。因此,在非常透彻地思考了所有可能性之后,我必须得出结论:命题"我是"、"我存在"不管何时放在我面前,不管何时我心中想到它,它都必然为真。

(Ibid., p. 17;其中粗体为本书所加。)

　　显然地,命题"我存在"蕴涵在"我被欺骗"和"我思考命题'我存在'"之中。但在这里,笛卡尔的观点并不仅是说,一个人如果不存在也就不可能被欺骗(等等)。这一事实并没有表明人们是如何知道他自己存在的。对于这些知识,我们需要自己存在的证据。有个建议的回答是,心中思考"我存在"的命题就提供了这种证据。通过对拥有这一思想(或者任何其它此类的东西)的内省性反思,我能够获得这种证据,并因此能够意识到我存在。

　　邪恶精灵所能做的就是系统性地欺骗那些受害者,因此,受骗者的思想是虚假的,经验是不可靠的。但即便邪恶精灵造成了他所能做到的最坏的情况,那些受骗者也还是可以内省地反思自己的思想,并因此有足够的证据表明他们存在。事实上,这种证据已经有足够的确定性,因为在反思自己思想的同时,我们不可怀疑自己的存在。

　　主张我们能够通过反思自己的思想而确切地知道"我存在",并不等于说,我们能够确切地知道自己在思考的是什么。关于某人存在的知识仅仅要求他确定自己拥有某些思想。任何类型的思想都能够满足这个要求。我们可以反思命题性思想,例如"一个邪恶精灵能够欺骗我",或者是疼或痒的感觉。即便我们搞错了自己实际拥有的思想类型,我们也一样能进行我思(cogito)。例如,即便我们以为自己拥有的是洋红色的感觉,而实际上我们所经验到的是紫红色,但这并不妨碍我们通过反思确定自己的存在。(第4章将详细讨论这类错误的可能性。)

　　我思论证的一个重要结论是,对某人思想(或某人正在思考)的内省意识是认识论辩护的基本来源。[8]这种意识辩护了满足不可怀疑性标准的第一个信念,即"我存在";并且,这个信念似乎并不依赖于其它更基本的信念来辩护。实际上,在这一问题上不可能还有其它信念或方法是认识论合法的,因此这也就是说,再没有什么其它东西能够支撑它了。内省经验提供了最基础的知识,这是一个极其有影响的观念。[9]第4章所讨论的亲知理论就部分地受这种观念支配。

我思还激发了一种重要的自我意识观点,即主张最基本的自我概念——那种作为"主我"的自我概念——只是由内省意识形成的。(参见7.4节以下。)对这一观点的尖锐批评聚焦于其笛卡尔主义的意蕴:它会导向心身二元论,把自我理解为与他人相隔离的存在,或是理解为一个被动储藏思想的容器,而非一个能动的思想者。

最后一项批评来自于这样一种观点:既然沉思者所知道的东西不过是她在那时执行了我思,那么邪恶精灵就仍然可能是她的思想的创造者。因此对思想的内省意识只能辩护关于某些思想存在(或现在正在发生)的信念。为了得出"我存在"的结论,我们就不得不采用一种极弱的"主我"概念。在这种弱概念下,我就是某种拥有思想的东西,但我可能不是自己思想的来源——我甚至可能根本不能控制这些思想。更进一步说,我可能只是存在于某一时刻,可能只是某种拥有当下内省到的那些思想的东西。

威廉·詹姆斯和伯特兰·罗素都注意到,我思乃是基于一种弱化了的"主我"概念。

> 如果我们能用英语说"思想认为(it thinks)",就像我们说"天下雨(it rains)"或"风在吹(it blows)"那样,那么我们就应该以更简约、更少预设的方式陈述事实。既然我们还做不到这一点,那我们就简单地说思想在继续。
>
> (James 1890/1981, p. 224-225)

但是,应用笛卡尔论证的时候必须非常小心。"我思,故我在"所表达的东西已经超过了它在严格意义上确定知道的东西。它看起来似乎是说,我们非常确定自己与昨天的我们是同一个人。这在某种意义上无疑是正确的。但真实的自我……似乎并没有那种所谓绝对的、令人信服的确定性。这种确定性

是属于具体经验的。……具备原初确定性的乃是我们具体的
思想与感觉。

（Russell 1912, p. 19）

这并不是对笛卡尔论证的批评，只是关于如何应用这一论证的
谨慎态度。笛卡尔也有可能赞赏这种谨慎的评论。尽管在《第一哲
学的沉思》中，笛卡尔还主张我们的确控制了自己的思想，我们所具
有的某些属性是我们的内省对象所不具备的，等等，但是，这些结论
都已经超出了我思论证所能够确保的范围。（有趣的是，上面所引
的罗素的书中，他发展出了一种认识论的基础主义，在很多方面都
继承了笛卡尔的观点。）

2.3.4　自我知识与心身二元论

第六个沉思中包括了笛卡尔著名的心身二元论论证。根据这
一论证，对自己的心智状态的反思证明，心理的东西与物理存在之
间存在某种基本的本体论差异。下面是这一论证的概要形式。（引
自 Descartes 1641/1984, p. 54）

（1）"所有我能清楚理解的东西都只能是上帝的创造，正是上
帝使它们准确地对应于我对它们的理解。"

（2）如果 A 可以在没有 B 的情况下存在，且 B 也可以在没有 A
的情况下存在，那么 A 与 B 就是不同的东西。

所以，

（3）"如果我能清楚理解一件事物不同于另一件事物，那么这
已经足够确定地向我表明，这两件事物是不同的东西。"

（4）"我对我自己有着清楚的观念，我把自己理解为仅仅在思
考的、无广延的东西"——也即是说，我可以设想我自己（我的心
智）在没有身体的情况下存在。

（5）"我对身体有着清楚的观念，我把我的身体理解为仅仅广

延的、无思想的东西"——也即是说,我可以设想所有物理对象,包括我的身体,在没有心智的情况下存在。

所以,

(6)"我自己的确区别于我的身体,我可以在没有身体的情况下存在。"

因为(3)得自于(1)和(2),而(6)得自于(3)—(5),所以这里实质的前提只是(1),(2),(4)和(5)。但按照一种对该论证的自然解读,前提(4)主张了某种对心智的健全理解,而这正是整个论证的关键所在。为了体会沉思者理解心智的意义,考虑一下安托万·阿诺德(Antoine Arnauld)的反驳会很有帮助。阿诺德是笛卡尔的同时代人,且笛卡尔也回应了他的批评。

阿诺德认为上述论证是无效的。他设想了一个类似的推理过程,假设是由某个还没有学会毕达哥拉斯定理的几何学学生作出的。这个类似的推理利用了笛卡尔的观念,即上面的假设(1)所表达的,"所有我能清楚理解的东西都只能是上帝的创造,正是上帝使它们准确地对应于我对它们的理解"。那么,这个几何学学生就可以由此推论说,既然他可以设想一个直角三角形,其中斜边长度的平方不等于其它两边的平方和,那么上帝也应该能创造出一个这样的三角形来。

这里的困难是很常见的。我们要么主张,某个图景的可设想性并不意味着其可能性,要么就必须承认,我们可能只是错误地以为自己能清楚地设想那个图景。

笛卡尔选择用第二条方案来化解这个反驳,但并没有回应阿诺德的焦虑。既然那个学生可能错误地以为自己能清楚地设想一个违背毕达哥拉斯定理的直角三角形,那么,何以沉思者就能肯定自己能清楚地设想那个没有身体的心智存在呢? 正如那个学生忽视了直角三角形的本质特征那样,如果我们训练自己去设想所谓的没有身体的心智,我们或许也忽视了心智的某种必然特征,即空间中的广延性。

正是在这一点上,笛卡尔关于心智理解的观点才显露出其真正的意义。在他看来,我们对心智的理解就是"完整的",因为它已经容纳了心智所有的本质特征——尽管这当然不会是心智的全部特征。这种对心智的理解发端于细致地关注我们自己的思想,正像我思论证所做的那样(因为这个论证是在笛卡尔证明了上帝存在且不会欺骗我们之后,所以,它比我思论证拥有更多可以利用的认识论资源。这些先前的结论确切地表明,只要细致地关注我们自己的思想,我们就可以完整地理解自己的心智,而不至于遗漏任何本质特征)。

较之于哲学史上的其他人物,笛卡尔更为突出地讨论了自我知识的问题。我们现在可以理解为什么会是这样。笛卡尔认为,关于外部世界的知识乃是从属于关于自己心智状态的知识,甚至是由自我知识充当其中介的。他相信,内省性的自我可靠性为我们的信念体系提供了认识论辩护。通过认真反思自己的心智过程,他论证了心理存在与物理存在之间的本体论分野。

很多当代哲学家都认为,上述笛卡尔主义的观点都很可疑。然而,尽管笛卡尔的确曾公开地对自我知识持乐观态度,但尚不清楚的一点是,他是否真的持有那些被称之为"笛卡尔主义"的过分观点。笛卡尔在自我知识方面的核心主张仅仅是,如果我们让自己免于先前偏见的干扰,认真谨慎地关注自己的思想,把我们对心智状态的自我归因仅仅限制在那些无可怀疑的情形上,那么,我们就能够在心智状态的自我归因中达到确定性的要求。

重要的是,尽管我们能够确切地知道自己的心智状态,但这并不意味着我们对心智状态的知识是不可错的,或无所不知的。我们如果反省自己的思想时不够认真仔细,就很有可能犯错误,把某种思想误认为成另一种思想。因此,关于自己思想的判断并不是不可错的。既然我们有可能把某种思想误认为成另一种思想,那么我们就有可能缺乏关于当下心智状态的知识——所以,我们对自己的思想也并非无所不知。

笛卡尔强调了达到自我知识确定性的困难:一方面,从心理学上说,知识确定性要求我们付出谨慎细致的注意力。除非某个思想者真的已经准备好了,否则她就不应该尝试这种辛苦费神的反思活动。在《第一哲学的沉思》的开始处,沉思者说道,"今天,我特意让自己的心智摆脱各种烦扰,为我自己安排了连续的空闲时间"(ibid, p. 12)。因此,在任何情况下,我们都要特别小心谨慎,避免把那些言过其实的自我知识主张归于笛卡尔的名下。[10]

笛卡尔主义的反对者现在已经远远多于它的支持者。但是,笛卡尔的观点仍然是经典的类型,当代自我知识争论中的所有观点都能够在其背景上得以澄清。

2.4 洛克:内感觉理论

自我知识的主题在洛克那里也居于核心地位,它形成了其关于知识与心智的观点。洛克主张,自我知识乃是通过一种内省性的能力而获得的,洛克称这种能力是"内感觉"。根据这一建议,内省在某种意义上就类似于知觉;但是,视觉、听觉以及其他"外"感觉都是指向外部世界的,而内感觉则是指向认知者自己的心智。

> 任何人都在其自身中具备观念的这一来源……尽管就其与外部对象无关而言,它不是感觉;但它与感觉很相像,可以被恰当地称之为内感觉。
>
> (Locke 1689/1975, II. 1. iv)

洛克关于内感觉如何运作的观点,影响了他关于知识、思想与个人同一性的观点。我将依次讨论这几个方面。

2.4.1 内感觉与知识

洛克认为,使我们获得自我知识的通道,乃是一种类似于知觉的能力,这体现了他与笛卡尔的分歧。当然,也许这里的分歧仅仅是所强调的程度有所不同。正如我们已经看到的,笛卡尔特别强调,关于自己思想的内省性知识与关于外部世界的知觉知识之间存在着根本的差异。由于洛克把内省也理解为一类"感觉",与知觉相类似,所以他就更加强调内省与知觉的相似性。但是,洛克对内省作如此解释,并不意味着他会认为,知觉在认识论方面与内省同样可靠。洛克与笛卡尔都同意,有某些自我知识,包括关于自我存在的知识,要比任何知觉知识都更加可靠和确定。

但洛克的内感觉理论的确提供了一种对笛卡尔观点的反驳。这种反驳所针对的主要方面是笛卡尔的天赋观念论。洛克评论道,如果天赋观念论是对的,那么对于认知者而言,就可能有某些观念存在于其心智中,而他却从来没有意识到他拥有这些观念。洛克认为这不能自圆其说:在他看来,某人拥有一个观念必然蕴涵着他意识到该观念(我们将在下一小节中讨论这个论断)。

洛克认为,在任何情况下,证明某个信念是天赋观念的唯一正途,乃是确认该具体观念(或观念类型)不可能发生于经验。但我们所有观念的源头都能够被解释为是源自于经验的——任何一个观念或者是来自于内感觉(洛克也称为反思),或者是来自于外感觉(感受经验),抑或又是两者的结合。洛克的结论是,我们的心智最开始是一块白板(tabula rasa),然后通过内感觉与外感觉,它开始填满各种观念,这些观念又进而得到理智的组织和管理。

洛克也接过了笛卡尔认识论所探讨的问题。洛克《人类理解论》的核心目的就是确定人类知性的界限。笛卡尔认为,为了把握事物的本质,人类理智需部分地由天赋观念构成:例如,广延性是物理对象(一块蜡)的本质,我思是心智的本质。但洛克特别要表明的一点恰恰是,我们不可能知道这些本质。他论证说,我们不能从对象的基本把握中洞悉其本质,因为这种把握并非理智性的,而是知觉性的——亦即是说,是通过感觉与内省性反思获得的。

2.4.2 内感觉与意识

洛克的确否认我们能知道心智的本质,但他同时也作出了关于心智的大胆论断:我们总是意识到自己的思想。他主张,任何人

> 无论是在清醒时还是在睡梦中,都不能在思考的同时又不感觉到自己在思考。对于思想之外的任何东西来说,我们感觉到它的能力都不是必然特征。但我们能够感觉到自己在思想,这却是思想的必然特征,并且也将总是其必然特征,因为我们不可能在思想的同时又不意识到自己在思想。

> (Ibid., II. 1. x)

这并不是说,我们总是想到(或关注到)自己的思想。尽管我们从孩提时代就能思考,但主动地反思自己的想法却只是成年之后才常有的事情。

> 这样我们就可以知道,为什么大多数孩子直到很长时间以后才明白自己心智的运作。其中有一些人甚至终其一生都不太清楚自己的心智究竟是怎么一回事。因为,尽管他们不断地从心智真相的旁边经过,但却视若无睹,从来没有对此留下深刻的印象,不足以在其心目中形成清晰的、连贯的观念。直到有一天,他们的知性能力转向其自身,心智反思自己的运作,并把它当作自己思辨的对象。

> (Ibid., II. 1. viii)

这里所表达的观点是,在孩提时代,思想与感受就像视域边缘不为人注意的对象。一盏在视域边缘的昏暗的灯或许能够进入我们的视觉经验,尽管很可能我们并没有注意到它的存在。它对经验的影响可能形成了一种视觉意识,即便人们并没有真正意识到它就是如此这般的一盏灯。洛克的意思是,类似地,即便我们没有关注到自己的思想,甚至并没有意识到它们是思想,但就其影响了我们的经验而言,我们也仍然可能意识到了自己的思想。

思想总是伴随着对思想的意识,这是否仅仅是一个巧合?洛克的确说过,意识"将总是思想的必然特征,因为我们不可能在思想的同时又不意识到自己在思想"(粗体为本书所加)。但这种表述似乎有些同语反复。因为洛克似乎认为,所谓没有意识的思想根本就是无意义的概念:

> 任何人都不可能在知觉的同时又不感知到自己在感知。在我们的视觉、听觉、嗅觉、味觉和触觉经验中,在我们沉思或想要什么东西时,我们都知道自己在做什么。
>
> (Ibid., II. 27. ix)
>
> 如果有人说,某个人一直在思考,但却并不总是意识到自己在思考,那么这就相当于说身体具有广延性但却没有部分一样荒诞无稽。
>
> (Ibid., II. 1. xix)

显然,洛克并不相信,思想仅是偶然地与对思想的意识相联系。对思想的意识必然伴随着思想本身,这一观念同时直接就是对自己的解释。洛克很可能认为,任何思想都是有意识的,这本身就是一项概念上的真理,或者很接近于概念真理的东西。(尽管这种观点今天看来并不合情理,但它的确曾是主流的观点。所以,当弗洛伊德提出,存在一个重要的无意识的心理领域时,那就是非常革命性的观点。)

一旦我们承认所有思想都在意识范围内,那么只要再需要一小步,就能得出结论说,我们意识到所有自己的思想。这最后的一小步论证就是,认为有意识的思想就是认知者所意识到的那些思想。洛克似乎论证了这一步,他说道,"意识就是感知到那些从人们自己的心智中经过的东西"(ibid., II. 1. xix)。如果这意味着,感知某个思想也就是使其进入有意识的领域,那么,从洛克关于"所有思想都是有意识的"这一论断,就可以推得下述观念:我们在知觉中意识到了所有自己的思想。(有必要再说一遍,思想之成为有意识领域的一部分,很有可能也仅仅是在意识的边缘存在——我不必把思想感知为如此所是的东西。可以与下面的例子作一比较:我可以从视觉上确定那些昏暗的灯所发出的光,而不必意识到那里存在着一个如此这般昏暗的灯。)

因而,洛克的观点是,内省乃是经由一种"内感觉"的运作而开展的,这在当代许多哲学家那里都得到应用和修正。我们将在第5章讨论这些洛克观点的继承者。某些当代的内感觉理论家也认同洛克的另一论断,即意识就是一种对自己思想的知觉意识。他们支持一种意识的"高阶知觉"理论。按照这一理论,意识状态是人们通过内知觉或"内感觉"的运作而意识到的状态(Armstrong 1968/1993;Lycan 1996)。而通过内感觉来把握自己的思想,则又是一种高阶的知觉,因为所要被把握的那个思想本身已经是知觉性的——比如,它本身可能就是一项视觉经验。

洛克与其当代继承者的一个区别是,洛克相信所有思想都是有意识的,而高阶知觉理论家则主张,正是内感觉的运作把有意识的思想与无意识的思想区别开来。但考虑到洛克只把那些有意识的思想才称作"思想",上述差异也因而是微不足道的。

然而,在洛克的观点和当代内感觉理论之间,还存在着更重要的差异。其中的一个差异是认识论方面的。洛克认为,我们有责任调整自己的信念,使其与适当的理由相一致。因此,即便有某些没有得到理由支持的信念也可能为真,洛克也还是会认为,这些信念并不能算得上是知识。

> 如果一个人没有任何理由地相信某件事,那么他实在是陷入了对幻想的热爱中。但是,这样做既不是追求真理——如同他所应当做的那样,也并非皈依上帝,因为正是这位伟大的造物主赋予其洞察辨析的能力,为的是让他免于谬误。他这样做就是没有充分利用其能力,即便他有时也能照见真理的光芒,但那也只是偶然的正确。我不知道这种偶然的幸运是否能作为他毫无章法、胡乱相信的借口。
>
> (Locke ibid., IV. 17. xxiv)

这一观点就是,真正的知识要求我们的信念乃是基于(可获致的)理由。这表明,洛克与笛卡尔一样,都是认识论上的内部论者。可是,当下的内感觉理论的标准观点却采用知识的外部论观点。他们将内感觉视之为"隐蔽在幕后"运作的虚拟存在:通过内感觉获得关于某个思想的信息,一般而言并不需要经由对该思想的经验。(而像视觉这样的外感觉是需要经由经验的,所以这一点就标志着内感觉与外感觉的差异。)例如,有一位内感觉理论的主要代表人物就描述说,内感觉所包含的过程就是"信息或信念的单纯流动"(Armstrong 1968/1993,p. 326)。基于内感觉,某些关于自己思想的信念之所以是知识,乃是因为上述过程是可靠的,而不是因为它为自我归因提供了可以获得的理由。

洛克观点与当代内感觉理论的另一个重要区别乃是与心身二元论问题有关。洛克主张说,就我们所知道的来说,人类的认知能力只能属于一种非物质的实体。(他并不承诺笛卡尔主义的实体二元论:洛克对本质的不可知论立场,使他区别于笛卡尔。参见

Bermúdez 1996。)但我们也不能排除下述可能性：上帝把思想"添加"到一个物质性的实体上。在任何时候，洛克都清楚地表明自己绝不接受关于心智的物理主义立场。也就是说，他并不主张思想与感觉存在于或不超过于物理的状态或事件。

但是，大多数当代的内感觉理论家都拒斥二元论，主张心智与心理性存在也都是物理存在。内感觉理论化解了一个支持二元论的主要的论证，即主张内省与知觉之间存在认识论差异。这个论证起始于主张存在着下述差异：一个人知道自己疼，要比他知道自己的所有物理属性都更有确定性。我们可以通过内省性关注来把握感觉的本质（例如，疼痛的那种特殊的痛感），但我们不能通过关注某个物理事件或物理属性来获知它的本质。二元论者因此主张，这种心理存在与物理存在之间的认识论差异，最好被解释为心智状态与物理状态之间的本体论差异。（当然，要从认识论前提得出本体论方面的结论，还需要有实质性的论证。）内感觉理论提供了一种化解上述论证的思路。由于内感觉理论认为内省也是知觉的一种，所以物理主义者就有理由反驳说，内省并没有提供一种特殊类型的认识论通路。因为上述二元论论证从一开始就夭折了。

2.4.3　内感觉与个人同一性

洛克的内感觉理论的最大遗产或许就是对个人同一性理论的贡献。洛克认为，人们总是意识到自己的思想，而且更进一步说，正是这种对自己思想的意识界定了每个人的自我。之所以我们说各种各样的思想都属于同一个自我，乃是因为他们都是同一个意识的对象。洛克提出，一个人就是

> 在思考的智慧生物，有理性，有反思，能够意识到自己是一个"我"，意识到自己就是在不同时间、不同地点保持同一的思想者。他之所以能做到这一点，乃是由于那种与思想须臾不可

离的意识……既然意识总是伴随着思想，因而正是这种意识造就了每个人都称之为"我"的那个东西，并因此使他自己区别于所有其他思想者，仅就这一点而言就形成了个人同一性。

（Locke ibid., II. 27. ix）

根据洛克的理论，某个具体的思想（或行动）之所以是我的思想（或行动），乃是因为我以某种适当的方式意识到了它，即通过内感觉或"发乎内"的记忆来意识到它。尽管内感觉与记忆都是意识到思想或行动的方式，但内感觉据称是一种更为基本的自我意识方式，它是其后记忆"发乎内"的必要条件。

洛克既然主张以意识作为个人同一性的标准，那么他也就要拒斥另一种观点，即以人的身体作为个人同一性的标准。洛克完全明白这种理论后果，他论证说，同一个物理的身体可以容纳不同的个人。他举了一个很有名的例子：某个人拥有皮匠的身体（我们可以设想一个满手老茧的人），却有着关于王侯行为（比如签署敕令）的"发乎内"的记忆。洛克的结论是，这个人就是王侯，只不过他现在拥有的身体以前曾属于一个皮匠。例如，在他签署敕令的时候，这位王侯（通过内感觉）意识到他想要做这件事情。这些提供了其后他对这次行为的意识（通过回忆）。

每个智慧生物都能重复关于过去行为的观念。而这个重复观念的意识与他第一次拥有这个观念的意识，是同一个意识；并且，它与任何对当下行为的意识也是同一个意识。正是基于这一点，我们才说这里是同一个个人的自我。

（Ibid., II. 27. x）

洛克的论断是，意识"造就了每个人都称之为'我'的那个东西"。如何解释这一论断才最合理，仍然存在某些争议。一种解读是,洛克的意思是,一个思想或行动属于我,仅当我(通过内感觉或回忆)意识到了这个思想或行动,尽管我可能并没有把它认作是我的思想或行动。而另一种解读则认为,洛克所表达的观点是,一个思想或行动属于我,仅当我把它认作是我的思想或行动,甚或是把它占用为我的思想或行动(参见 Winkler 1991)。

尽管洛克首要关注的是跨时段的个人同一性,第 7 章对自我的讨论却将关注在一个时刻上的自我知识。洛克的观点自然是,在某一时刻上的同一性与这个人对自己思想与行动的当下意识相联系,且这种意识必定是通过内感觉而形成的意识。根据上面提到的第一种解读,"我的手起老茧了"这一当下的思想,与签署皇家敕令的记忆(也可以在一种不精确的意义上看作是当下的状态),如果都属于同一个个人,那么,按照洛克主义观点,这只能是由于上述思想与记忆都属于同一个意识——即便这个人尚没有意识到这些思想和记忆都是他自己的思想与记忆。而根据第二种解读,这些思想和记忆属于同一个人,当且仅当这个人占用了这些思想与记忆,或者他认识到这些都属于他自己的意识。

在任何情况下,洛克都主张,我们一般都把自己设想为拥有某些确定思想与感觉的东西——这些思想与感觉就是我们意识到或有能力意识到的东西,或者也可以说,它们是被认为是属于我们自己的东西。我们现在转向讨论康德。康德主张,洛克关于个人同一性的观点忽略了下述事实:我们把自己设想为理性的存在物。

2.5 康德:自我知识与理性的能动性

由于康德的自我知识观点有些晦涩不清,在这个简短的讨论中,我将主要依赖于别人对康德的解读。特别地,我受惠于安德鲁·布鲁克(Andrew Brook 2006)的工作。在本节中,我的目的是厘清康德思想中的某些侧面。它们之所以重要和有意义,恰是因为它们激发了当代的自我知识理论。康德的思想极大地影响了自我知识的理性主义理论(第 6 章),同时也影响了自我意识的主体立足论和理性能动论观点(第 7.6 – 7.7 节)。

康德认为,我们利用内感觉来把握自己的思想与经验。

> 内感觉是……这样一种意识,它表明,当我们受自己的思想影响时,我们究竟经历了什么。
>
> (Kant 1798/1974,7:161,转引自 Brook 2006,p. 96)

至于康德的内感觉概念究竟是否类似于洛克的概念,尚不完全清楚。然而,至少有一点是很清楚的,那就是康德引入了另一种特殊的、能动者性质的自我意识类型,并因此区别于洛克(同样也区别于笛卡尔)。这一区别具有非常重要的意义,因为在笛卡尔和洛克那里,自我知识至少在某种程度上——其或从来就是——纯粹观察性的知识。首先,我思论证是基于观察作出的。在这种观察的视角中,思想就是发生着的事情,尽管某个邪恶的精灵很有可能控制了这个被观察到的思想。其次,洛克用知觉模型来理解内省,这更突出了内省也是一种观察的意义。在这两种情况下,内省的主体相对于其所内省到的思想,可能全然处于被动接受的地位。

经由内感觉得到的对自己思想的观察性把握,与经由"纯粹统觉"达到的对思维活动的把握,这两者之间存在着巨大的差异。康德正是抓住了这种差异。"内感觉不是纯粹统觉,不是对我们正在做的行动的意识;因为这只能属于思想的力量。"(Kant ibid.)而在拥有思想力量的意义上,我们才是能动者。任何简单的观察都不能使我们把握到这一事实。相反地,只有运用能动性,我们才能把握自己的能动性。布鲁克解释了这种能动者性质的自我知识都包含哪些内容。

如果一个人是通过认知的或知觉的行为才具有自我意识的,那么,他的自我意识也是一种把自己看作自主的、理性的、自我规约的、自由的行动者,而不是把自我看作表征内容的被动接收者:"我之所以是一个智慧的存在物,乃是由于我意识到智慧只是某种组合的力量"(B158 – 159),这就是"自我的活动"(B68)的组合。

(Brook 2006, p. 98;文中页码引自 Kant 1781/1787/1997)

能动者性质的自我知识,与对思想的观察把握,之所以是不同的,既是由于两者的本质存在根本差异,也是由于我们获得这两类知识的方式是不同的。能动者性质的自我知识是关于能动性的知识,亦即是关于"自我的活动"的知识。这里所说的能动性是指理性的能动性:因此也才有了下述判断:"我之所以是一个智慧的存在物,乃是由于我意识到智慧只是某种组合的力量。"更进一步说,这种类型的知识总是经由能动性而得到的:例如,通过某种行为或思想的创造。当我慎思某个非常重要的决定,我就是在主动地衡量那些相关的考虑,权衡各种理由,等等。这一活动使我意识到,我是一个能动者,拥有创造思想的力量,能够决定行动的选择。

我们应当强调它与观察性自我意识的区别。在我思论证中,笛卡尔认为,即便不能排除邪恶精灵的可能性,我们也还是可以观察性地把握自己的思想。这也就意味着,我们不必是所观察到的那些思想的创造者。类似地,在洛克的内感觉模型中,即便我只是全然被动地与思想相联系——例如,即便这些思想是洗脑的结果,我也仍然可以观察到这些思想,并且给出关于它们的自我归因。康德承认某些种类的自我意识是通过观察得到的。但他论证说,那些仅仅观察性的自我意识仍然依赖于能动者性质的自我知识,后者是比观察性知识更为基本的自我知识。

特别地,根据康德的观点,有能力获得能动者性质的自我知识,这是观察性自我知识的先决条件。如果我不把自己理解为一个理性的能动者，一个能形成思想和意向的存在物，那么我就不能仅仅通过观察而得知自己的思想或意向。因为，一般而言，我们所理解的"我"就是理性的能动者，就是那种能够创造思想、激发行动的东西。由于对自己的理性能动性的观念属于人们最基本的自我概念，所以每当我们对思想作自我归因时，这一观念总已经蕴涵于其中。

理性的能动性对自我知识具有极其关键的作用。这一点已经体现在许多当代最主流的自我知识理论中。理性主义理论的支持者认为，关于自我知识的争论已经过窄地仅关注于观察性的模型，这不能为我们对信念以及其它态度的知识作辩护。因为，如果某人仅仅观察一个信念，他便没有运用自己对该信念的能动性。——意即是说，信念是某种他能够基于自己的证据而去坚持或拒斥的东西。因此，理性主义者主张，如果仅以纯粹观察性的模型来理解自我知识，那么就会与我们对自己态度的真实关系失之交臂。

有一个例子可以说明，当代理性主义者究竟对自我态度的能动性把握赋予了怎样的意义。假设我相信某个犯罪嫌疑人是有罪的，但我也意识到，自己关于其有罪的证据非常不足（参见 Burge 1996）。理性主义者主张，只要我仅仅只是观察那个对嫌疑人有罪的信念，那么我恐怕就会总是觉得其证据基础非常微弱。因为，在对该信念的观察中，我总是把它仅仅看作我的一个属性，就如同"有雀斑"也是我的属性一样。我没有把相信当作某种我正在做的事情。纯粹的观察并不能使我意识到，我正是这个信念的能动者——并因此也应该对这一信念负责。为了认识到这些，我必须运用我的能动性：例如，经由那些基于证据的反思，我最终放弃了（或保持了）关于他有罪的信念。这个过程正是理性的能动性的运用，因为我在其中受理由的引导，以拒绝或更新我的信念。

正是康德激发了这种关于理性能动性之关键作用的观点。然而，我们并不能确定，康德本人是否会支持这种理性主义立场。

当代理性主义者还在康德思想的其他方面找到了灵感,这其中就有对先验推理的运用。理性主义者主张,我们的理性先验地确保了获知自己态度的能力。因为,他们先验地推理说,假如我们不能获得关于信念与态度的能动者性质的知识,那么我们就不会是那种对自己的信念与态度负责的理性能动者。例如,一旦我认识到,自己关于嫌疑人有罪的信念无法得到辩护,那么我就有责任抛弃这种信念。但除非我能把该信念恰当地理解为可修正的、可以作重新评价的对象,不然的话我就不能对此负有责任。因此,我们只有对自己的态度负有责任,才能在认识论上有资格作能动者性质的自我归因。

按照这种观点,能动者性质的自我知识就不具有经验性的认识论基础:这不是由内省提供的证据问题,或是关于内省性过程的可靠性问题。真实的情况是,这一基础来源于我们的理性本质。这一观点还将在第 6 章中详细讨论。

2.6 维特根斯坦与赖尔:怀疑自我知识

我们对解释自我知识的观点作了一个简要的历史脉络梳理,这里所展现的许多观点都主张,自我知识是特殊的或不同寻常的东西。笛卡尔认为,相对于其他类型的经验知识(比如知觉与记忆)而言,自我知识是非常确定的知识。他还认为,只有内省性的反思才能够揭示心智的奥秘。既然这类反思引导我们通达那些心智中隐藏着的天赋观念,因而它也已蕴涵在我们对物理对象本质的理解之中。洛克认为,内省是一种特殊的官能,这种官能的用处(或其潜在的用处)就是有助于确认个人的自我同一性。康德主张,自我知识就其根本而言包含着对自己的理性能动性的把握,这种把握也正是通过能动性的运用而实现的。

然而,历史上这些理论进路的批评者却主张,自我知识在任何意义上都不具有独特性。在本节中,我们将讨论两位哲学家的观点。他们在二十世纪上半叶的工作都致力于表明,自我知识并不是独特的。首先,我们将讨论维特根斯坦的论证,他否认自我知识是一项重要的认识论成就。进而我们将讨论由维特根斯坦的论证引发的两个替代性的建议,以理解非认识论意义的自我归因的特殊性。最后一部分讨论了赖尔的论证,他认为自我知识至少在认识论意义上只是一种平淡无奇的现象。

2.6.1 维特根斯坦的怀疑:私人性与认识论意义

维特根斯坦多次表现出对"自我知识是否可能"的怀疑态度。

> 我可以知道别人在想什么,但不可以知道我在想什么。说"我知道你在想什么"是正当的,说"我知道我在想什么"是错误的。(一大团哲学的云雾凝聚成一滴语法。)
>
> (Wittgenstein 1953, p. 222)*

这一段似乎主张,尽管我可以从认识论上通达别人的思想,但却不能获得关于我自己思想的知识。但维特根斯坦的意思并不是要否认我们具有自我知识。更合理的解读可能是,这一段否认自我知识类似于对他人思想的知识。我们可以正当地说,我知道别人在想写什么。这种知识是重要的,也值得我们关注。对他人思想的知识乃是一项认识论成就。相反地,我们从来都假设每个人在某种意义上知道她自己在想些什么。这种知识就不具有对他人思想的知识的那种意义。因此,它也并不是一项认识论成就。说"我知道我

---

* 译者注:维特根斯坦原文的译文参考了《哲学研究》(陈嘉映译,上海人民出版社2001年),下同。本书原文标明引用出处有误(原为第一部分的315节,实际上引文出自第二部分的第222页),这里予以订正。

在想些什么"是荒谬的,因为它把对我自己的思想的知识描述为一项认识论成就,就好象那些对他人思想的知识一样。

为什么要否认关于自我思想的知识是认识论成就呢?维特根斯坦的论证分为两个步骤:首先,我们可以看到,通常我们对自己所思所想的意识,较之于我们对别人所思所想的理解,并不遵循相同的方法。例如,我不用听自己说"我中午吃什么?"就已经知道我在想中午该吃点什么。这表明,如果自我知识算作是一项真正的认识论成就,那么它必定是通过运用某种非常特殊的认识论方法而获得的,即那种纯粹第一人称的方法。

其次,维特根斯坦否认有某种纯粹的第一人称方法,用以确定自己在想什么,并能够产生认识论上的实质判断。这就是维特根斯坦著名的"私人语言论证"的结论。这一论证牵渗很大范围的哲学主题,也从诸多不同的方向上被诠释。我在这里关注的是该论证的其中一条线索,它发端于追问我们如何测量纯粹第一人称方法的精确性。如果第一人称方法的结果将胜过所有由第三人称方法得到的其他竞争性的结果,那么第一人称方法本身就不能以第三人称方法来检验。如果我报告说"我正想到了雪",那么别人的否定回答"不,你没有"就不能真正驳斥我的报告,即便是这种否定回答对其他人而言有着相当强的证据支持。这些对第一人称报告的挑战只不过被蔑视为不正确的,或不恰当的。这部分论证的结论是,既然第一人称报告已经免于第三人称视角的挑战,那么,通过第一人称方法的精确性就不可能在与第三人称方法的对比、检验中获得证实。

当然,我们可能会想到,第一人称方法也许根本不需要独立的确证,因为这种方法产生了特别有确定性的判断。(这或许是笛卡尔的观点,[11])但维特根斯坦论证说,如果我们用纯粹第一人称的方法来确定自己在想些什么,其结果又是不能受到质疑的,那么,对于"我自己正在想到雪"这个报告,就不会有任何独立的评判标准。为了证明这种方法的有效性,我可能会重复地运用这种方法。但我的思想却可能会在这里的间隔中悄悄转换了,所以即便是产生了不同的结果,也不能由此怀疑原初的那个判断。更重要的是,我们不能仅仅通过重复运用这种方法来确证其可靠性,因为这种测试恰恰已经运用了它所试图评价的那个方法。在括号里的附注文字中,维特根斯坦用一个类比来突出了这种测试程序的循环性:"就好象有人买了好几份今天的同一种晨报来向自己确保报上所说的属实。"(Wittgenstein ibid.,§265)

因此,为了确定纯粹的第一人称方法是否可靠,我们就需要其它的能确定自己所想的方法。这种替代的方法将会提供评判第一人称方法的标准——也就是说,它是"我正想到雪"这一自我报告的"正确性标准"。维特根斯坦坚持认为,如果没有这个标准,那么,我对"想到雪"的涵义的基本理解就将完全得自于"我正想到雪"这个纯粹第一人称的证据。[12]这种证据就其不能被他人获得而言是私人性的存在。但这样一来,基于我的私人性证据,关于"我正想到雪"的判断就不能算是真正的认识论成就。针对某种被认为是对感觉的第一人称理解,他写道:

> 在这个例子里我全然没有是否正确的标准。有人在这里也许愿说:只要我觉得似乎正确,就是正确。而这只是说:这里谈不上"正确"。

> (ibid.,§258)

对于"我正想到雪"这一断定,如果没有一个正确性的标准,那么关于我所思的真断定——正确的判断——就只能通过我的私人性证据来把握——亦即是说,只是在我看来是正确的。这样,我对"我正想到雪"的断定就不构成关于实在的知识——这里所说的实在应该是独立于我的证据的东西。因此,这种断定也就不是任何认识论成就。

我现在来概括一下维特根斯坦的论证线索。假如自我知识是一种认识论上的成就，那么它就运用了一种纯粹第一人称性质的方法。但既然第一人称的报告是不容置疑的，因此也就没有独立的正确性标准。这样一来，看起来的正确性与真正的正确性之间就没有根本的差别了。这也就意味着，关于我所思的知识根本不是什么认识论成就。（需要强调的是，这仅仅是维特根斯坦论证的其中一条线索，并且即便是对于这条线索，也还存在着诸多相互竞争的解读方式。）

把握自己思想的第一人称方法具有认识论意义且不容置疑，这就是维特根斯坦所怀疑的观点。威尔弗雷德·塞拉斯（Wilfrid Sellars）同样对此持怀疑态度。他主张，在理解思想与感觉中所用到的概念，并不能由私人性证据来构成：

> 这些概念的报告作用，它们在内省中发挥的作用，每个人都对自己的印象拥有优先通道这个事实，共同构成了这些概念的一个维度：它表明，这些概念应当建基于它们在主体间性话语中的作用，并预设了这种主体间性。
>
> （Sellars 1956/1997, p. 115）

换句话说，我们对思想与感觉的概念深刻地植根于"主体间性的话语"，因此，它不能等同于所谓的对自己所思的私人性证据。

维特根斯坦与塞拉斯关注私人性，怀疑纯粹第一人称方法——例如内省——是否能产生认识论上有意义的自我知识，这都对自我知识的亲知理论提出了特别严峻的挑战。（实际上，罗素的亲知理论的确是维特根斯坦论证的矛头所向。）在所有自我知识的主要理论中，只有亲知理论主张，自我知识是一种基于私人性证据的认识论上的实质成就。第4章将会讨论，当代亲知理论家如何面对维特根斯坦主义和塞拉斯主义的观点而捍卫其立场。

2.6.2 维特根斯坦主义的选项:默认性权威与表示论观点

有些学者认为,维特根斯坦的论证除了有批评性的成果之外,还提出了替代他所批评的认识论进路的建议。我们这里讨论两种可能的替代:默认性权威(the default authority)观点与表示论(expressivist)观点。

根据默认性权威观点,每个人对自己的信念、意向或其它什么态度,都拥有一种特殊的、非认识论意义的权威。在日常的交流语境中(意思是在说话者的真诚和理智不会遭受怀疑的情况下),像"我相信正在下雪"和"我想要去铲雪"这样的第一人称报告就是被预设为真的。这里关键的问题并不是说,我们对自己的态度有特殊的证据,或者能有特别的方式确保这些知识的可靠性;而是说,我们的确倾向于认可别人对其自己态度的报告,这正是出于对这类报告运作方式的理解。对于像"我相信正在下雪"这样的报告,我们不能回应说"不,你没有这个信念",这种回应之所以是失败的,乃是由于语言上的或概念上的理由,而非认识论上的理由。如果一个人用如此的方式来作回应,那么说明他根本没有理解这个语言行为,或者是没有理解信念的概念。

克里斯宾·赖特(Crispin Wright)从维特根斯坦那里发现了这一观点,他作了如下描述:

> 主体对自己心智状态的信念或表白,一般应当具有权威性,这是一项构成性原则:它不是由这些状态的本性所造成的副产品,也不是由于主体与心智状态之间有着认识论上优先性的关联。一旦我们想要去确定主体的信念、愿望和意向,这种权威性就已经在那里了,它是我们能够完成这种确认的原初

条件。

（Wright 1989，p. 632）

因此，像"我相信正在下雪"这样的第一人称报告，其默认的权威性就是"信念"概念的一部分。任何有这种概念的人，任何能把我的话语理解为信念表达的人，都会因此而听从我对自己的第一人称报告。

默认性权威的观点认为，第一人称与第三人称的报告之间的不对称性，乃是由于我们共享某些关于态度的概念，从根本上说，也是由于我们的社会实践。（基于这种对维特根斯坦的解读，拥有相关的概念只不过是恰当地参与这些社会实践。）赖特从维特根斯坦的立场上，为这种不对称性提供了实践的基础：一般而言，在对别人的意向、态度问题上听从他们自己的说法，这样的社会实践有助于我们形成对他人的理解。但这种实践基础全然不是认识论意义上的基础。[13]

赖特基于上述理由批评默认性权威观点。按照他的分析，只是由于对第一人称权威的认识论说明遇到了困难——正如我们在前面小节中所看到的那样，所以我们才转向用社会实践来为第一人称权威奠基。但是，赖特认为，对第一人称权威的完全说明要远远超出默认性权威观点所能容纳的范围。他把默认性权威观点描述为"仅仅是一种邀请，当我们在解释某些东西遇到困难时，它邀请我们选择将其当作原初性的东西，本身不需要再进一步解释的东西"（Wright 1998，p. 45）。

有些学者的解读则认为，维特根斯坦持有另一种关于第一人称权威的观点，可称之为表示论。与默认性权威观点相同的是，表示论也主张，像"我正感到疼痛"和"我相信正在下雪"这样的话语并不反映对自己心智状态的知识。但表示论走得更远，它完全否认这些话语是说话者心智状态的真实报告。实际上，这些话语只是那些心智状态的直接表达，它是与那些非语词表达并行不悖的东西。例如，我说"我正感到疼痛"，这表达了我的疼痛，但这与我畏缩的神态、嗷嗷的叫声一样，都是在相同的意义上表达了我的疼痛。如果我只是神情难过或嗷嗷叫，那么我并没有作出什么断定，我也没有表达任何关于"我正感到疼痛"的信念。因此，表示论主张，"我正感到疼痛"这个说法并不是一项断定，它表达的是疼痛本身，而非关于我正在疼痛的信念。

极端的表示论观点认为，正如神情难过与嗷嗷叫无所谓真假一样，"我正感到疼痛"的话语也不能以真值来评价。（巴昂称之为"简单表示论"；参见 Bar‑On 2004，p. 228–232。）而一些更温和的表示论观点，比如罗克尼·雅各布森（Rockney Jacobsen 1996）对维特根斯坦的解读，则主张，即便这些话语不是断定，但它们也能够从真值上来评判。

按照表示论的观点，像"我正感到疼痛"或"我想喝水"这样的表达性话语直接地体现了心智状态：一般而言，我们表达自己的疼痛与愿望时，并不判断说自己正感到疼痛，或者自己想要喝水。既然说话者并不判断她是否具有某个心智状态，她当然也就不会犯认识论意义的错误。我的表达性话语明白无误地体现我的心智状态，正像我的难过神情表现了我的疼痛一样可靠。（这当然不需要是绝对可靠的：毕竟，我可能一预料到疼痛就会畏缩起来。）我的话语的可靠性并不体现任何我这方面的认识论成就，正如我的畏缩也不是什么认识论成就一样。

无论是默认性权威观点还是表示论观点都主张，我们对自己心智状态的关系与别人对这些心智状态的关系，本质上是非常不对称的。但这两种观点都否认，这种不对称性具有任何认识论意义。默认性权威观点用我们的社会实践来解释这种不对称性，亦即是那种我们听从他人对他们心智状态的报告的实践。而根据表示论观点，这种不对称性是由于下述事实的存在：每个人都只能表达他自己的

心智状态:其他人所能做的则只是描述这些心智状态,例如别人说
"你在疼痛中"。由于这两种观点都不着眼于解释我们对自己心智
状态的认识论关系,所以它们就其自身而言并不是自我知识的理
论。

因为本书所主要关注的事情只是自我知识的认识论维度,所以
我们就不再进一步讨论默认性权威与表示论观点了。(我们将会在
6.5.3 节简单讨论到一种当代的温和表示论,即新表示论的观点。)
本书所详细讨论的那些理论都遵从了这样一条预设,即认为在第一
人称与第三人称性质之间存在着某种认识论意义的不对称性。只
不过在所有这些理论之中,内感觉理论旨在表明,这种认识论意义
的不对称性要比通常人们所想象的要更为肤浅和表面化。而理性
主义理论则承认,这种认识论意义的不对称性植根于某种更基本
的、非认识论意义的不对称性。

2.6.3 赖尔:作为理论建构的自我知识

吉尔伯特·赖尔主张,我们对自己心智状态的知识,与对他人
心智状态的知识,虽有差别,但至多也只是程度上的差异。

> 我关于自己的报告与我关于你的报告都有着同一类缺陷
> ……自我意识这个词如果还有些用处,它也不能被描述为某种
> 神圣的超视觉模型,就好象一个火炬,能借助它内部的一面镜
> 子,用自己发出的光来反射照亮自身。相反地,它只是下述情
> 况的一个特例:我们或多或少地有效利用了某个或多或少的诚
> 实而理智的知情者。
>
> (Ryle 1949/1984, p. 194–195)

赖尔所描述的那个"神圣的超视觉模型"就是传统的自我知识
概念,他认为笛卡尔就是持这种概念(ibid., p. 159)。他基于很多

理由反对这种模型,我这里只关注其中的两个理由。第一,这一模型承认所有心智状态都是已知的:借用他的比喻,我们的心智就好比内里装配了镜子的火炬,从而心智中的所有东西都能被心智所反思(把握)。赖尔反对这种观点,他主张认识本身是一种倾向性(dispositional)状态:如果我知道我所想要的东西,我就倾向于形成某些关于我的愿望的信念。自我知识并不是对自己心智状态的连续意识,而这恰恰是传统的自我知识模型的涵义。

赖尔反驳传统的笛卡尔主义模型的第二个理由,则关注于下述论断,即自我知识在认识论上是直接把握我们自己的心智状态,而对他人心智状态的把握则只能是间接的。在赖尔看来,我们用以确定自己心智状态的方法,完全就是我们用以确定他人心智状态的方法。这种关于我们如何认识自己心智状态的观点,乃是来自于某种类似行为主义的对心智状态的理解。赖尔对自我知识与他人知识"问题"的解释展现了这种行为主义立场。

> 我们如何确立并应用某种似律性(law－like)命题,以概括那些公开的与隐蔽的人类行为,这其实只是个方法论的问题。……如果我自己碰巧就是这项研究的主题,那么也没有任何特别重要的意义。
>
> (Ryle ibid., p. 169)

赖尔认为,许多心智状态都可以被分析为行为的倾向性。因此,例如要想确定你是否想要吃冰淇淋,我只需要确定的事情是,当你听到叫卖冰淇淋的卡车经过,你是否将要试图冲出门去,如果你知道冰淇淋已经卖完了(之类的事情),你是否会感到非常沮丧。通过观察你在相关情形下的行为,我就确定了上述行为的倾向。(这些例子当然是过于简单化了。)既然我自己想吃冰淇淋的愿望也不过是一种行为的倾向性,那么对于我自己是否拥有对冰淇淋的愿望这个问题,我也是用相同的方法来解决。

至于那些本身不具备倾向性特征的心智状态,赖尔也承认我们对它们可能拥有非倾向性的知识。这些非倾向性的心智状态包括我们当下沉浸于其中的那些思想,当下经验到的那些感觉,等等。

> 但是,当人们平常说知道自己此时在做什么、想些什么、感受到什么时,这里其实存在的是"知道"的另一种含义。这种含义正是意识的幽灵理论(the phosphorescence theory of consciousness)尝试去描述然而却没有成功刻画出来的东西。
>
> (ibid. , p. 174)

但赖尔表明,即便是在这些情况中,我们也并不拥有这样一种心智状态,就好象是它构成了对另外一个心智状态的理解那样。相反地,这样的自我知识就是一种"心智的持存性条件或构架",在其中我们"准备去完成"某些任务,并因此"注意到"自己的所思所行(ibid. , p. 176)。特别显著的是,赖尔否认这种类型的自我知识完全区别于对他人的知识,因为人们同样能"注意到"他人的所思所行。因此,对所思所行的第一人称理解与第三人称理解的区别就仅仅是"程度上的差异"(ibid. , p. 179)。

尽管当代的大多数哲学家都认为,自我知识与对他人的知识之间存在着某种重要的认识论差异,但仍然也存在着支持赖尔的观点。丹尼尔·丹尼特(Daniel Dennett)支持赖尔的下述观点:不论我们是把某个心智状态归因给自己还是某个他人,我们都已经是在从事一种理论建构的工作。丹尼特追问道,自我归因是否是由于某种类似对心智状态作直接把握的东西,一种没有受到任何有关心智的独立理论影响的理解?当他作出这种质疑的时候,他特别体现出一种赖尔式的立场。

　　我有点觉得,当我们声称仅仅使用自己的内在观察的作用时,我们实际上总已经参与到某种临时性的理论建构之中——而且我们是特别容易上当的理论家,因为可观察的东西是如此之少,而可以随意发表意见、武断决定的东西又是如此之多,而且还不用担心会产生矛盾或不一致。

(Dennett 1991, p. 55 – 56)

　　在下一章(3.3节)中,我们将考察有关"优先性通路"的种种怀疑,从而回到对赖尔和丹尼特的上述信念的讨论,即认为自我归因是一种理论建构。在那一章中,我们除了进行概念考察之外,还将运用心理学中的经验研究,以确定自我知识理论所需要解释的现象范围。

小　结

　　在有关自我知识思考的众多重要的里程碑式观点中,我们仅仅选取了其中很少的一部分来作讨论。我们关注的焦点放在三位近代哲学家——笛卡尔、洛克与康德的观点上,它们持续地影响着当代的研究。

　　笛卡尔对我们获取自我知识的能力持特别乐观的态度。他相信内省性反思形成了所谓"我存在"的知识——并且这是一项基础性信念,一项特别可靠的信念。更一般地说,他相信关于心智的知识较之于外部世界的知识更容易获得,而且还更加有确定性。他运用一种得自于内省性反思的心智理解来确立心身二元论。当代的自我知识的亲知理论(第4章)就继承了某些笛卡尔的核心观点,但一般来说这些观点也变得更加温和了。

　　洛克认为,在对外部世界的意识与对自己思想的意识之间,存在着某种类比关系,因此他把内省理解为某种"内感觉"。洛克把意识解释为对心智中"所经历的事情的知觉",从而表明意识存在于内感觉的运作。他认为,我们能够意识到自己的而非他人的某些思想,这种能力就使我们得以确认自身,得以把自己与非我的他人区别开来。当代的自我知识的内感觉理论(第5章)显然是洛克观点的后裔,但当代的内感觉理论与洛克本人的观点仍然存在许多重要的差别。

康德的论述特别深刻地影响了当代的自我知识的理性主义理论。理性主义理论强调人们的理性能动性的意义——我们能够通过理性的慎思,形成自己信念、意向与其它态度。它们主张,这种能动性之所以能够帮助我们理解自己的态度,乃是因为正是这同一个能动性形成了这些态度,而不只是通过被动的观察来理解。当代的理性主义者也赞同康德的下述观点:自我意识包含着把自己看作是理性能者的意识。

维特根斯坦和赖尔怀疑我们是否拥有所谓的对自己心智状态的"优先性通路"。他们也对"私人的"意识片断的观念持怀疑态度:据称,这种私人的意识片断可以通过纯粹第一人称的方法——内省来把握。这些怀疑也在某些当代哲学家那里产生了共鸣,而这就是下面的3.3节将要讨论的主题。

拓展阅读

有关柏拉图的自我知识观点,可参见 Griswold (1986),Hatfield (2002)是对笛卡尔《第一哲学的沉思》的绝佳导读,书中的第3、4章与这里所讨论的主题非常相关。Mackie (1976)运用洛克的《人类理解论》来介绍很多哲学问题,其中就包括个人同一性的问题。Brook (2008)有助于厘清康德的某些有关自我意识的观点。

3

自我知识的本性、范围与(所谓)特殊性

3.1 导论

在我们评价具体的自我知识理论之前,我们需要先来理解一下自我知识的所谓"特殊性"主张。本章将讨论两个问题:什么是自我知识的(所谓的)特殊性? 在此意义上,何种自我知识被认为是特殊的? 3.2 节提出了某些对自我知识特殊性的界定,而这些不同的界定又是绝然异质的,其中包括认识论的与非认识论的界定。根据认识论的界定,我们得以通达自己心智状态的那种第一人称通路,在认识论上具有优先性。而按照非认识论的界定,自我归因乃是在非认识论的基础上才被看作是特殊的。(如果我们认为,自我知识与其它知识之间存在着基本的、非认识论意义的不对称性,那么我们也可以赞同说,在这两者之间也存在着某种认识论上的差异——除非我们是自我知识的怀疑论者。)

3.3 节关注以下的观点:自我知识之所以是认识论上特殊的,乃是因为我们对自己的心智状态具有一种优先性通路。这种观点提出了一整套经验上的和哲学上的考量,从而使许多心智状态都被排除在优先性的第一人称通路的范围之外。3.4 节考察了那些没

有被排除在外的心智状态的类型,并运用这里讨论的结果界定了接下来几章的重要特征。

最终我们将看到,有关自我知识与优先性通路的关键争论仅仅在非常有限的意义上把握了对心智状态的理解。但这并不会降低这种争论的重要性。留下的争议问题在于,在如此狭窄的论域范围内,主体对于自己的心智状态是否拥有特殊的通路?并且,如果回答是肯定的,那么如何来理解这种特殊的通路呢?这些争论都有着关于知识、心智与自我等问题的重要的哲学推论,这些引申的涵义包括了甚至超出了我们在第1章所讨论到的内容。

3.2 较之于其它知识,自我知识是特殊的

与其它领域的知识相比,自我知识有三种据称为特殊性的方式。

(1)自我知识在认识论上可以是特别可靠确定的。

(2)自我知识的获得乃是通过某种独一无二的认识方法。

(3)自我知识可以是认识论上特殊的,但其更为深刻的特殊性并不是认识论意义上的东西。

(1)和(2)之间的差别是非常细微的。(1)把自我知识的显著特征确认为其达到较高认识论地位的能力。笛卡尔正是在这个意义上主张自我知识的特殊性。他似乎认为,沉思者的我思信念不仅是不可怀疑的,而且也是认识论上确定的东西,因为沉思者正是由于该信念才确定了其自身的存在。

(2)关注的是我们获得自我知识的方法。需要注意到,(2)并不是(1)的必要条件。例如,即便我们是用其它知识的方法来获得自我知识的,自我知识也仍然可能具有认识论上的特殊确定性。也

许这一方法仅仅是在应用于自身时特别可靠。（试比较：我可能用一种单一的认识方法，比如视知觉，以确定离我五英尺以外的对象是什么，也可以用这同一种方法来确定离我一百英尺以外的对象是什么。但前者的知识较之于后者就可能在认识论上更有确定性，更有可能得到强有力的辩护。）反过来，（1）也不是（2）的必要条件。即便我是用一种特别的方法来确定自己的心智状态，这也不意味着这种方法就能产生出特别可靠的自我知识。或许如果我拒绝这种特别的方法，转而采用那种他人确定我的所思所感的方法，则能产生更可靠、更有确定性的信念的自我归因。

（1）和（2）所关注的都是自我知识在认识论意义上的特殊性。与此相反，（3）则主张自我知识在非认识论的意义上是特殊的，且这种特殊性要比任何认识论特殊性都更基本。实际上，那些赞同（3）的人大多都认为，自我知识的认识论特殊性得自于其非认识论的特殊性。

理性主义就是一种接受（3）的观点，它与前面 2.5 节所讨论的康德主义观点相关。按照理性主义的立场，自我知识之所以是特殊的，乃是因为思想者能够理性地控制其信念、愿望、意向以及其它命题态度。另一种支持（3）的观点认为，自我知识的特殊性乃在于他人考量自我归因的方式。这种观点与前面 2.6.2 节所描述的默认性权威和表示论理论很相关，特别是在维特根斯坦的意义上。至少根据这些理论的某几个版本来说，这种意义上的特殊性并不确保所得到的是真正的自我知识。而严格说来，那些观点其实是与（3）不相容的，因为它们所关心的特殊性并不是所谓的"自我知识"的特殊性。若就（3）是与真正的自我知识相关而言，它所讨论的状态事实上就是认识论意义的。但它所否认的是，与其它类型的知识相比，自我知识最深刻的特殊性就在于其认识论特征。

现在我们来依次考察这三项陈述。

3.2.1 自我知识作为认识论上特别可靠的知识

我们经常听到所谓的对自己心智状态有"优先性通路"的观点。既然通路是一种认识论概念,那么作出这种主张的人当然也普遍地认可(1)或(2)。威廉·阿斯顿(Alston 1971)表明这里所用的"优先性通路"只是在一种相当不严格的意义上,很可能产生歧义。他厘清了有关这一术语的十几种涵义。我这里所用的"优先性通路"就是用来指符合下述要求的通路:它或是认识论上特别可靠的通路,或是运用纯粹第一人称的认识方法,抑或两者兼备。

(1)主张自我知识能够是认识论上特别可靠的知识。关于自我知识的最强的认识论观点主张,这种知识是不可错的和全知的。一个人对自己心智状态的知识是不可错的,当且仅当,对于他处于某个心智状态这回事,他自己不可能持有假信念。(换句话说,某人关于他处于某个特殊心智状态的信念,本身就蕴涵着他具有该心智状态这一事实。)某人对自己的心智状态是全知的,当且仅当,处于某心智状态中就意味着知道自己处于该心智状态。(换句话说,某人处于某个特殊心智状态中,本身就蕴涵着他知道自己处于该心智状态。)

就我所知,没有哪个当代哲学家会不加说明地接受不可错性或全知性。这方面的范例很容易找到。假设凯特很信任她的一位朋友对其心智状态的洞见,因此如果她的朋友告诉她,她自己实际上想过一种乡村生活,那么她也就相信了朋友的判断。但她的朋友搞错了——凯特实际上想要的是一种都市生活,尽管她没有足够充分地反思其愿望而意识到这一点。(她的错误理解可能来自于这样一种感觉:人们应该更喜欢一种乡村生活。)因而凯特就对自己的愿望持有一种错误信念。这个例子同样也驳斥了全知性的主张,因为凯特并没有意识到她自己真实的愿望,即想在城市中生活。

因此,我们对于自己的心智状态并非持有严格意义上不可错的信念。但是,如果我们对这种不可错性的主张加以说明,那么它可能就是合理的论断。在上面的例子中,凯特对自己愿望的信念乃是基于他人的证言(testimony)。当然,依赖证言是获得所有类型知识的方式之一,并不仅限于对自己心智状态的知识。但是,如果可靠的自我知识范围被限制在某一类自我归因上——它们仅是以某种单一的认识方法形成的(这就等于是把上面的(1)和(2)联结起来。)——那么我们就能获得一种更为合理的不可错性论断。按照这种更温和的论断,只要我们采用自我知识的某种独一无二的认识方法——加之以适当的细致和注意力,就能够避免对自己心智状态的假信念。换句话说,那种自我知识的独特的认识方法就是保证只能产出真实自我归因的东西。这样的论断才能够避免上述针对未加限定的不可错性的范例。

　　齐硕姆(Roderick Chisholm)似乎认可这种被限定了的不可错性论断。[1]他举例说,像感觉痒这样的心理属性是自我呈现的。这就意味着,如果我们具有了这类属性,且在考虑自己是否具有此属性——例如,某人在考虑自己是否正感觉痒——那么我们把这一属性归因给自己就是正当的、得到辩护的。

　　　　对于那种构成其自身辩护的东西,我们至多能达到的可能也只是自我呈现。某人拥有一个自我呈现的属性这一事实,并不表明他就拥有该属性。但是,如果某人拥有自我呈现的属性,且认为自己拥有它,那就意味着他的确拥有该属性。

　　　　　　　　　　　　　　　　　　　　　(Chisholm 1982, p. 25)

　　既然这里的辩护部分地就是自我呈现的属性本身,那么任何以此得到辩护的自我归因都将是真实的。而至于我们是否能说我们的自我归因以这种方式得到了辩护,则完全是另外一个问题。

　　这种作了限定的不可错性论断,仅仅主张那些运用某种特殊认识方法而形成的信念是不可错的,这就把一些心智状态排除在所谓不可错的自我知识之外。例如,亲知理论认为,那种对自我知识来说独一无二的认识方法就是内省性的亲知,主张只有当下的感觉和思想才能以这种方法来理解。这种修正了的不可错性论断并不依赖于我们知道自己背景性的命题态度——例如,前面的例子中凯特对都市生活的持久意愿就是这种背景性的命题态度。

但是,这种被加以严格限定了的不可错性论断,即便仅适用于以某种特殊方法获知的当下感觉和思想,也仍然是有争议的。对这一论断的常见反驳是下述主张:如果我们在某个问题上不可能有错误,那么我们也就不可能正确。这种反驳通常与维特根斯坦的观点联系起来。赖特(Crispin Wright)坚持认为,实质的自我知识需要概念的应用,而这就必然包含着错误的可能性。"如果其中包含真正的概念应用,那么错误——但愿那只是二阶的错误——也就必须是可能的。"(Wright 1989, p. 634)当然,这种温和的不可错性论断仅仅主张,我们只有在那些运用特殊方法的情况下才能避免错误。它并没有否认错误的可能性,因为我们当然可能会在尝试运用特殊方法时失败——例如,我们可能不够细心,注意力不够集中。但是,要想阐明一种总是产生真信念的方法,这本身就是极其困难的事情。简单地规定说假信念就其自身而言就不是这种方法的产物,这没有任何意义。但是,有些哲学家仍然坚持认为,有这样一些认识方法,它们能保证对有限范围内的心智状态产生不可错的信念。[2]

全知性论断主张拥有某个心智状态就意味着知道自己处于该心智状态,这看起来比原初的(未加限定的)不可错性论断更没道理。但不要忘了,洛克似乎就认可这样的全知性主张(参见 2.4.2 节)。

任何人都不可能在知觉的同时又不感知到自己在感知。在我们的视觉、听觉、嗅觉、味觉和触觉经验中,在我们沉思或想要什么东西时,我们都知道自己在做什么。

(Locke 1689/1975, II. 27. ix)

洛克真地主张说,我们所有思想与感觉都伴随着关于我们知道拥有这些思想与感觉吗?洛克所谓"我们知道自己在做什么"的意思更有可能是说"我们意识到自己在做什么"。这样解读有道理的地方在于,洛克的主张乃是基于下述假设:我们的知觉、意志等状态都是有意识的,且这些有意识的状态就是我们自己所意识到的那些状态。(在第5章,我们将考察洛克内省理论的当代形式,以及他与此相关的意识理论。)

全知性论断也可以从多种方式来作限定。齐硕姆的观点体现了其中的一种限定方式。他主张,如果某人考虑他自己是否拥有某种特别的自我呈现性质,那么他就会有根据地相信自己具有该性质。然而,关键问题在于,齐硕姆认为我们实际上并不能对所有自己的心智状态都作自我归因。还有其他一些哲学家也基于类似的论证作出了审慎的论断(参见 Peacocke 1992; Siewert 1998)。

不可错性论断与全知性论断都能够被进一步弱化。这两个论断的弱化观点即便在限定了的范围中,也允许存在错误与无知的可能性。它们主张说,在某些通常的情况下,我们一般会避免虚假的自我归因,也一般能意识到自己的心智状态。克里斯托弗·希尔(Christopher Hill 1991)认为,我们一般对自己当下正在经历的感觉很敏感,这种敏锐性来自于"人类的众多认知机制之间相互关联的某些事实"(ibid., p. 130)。这些论断可能都太弱了,甚至都配不上"不可错性"或"全知性"的标签。它们与原来的不可错性论断和全知性论断的共同点,仅仅是关于自我归因特别可靠的观念。

处于某个状态之中,与相信——或全知地相信自己处于该状态,这两者之间的关系是不可错性与全知性的论断的关注点。这些论断本身相对于认识论的内部论与外部论来说是中立的(参见 1.

4.2 节）。但是,就某些认识论的外部论观点而言,不可错性与全知性体现了最高的认识论保障(epistemic security)。例如,在知识的可靠论模型中,最好的可靠性就是最高程度的认识论保障:主体相信自己处于某个心智状态中,当且仅当他事实上处于该状态中。

相应地,在内部论模型中,最高程度的认识论保障则是确定性。确定性或者是绝对的(C. I. Lewis 1946),或者是相对的(Chisholm 1976)。主张我们对于自己的心智状态拥有确定的知识,这只是适用于单个的自我归因;而基于可靠性的不可错性与全知性论断关心的则是一般的自我归因的准确性。自我归因能够达到某种较高程度的确定性,并不妨碍我们认为许多甚至大多数实际的自我归因是虚假的,或是认为我们没有意识到大多数自己的心智状态。因此,尽管我们可以承认,对于自己的心智状态,我们既非不可错,也并非全知,但我们仍然可以认为自我知识是特殊的,因为某些自我归因能够达到较高水平的确定性,而这种确定性是其他类型的经验信念所无法企及的。(非经验的信念被排除在这种比较之外。这些非经验的信念包括某些关于必然真理的信念,例如 3 + 2 = 5,或所有单身汉都是未婚的。)

与笛卡尔的我思论证相关的是在具体情况中的确定性,而非一般意义上的可靠性。多数哲学家都赞同的一点是,我思中发挥作用的那种自我知识获得了某种特别高的确定性,尽管有些人也否认它是绝对的确定性(Gallois 1996)。有些怀疑论者甚至否认我思能够产生任何知识(Unger 1971)。

对于自我知识特殊确定性观点的另一个疑虑是,它将会在自我知识与关于其它对象、个人的知识之间造成深深的认识论鸿沟,从而导向对外部世界的怀疑论或唯我论。正如不可错性与全知性论断一样,主张自我归因能够获得超高程度的确定性,这也只有在下述前提下才是合理的:我们用一种独一无二的方法来认知自己的心智状态。

3.2.2 自我知识作为某种独一无二的认识方法的结果

命题(2)所说的是,自我知识乃是经由某种特殊的认识方法得到的。把握自己心智状态的方法如何能区别于其他的认识方法呢?这一问题的标准答案之一是,我们对于自己的心智状态有直接的认识论通路,而我们对于那些外在的事实与对象则只有非直接的通路。这似乎曾是笛卡尔提出过的观点。对我们的关切而言更重要的一点是,这也是亲知理论的核心观点,它主张这种特殊的认识方法就是内省性的方法——亦即是一种内向的反思。亲知理论提出了两种直接性。(这里只有非常粗略的讨论——第4章将会详细讨论这两种直接性。)第一种是形而上学的直接性:比如说,如果我内省到某种疼痛,那么在我对疼痛的内省意识与疼痛本身之间没有任何状态或对象的阻隔。第二种则是认识论上的直接性:我能够内省地把握疼痛的呈现,而不用经由任何推论,或实质性地依赖于任何其他知识。根据亲知理论,正是形而上学的直接性使认识论的直接性成为可能。[3] 正是由于在我对自己心智状态的通路上不存在任何形而上学的中介,所以我对这些心智状态的意识才可能具有认识论上的直接性。我用以把握自己心智状态的方法之所以是特殊的,乃是因为我不能再用它来获得关于他人心智状态的知识,或关于外部世界的知识。

这两种直接性对自我知识的认识论地位意味着什么呢? 显然,它并不意味着我们对自己的心智状态是不可错的,或全知的。由于我们可以应用内省之外的其他方法,例如在上面凯特的例子中看到的那样,我们的自我知识就仍是可错的;此外,我们也可能无法关照自己当下的心智状态,因此我们的自我知识也并非全知。这些与直接性的论断都不矛盾。然而,罗素却主张,由于内省从认识论上和形而上学的意义上提供了对自己心智状态的直接通路,因此内省性信念就没有错误的可能。按照他的观点,"我们不可能怀疑"自己当下的思想与感觉(Russell 1912，p. 74)——对于这些心智状态，我们既是不可错的，又是全知的。正如我们将在第 4 章中看到的，当代亲知理论已经从这一强论断上退却，并且也不再主张内省性的自我知识的确定性。但亲知理论家仍然接受(1)和(2)，认为我们对(某些)自己的心智状态拥有独特的直接通路，而这种通路使得相关的自我归因能够得到强有力的辩护(BonJour，in BonJour and Sosa 2003；Fumerton 1995)。

尽管亲知理论主张内省在认识论和形而上学意义上的特殊性，内感觉理论却总是弱化这一特殊性，把内省理解为大致与知觉相类似的东西。但内感觉理论也能与(1)和(2)的弱化版本相兼容。即便内省类似于知觉，我们的自我归因也仍然可以比其他信念更有保障。内省方法仍然可以与包括知觉在内的其他方法相区别。例如，内省可能包含某种专门的功能，仅限于传达关于自己心智状态的知识。但是，内感觉理论也仍会认为，在自我知识与其他类型的知识之间，存在着任何哲学上意义深远的差异。

我们已经看到，哲学家们对自我知识在认识论上的特殊性有很多不同的理解。在强版本的(1)和(2)的观点中，我们每个人都是经由某种纯粹第一人称的方法来获知自己的心智状态；并且，由于我们运用了这种方法，所以我们对于自己的心智状态是不可错的和全知的；我们对于自己心智状态的第一人称理解具有认识论上的确定性。而对上述论断的弱版本解读则认为，相较之于第三人称的方法，第一人称方法并没有那么特殊；并且，能够运用第一人称方法来把握的那些心智状态非常有限；自我归因也没有多少高的可靠性或确定性。按照对(1)和(2)的最弱解读，我们的自我归因仅是比其他方面的信念更有些认识论上的保障而已；我们用以把握自己心智状态的方法，与那些其它的认识方法的确有区别，但这种区别或差异仅仅存在于某些无关宏旨的方面。

3.2.3 自我知识在非认识论意义上的特殊性

我们所关心的自我知识就其定义而言是一种认识论现象。但有些哲学家论证说,自我知识之所以相对其他知识而言是特殊的,其根本原因在于其非认识论的特征。这方面有三种主要的观点。(i)自我知识之所以特殊,是因为只有主体自己能够创造其自我归因的态度;(ii)自我知识之所以特殊,是因为自我归因被认为具有权威;(iii)自我知识之所以特殊,是因为自我描述的话语独一无二地表达了说话者的心智状态。这三种观点乃是与前面讨论过的三种立场相联系:理性主义(1.2.2 节与 2.5 节),默认性权威观点(2.6.2 节),和表示论(2.6.2 节)。在其最极端的形式下,这三种立场都否认对自己心智状态的理解是真正的认识论成就。但既然我们关心的是自我知识,这里就仅讨论这些观点的温和形式,即认可主体在某些情况下能够获得自我知识。这些温和的观点也挑战了对优先性通路的传统关注,而把自我知识的特殊性落实到非认识论的特征上去。

根据第一种观点,自我知识最深刻的特殊性源自于下述事实:信念、意向与其它命题态度都是由我们自己创造的。理查德·莫兰(Richard Moran 2001)把这一观点表述为,我们作为理性的思想者乃是自我形成(self-constitution)的:我们能够通过考察证据而形成信念,能够基于应当所为来考量理由而形成意向,等等。由于这种自我形成的能力,我们就能够通过向外关照证据或理由来确认自己的态度。这与那种主张我们是通过内省来获知心智状态的观点根本不同,因为内省乃是对那些心智状态的向内的反思。

加雷思·埃文斯(Gareth Evans)以一个著名的段落描述了这种非内省的方法。

可以这么说,在对信念作自我归因时,我们的目光偶尔也会实际地指向外部的世界。如果有人问我"你认为将会发生第三次世界大战吗",那么我的回答与我对另一个问题"将会发生第三次世界大战吗?"的回答,都将确切地指向同一个外部现象。

(Evans 1982, p. 225)

在这里,"外部现象"就是那些与第三次世界大战的可能性相关的东西。例如,如果被问及这个问题,我可能会去反思地缘政治的现状。然后我才能表达自己关于第三次世界大战可能性的结论,从而回答所提出的问题,比如我可能会说"我相信有可能会爆发新的一场世界大战。"

这种方法全然是第一人称性质的,因为我不能仅通过对地缘政治的反思来确知你是否相信第三次世界大战的可能性。但运用这一方法是否就意味着知道我自己的信念,这却是个不容易回答的问题。这一方法实际上创造了一个信念,而非观察、发现这个信念;而按照我们的设定,这种方法将会可靠地产生真实的自我归因。第6章将会详细讨论这种方法及其相关的认识论主题。就我们目前的关注点来说,最重要的一点是,根据上述观点,自我知识的最深刻的独特性并不是认识论上的特征。相反地,它应当是我们通过慎思(deliberation)创造自己的信念及其他态度的能力。

一种温和形式的默认性权威观点也主张自我知识的特殊性在于其非认识论意义。它把第一人称报告的独特性理解为其社会性:像"我正感到疼痛"这样的话语之所以拥有权威,乃是因为人们普遍认为不应当去怀疑这些说法的真实性。在关于某人心智状态的问题上听从她自己的说法,这里并没有蕴含任何认识论上的不对称性。可能存在一些这样的社会习俗,它们要求人们必须听从主体对自己心智状态的报告,即便任何人都能同等地通达这些心智状态。因此,默认性权威观点允许你和我用相同的方法确知我是否想到了雪;假设你通过这种方法获得的信念是"我正想到了雪",那么它与我的信念"我正想到了雪"同样具有认识论上的保障。实际上,这种观点就与赖尔的下述论断相一致:"我对我自己的报告与我关于你的报告都有着同样的缺陷。"(Ryle 1949/1984,p. 194 – 195)

默认性权威观点在某种意义上是很有局限性的。它实际上只是替换了不同的问题。原来的问题是,"自我知识的特殊性是什么?"它对这一问题的回答仅仅是援引了听从第一人称报告的社会现象。但这样又会带来新的问题:"为什么说话者关于自己心智状态的报告会被认为是权威的?"(这一反驳与2.6.2节中描述的赖特的反驳如出一辙。)这个问题的显著而又有吸引力的回答是,承认说话者权威性的实践乃是源自于下述事实:我们认可说话者对于自己的心智状态是认识论上的权威。换句话说,我们之所以听从自我归因,乃是因为我们相信主体在有关自己心智状态的信念方面非常可靠。但接受这个答案就意味着放弃了下述观念:自我知识的特殊性乃是由于一种非认识论的、纯粹社会性的现象。

第三种非认识论观点是一种表示论立场。按照这种观点,自我归因的特殊性就在于它们有时直接就是其所关注的心智状态。例如,"我真是太幸福了!"这句话就类似于一个微笑,或开怀大笑,因为它直接表达了我的幸福。像这种宣告性的话语跟微笑一样,一般并不基于有关幸福事实的判断。这种独立于判断的特点乃是自我归因的独特性,它区别于我们对他人心智状态的归因,比如"他是快乐的"。对他人的归因就不能不基于有关事实的判断,所以这只是报告了所归因的心智状态,而非表达了这一状态。

同样地,由于我们所感兴趣的是自我知识,所以我们的关注点仍然只能是表示论观点的温和形式,即承认说话者在表达自己心智状态的同时——例如说"我正感到疼痛"或"我正想到了雪"——也具备自我知识。(极端形式的表示论观点与维特根斯坦相联系,否认这样的话语表达了或相关于真正的自我知识。)这种温和形式的表示论有点难于表述。它承认当某人说"我正感到疼痛"时,他一般知道自己在疼痛。但由于它否认这种说法乃是基于判断,所以它并不像通常人们所理解的那样,把这种说法理解为知识的表述。一种可能的选择是,它可以认为这些说法表达了一种能力,或者说是关于如何表达自己的知识。在这种情况下,关于某人正在疼痛的知识就不包含任何信念或判断。(我在这里要感谢拉姆·奈塔[Ram Neta]。)我们在6.5.3节将结合当代"新表示论"观点的表述,简要地考察这种温和形式的表示论。

3.3 优先性通路的领域界限

我们现在转向优先性的认识论通路问题:自我知识究竟是否有特别的保障? 我们是否拥有某种特殊的第一人称方法,以把握自己的心智状态? 优先性通路是当下一场热门争论的话题。哲学家与心理学家最近都写了很多这方面的文章和著作,试图表明我们对这种或那种心智状态并没有什么优先性通路。其中,某些观点甚至主张,我们对任何自己的心智状态都不具有优先性通路。下面引述了一些这方面的代表性观点。

> 这篇文章将要论证的是,并不存在某种对判断与决定的内省性通路这样的东西。
>
> (Carruthers 2010, p. 76)
>
> 我有点觉得……正是我们关于世界的判断在很大程度上影响了我们关于自己经验的判断。很可能是这样,因为前者是更加有保障的知识。
>
> (Schwitzgebel 2008, p. 268)
>
> 我有点觉得,当我们声称仅仅使用自己的内在观察的作用时,我们实际上总已经参与到某种临时性的理论建构之中——

而且我们是特别容易上当的理论家,因为可观察的东西是如此之少,而可以随意发表意见、武断决定的东西又是如此之多,而且还不用担心会产生矛盾或不一致。

(Dennett 1991, p. 55–56)

自我知识的特殊性究竟是什么? 归根结底,我对此问题的回答是:"什么也没有。"

(Medina 2006, p. 575)

在这一节中,我们将考察某些主要的经验上与哲学上的观点,正是它们支持了对优先性通路的怀疑。尽管这些观点严格限定了优先性通路的范围,它们并没有表明我们完全不具备优先性通路。这并不是说我们对于任何心智状态都具备优先性通路——我所主张的只是,这些经验研究与哲学论证并不能支撑起对优先性通路的彻底否定。

因此,我们所关心的首要问题是:按照这些经验研究与哲学论证,何种心智状态处于优先性通路的领域之内? 又有哪些心智状态被排除在这一范围之外?

3.3.1 品格特征、情感预测和行动与态度的因果来源

即便是在接受笛卡尔主义自我知识观点的当代哲学家那里,也存在着一个广泛的共识,即认为优先性通路的领域是非常窄的。有一些心智状态的例子相对来说争议比较少,人们普遍认为它们是处于第一人称优先性的领域之外。我们就先从对这些例子的考察开始。

首先,我们对于自己的品格特征似乎并没有优先性通路:我们是否有趣,是否势利,是否忠诚,对于这些问题,我们的朋友往往要比我们自己有更好的判断。在这方面被认为是优先性通路的东西可能与我们的意向相关。如果我下决心做一个忠诚的人,那么我会

通过内省或其它纯粹第一人称方法来理解自己的决心。但对忠诚的决心本身并不是忠诚;我是否是一个忠诚的人,这取决于我的决心是否实现了。并且,我似乎并没有什么适当的途径,以确定自己是否已经成为一个诚实的人。

其次,对于什么将会让我们快乐或悲伤的预言,我们也通常没什么把握——这就是心理学家称之为"情感预测"的事情。我们一般认为,中彩票会让我们开心,而瘫痪则会使我们痛苦。但经验研究却表明,即便是这些改变了生活的事件,对于我们整体的满足度而言,也仅具有微小的影响。在相对短时间的快乐或沮丧过后,人们就会倾向于复归于其幸福度的"底线"(Gilbert 2006)。当然,我们或许对自己的期望具有优先性通路。想象一下,在某个清晨接到一通来自瑞典的电话,我会作何反应呢? 仅是这种想象就能使我内省地捕捉到一种欢快与欣喜。因此,我可能拥有纯粹第一人称的方法来把握我的下述(被误导了的)期望:获得一项诺贝尔奖将会让我在余生中精神百倍。但是,对我的期望的优先性通路并不等同于对我实际上作何反应的优先性通路。并且,如果吉尔伯特及其他人的研究结果是正确的,那么我并没有后者意义上的优先性通路。

刚刚提到的两类心理属性属于倾向。倾向包含反事实条件意义的真理性,意即是关于假使在某种情况下会发生的事情的真命题。人们的品格特征,例如是否有趣、忠诚或势利,一般说的就是假使处于某种情况,人们将会如何表现。说一个人是有趣的,也就是说假使他有机会,就一定会和别人开玩笑;说一个人是忠诚的,也就是说即便在困难的情况下,他也依然会支持朋友。某些品格特征还包含情绪性的倾向:例如,一个斯多葛主义者无论面对的是逆境还是顺境都会泰然任之。情感预测在很大程度上就是确认一个人的情绪性倾向,因为这种倾向决定了其情感满足度如何会受到外界事件、变化的影响。

假设上述心理属性都是倾向性的存在,那么要说我们缺乏针对它们的优先性通路,就一点也不令人奇怪了。在某些特定的情况下,我们将会做什么,将会有怎样的感受,会受到诸多因素的影响。而在某些我们从未遇到过的情形中,至少可能有这样一些因素:它们形成了我们的行为与感受,但却不能够用内省这样的纯粹第一人称方法去把握。这是完全合理的推论。

即便对于我们将会感到或做到的事情缺乏优先性通路,我们也还是会对我们实际上的行为与感受有某种独特的洞见吗?——亦即是说,我们能够洞察到那种激发行动与情感经验的东西吗?一些很有影响的心理学研究表明,回答是"不能"。在一篇被广为引用的论文中,尼斯贝特和威尔逊(Nisbett and Wilson 1977)展示的研究表明,被试者往往误认了那些影响其偏好的因素。在一项研究中,研究者要求被试者从四双连裤袜中选出质量最好的那双。实际上,这四双袜子是完全类似的。结果,被试者的回答展现了一种重要的"位置效应":最左边的袜子最不受偏爱,而紧挨的一双就有稍多的被试者选择,而最右边的袜子则有最多的被试者认为是质量最好的袜子。当被问到他们为什么作此选择时,被试者陷入了一种对其偏好的事后理性化过程,用诸如连裤袜的极好的透明性与弹性等因素为自己的偏好辩护。转向事后理性化的这一事实说明,主体对实际上形成其选择的那些理由也没有什么优先性通路。

连裤袜的例子与评价性态度的理由有关,也与由评价性态度生发出来的行动(选择那双袜子)的理由相关。但同样也有理由证明,即便行动的理由是价值中立的,我们也仍然缺乏对它们的优先性通路。李贝特(Benjamin Libet 1985)的研究提供了这样的神经科学证据,表明导致行动——包括选择在内——的原因通常是无意识的。当被试者意愿性地移动其手指时,李贝特监测了被试的大脑活跃水平,发现大脑的运动皮层在有意识地报告其决定之前,就已经启动了整个活动过程。其他研究者把这一结果进一步推广到更大范围内的行动上(参见 Wegner 2002)。然而,有些人指出,李贝特实验至多只是表明,我们在启动某个行动的那一刻并没有意识到自己在做这件事情。这并不意味着内省就不能够通达行动的原因——它所说的只不过是,在行动的原因启动整个因果链条的那一刻,行动的原因本身并没有被内省捕捉到(Holton 2004)。但大多数哲学家与心理学家积累了越来越多的证据,主张至少有某些行动是由无意识的或低于个人层次的因素所导致的,因此它们是内省所不能通达的领域。

即便某些我们的行动是由不可通达的因素所导致的,但有意识的思想也仍然可能驱使我们的选择与行动。蒂莫西·威尔逊(Timothy Wilson)考察了这一可能性,认识到他与尼斯贝特(前面引述过了)的实验结论是有限度的。威尔逊看到,这些实验仅表明,如果决定我们选择的动机来源是无意识的,如同位置效应那样,那么它们就是不可通达的(Wilson 2002, p. 106)。

那么我们行动的因果来源有可能是在意识范围之内的吗?如果是这样的话,我们对这些来源就具备优先性通路吗?尽管威尔逊论证说先前的那些实验并没有排除我们对有意识的来源享有优先性通路的可能性,但他也断言,我们对于此类通路的存在几乎没有任何证据。他解释说,即便是在看起来十分正常的情况下,我们在自己行动的来源问题上也很容易受误导。

> 例如,我决定从躺椅上起身去拿些东西来吃,这看上去非常像是一个有意识的意愿性行动,因为正是在我站起来之前,我已经具备了一个有意识的思想"现在吃一碗加了草莓的谷物粥会很不错"。然而,实际情况可能是,我先无意识地激发起了一种要吃东西的愿望,然后再由此导致了我关于谷物粥的有意识思想以及我走向厨房的行动。
>
> (Wilson ibid., p. 47)

关于谷物粥的思想是有意识的,而且似乎也是内省可通达的东西——如此简单的有意识思想极有可能存在于优先性通路的范围之内。但是,要想确定这个思想就是导致了行动的原因,则完全是另外一回事。正如威尔逊所说,他不能排除自己从躺椅上起身的行动由其他因素导致的可能性,例如,可能是某种深层的无意识过程导致了有意识的思想与行动。维格纳和威特利(Wegner and Wheatley 1999)提出,如果某项行动看似是由某个有意识的思想导致的,那么通常说来实际的情况恰恰是上述无意识过程所发挥的因果作用。[4]

威尔逊的例子导向了一种著名观点,也曾由休谟(Hume 1772/2001)主张并论证过。事件之间的因果关系——例如,"某人想到谷物粥"的事件与"某人从躺椅上起身"的事件之间的因果关系——不能被直接观察到。所以,即便我们假设说那个思想是导致某人从躺椅上起身的原因,这一事实也不可能由内省性的观察来把握到。指出思想与行动之间的因果关系,这并不是观察,而是理论的建构。前面所引的丹尼特的论述表明,如果某人在把握其心智状态时需要求助于理论建构,那么他就对自己的心智状态并没有任何优先性的第一人称通路。(在这里丹尼特本质上是回应了赖尔的观点。参见2.6.3节。)

现在,我们对于自己动机的通路某种程度上要区别于我们对于他人动机的通路。假如我注意到,由我的内省所把握到的关于食物的思想总是跟随着我走向厨房的行动。并且我也注意到,我走向厨房的行动也总是以关于食物的思想为前导。那么,只要我从事一点理论建构的工作,我就能得出结论说,这两类事件之间有因果作用的联结。(眼下我们可以暂且假设这一结论算得上是知识。)我知道自己关于食物的思想有如此的因果效力,这种知识部分地依赖于我对确定这些思想何时出现拥有一种特殊方法。这意味着说,其他任何人都不能用这同一种方法去确定我的思想的因果效力。

为了作出上述有关行动的因果来源的推理,我仅讨论了那些优先性通路所能够通达的事实——例如,我关于食物的思想呈现的过程。但尽管我可以运用某种纯粹第一人称方法来获知某种特定思想的呈现,但这种方法却不能使我获知这种思想的因果效力。为了确定优先性通路的范围,我们仅关注那些直接由第一人称方法产生的知识,或者说只是那些能够达到较高程度的认识论保障的知识。如果某些知识需要把上述类型的知识与其它尚不能达到上述标准的知识联系起来才能得到,那么这些知识就不属于优先性通路的领域。所以对于某些心智状态因果导致了行动或选择的事实,我们似乎并没有什么优先性通路。

但是,我们能够解释我们何以会感到自己像是对行动的原因具有优先性通路。只要某个有意识的思想看起来适合于导致某个相应的行动,比如在威尔逊的"谷物粥"例子中那样,那么我们对那个思想的优先性通路将会自然地引导我们认为自己对行动的动机有明确的把握。如果这样的思想就是行动的原因,那么我们也就获得了对自己行动原因的明确把握。然而,对于"这样的思想就是那个原因"这回事情,我们仍然没有任何优先性通路。

按照刚刚勾画出来的推理,对某个思想的内省性观察并不能揭示其是否导致了或将会导致某个特定的行动。这种推论同样也意味着,对思想的内省性观察并不能揭示其原因。要想指出以上任何一类因果关系,都需要作出理论的建构。这个结论可以拓展到除内省以外的其它第一人称方法。不管我用的是内省还是其他什么方法,我都很难对下述两件事情拥有特别的权威:一是我的思想的因果能力,即思想能导致什么;二是我的思想的起因过程,即思想是由什么导致的。

即便是那些优先性通路的最坚定的支持者也承认,我们对于因果关系没有任何优先性通路。所以如果我们要用认知者不知道其态度或行动的因果来源这个例子,来挑战优先性通路的一般观点,那么我们就需要特别小心了，因为所挑战的观点可能根本不是那些优先性通路的支持者所赞成的立场。特别显著的是像前面提到的那个连裤袜的例子，被试者发挥出虚构的想象力，在事后为其选择的态度创造出了听起来合理的动机。其它著名的例子包括对裂脑患者的研究，这些患者也是为其行为虚构理由（Gazzaniga and Le-Doux 1978）。还有一项"桥上爱情"的研究（Schacter and Singer 1962），说的是男性的被试者在摇晃着的桥上遇到一个女性的来访者，他们会发现这位女性特别有吸引力：他们看似是把由恐惧激发起来的情绪，归因于女性来访者的吸引。更晚近的例子是，威尔逊和克拉夫特（Wilson and Kraft 1993）表明，恋爱中的学生对于自己为何会被对方吸引的理由往往持错误的认知，他们往往只看到那些合于文化规范且易于表达的理由。这些错误包含因果方面的问题，即是什么导致了某人的行动、情感或偏好。但是，表明我们在这些方面缺乏优先性通路只不过是在攻击一个被假想的稻草人。正如我们刚刚看到的，怀疑我们对心智状态的因果能力与起因过程都不拥有优先性通路，完全可以基于某些独立的理由，而并不会否定优先性通路的观点本身。

3.3.2 情绪与情感

因此，倾向性的心智状态与因果关系就被排除在优先性通路的领域之外。尽管有关优先性通路的争论双方大多都接受这一结论，也还是有必要再强调一下，这一结论对优先性通路的领域施加了多么严格的制约。因为有一大批心智状态或者是倾向性的状态，或者是其个体同一性依赖于因果作用的确认。

例如，大多数情绪与情感都是以倾向性词项来定义的。生气可以定义为对他人愤怒或谴责的倾向；乐观的心态可以定义为相信未来将会（比较）美好的倾向；怀旧的情绪可以定义为感伤地怀念过去的倾向，等等。现在可能有某种看起来像是生气、乐观或怀旧的东西——亦即可能是具有某种显著的现象特征或"感受"。在这种情况下，它们并不全是倾向性的，因为感觉到生气、乐观或怀旧并不是倾向性的存在。（这不是有关某人将会做什么或感到什么的问题，而是关于某人实际上感到什么的问题。）但只要情绪与情感部分地是倾向性的，那么我们有时也就会对自己的情绪与情感作出错误的判断，这丝毫不会令人奇怪了。例如，我现在是否在生气，部分地依赖于我当下是否有一种想对别人发火的倾向。这是一种关于我对某一情境的可能反应的事实。因此，我对生气的自我归因就不能免于某些错误，而正是这些错误阻碍了我作出正确的情感预测。尽管我们对那些与情绪情感相伴生的感受拥有优先性通路，但对于那些倾向性状态本身，我们却似乎并没有什么优先性通路。

那么"我们对自己的现象特征拥有优先性通路"这一观点，是否会因为上述事实而被否定？假设生气的确具有某种显著的现象特征，即生气就意味着某种特定的感受方式，且没有其他任何一种情感也有此相同的感受方式。[6]那么，在这种情况下，我就有可能确定自己是否在生气，因为只要我确定自己是否拥有特定的生气感受就可以了。那么我对于自己的生气状态的通路，就看似是与我对生气的现象特征的通路相联系的。但这就意味着我们对自己的情感拥有优先性通路吗？或者它反过来意味着，我们实际上对于自己的那些现象特征其实也没有优先性通路？

施威茨戈贝尔（Eric Schwitzgebel）对情感理解的描述似乎导向了后一个结论。

> 我妻子提到说，我看似很生气需要刷这么多盘子。（尽管事实上做这么多菜也让我很开心?）我否认这一点。我反思了一下自己，我很诚实地试图去发现自己究竟有没有生气——我并不只是反思性地为自己辩护，而是试图像一个优秀的心理学家那样分析自己，正如我妻子希望的那样——但我还是没有发

现我生气了。我认为自己没有生气。但是,当然是我错了,而且我也经常会遇到这种情况:我妻子从我的脸上看到的东西,要远多于我在内省中看到的东西。或许我在内心中并没有多么愤怒,但假如我也知道怎么去观察的话,我也会发现诸多生气的现象特征。

(Schwitzgebel 2008,p. 252)

施威茨戈贝尔的结论是,我们对于"自己情感经验的判断"并非"不可错"(ibid.)。[7]

但是,这个例子并不会威胁关于现象特征的优先性通路观点。认识到这一点很重要。首先,施威茨戈贝尔可以把握其当下的现象特征,只不过不是把它当作伴随生气的那种现象特征。假设生气就其定义而言与某些倾向相联系,那么上述可能性是很大的。正如内省性反思并不能直接把握威尔逊的"谷物粥"思想的原因,那么,对我当下现象特征(施威茨戈贝尔称之为"情感经验")的内省性反思也并不能解释这种现象特征与倾向性存在的联系。换句话说,我们不应该指望能够做到下面的事情,就好象我们仅仅从观察当下的现象特征,就能读出它属于某一类的现象特征:这类现象总是伴随着那种要对他人发火的倾向。[8]因此,施威茨戈贝尔的例子并不能表明我们对于自己的现象特征也会出错。

但是,即便我们承认对于这里的现象特征的判断也会犯错误,这也不能说明我们对于自己的现象特征就没有优先性通路。我们有时会犯现象学上的错误,这仅仅意味着我们对自己的现象学判断并非不可错。这可能就是施威茨戈贝尔所想要说的事情,因为他的结论只是主张我们对于"自己情感经验的判断"并非"不可错"。(他选择批评的靶子很奇怪,因为实际上主张不可错性的观点几乎没有什么支持者。)这种观点与那种相对稳健的优先性通路概念是相容的:即我们的确拥有某种把握自己现象特征的特殊方法,这种特殊方法促使我们的自我归因能够达到较高程度的确定性。在认同这一主张的前提下,我们也可以承认,运用这种方法有时也会失败,某些我们的经验也会落在这种方法的视域之外。[9]

在任何情况下,只要情绪与情感都是倾向性状态,那么我们缺乏针对它们的优先性通路,就不是什么令人奇怪的事情。

3.3.3 倾向性的信念与愿望

我们已经看到,有很好的理由认为倾向性状态一般处于优先性通路的领域之外。然而,这意味着我们对于大多数自己的命题态度都没有优先性通路。在任一给定的时间,我们的大多数的信念、愿望和意向都并不会明确地被心灵所关照——它们是持存性的(背景)态度,内在地与倾向联系在一起。例如,我相信哥本哈根是丹麦的首都,且我很久以来就持有想去哥本哈根的愿望。甚至在我没有明确想到哥本哈根之时,我也已经具有了这些态度——例如,即便是在我睡着了的时候。因为即便我在睡梦中,我也仍然持有着这样的倾向,它们正是与那些命题态度内在联系着的东西:每当我被问到丹麦首都是哪里时,我总倾向于回答"哥本哈根",而且也倾向于接受任何能够提供到哥本哈根作免费旅行的机会,等等。(当然,所有这些反事实条件都是"其余情况均同"的意义。)显然,持存性态度造就了诸多自己的命题态度。因此,如果倾向性状态在优先性通路的领域之外,那么我们对于自己的大多数态度都不具有优先性通路。

这似乎看起来有些奇怪。因为似乎实际的情况应当是,我对"丹麦首都是哥本哈根"的信念的自我归因,以及我对想要去哥本哈根的愿望的自我归因,都是特别可靠和有保障的。我具有某种揭示自己信念与愿望的方法,是其他人不能够同样运用的。毕竟,其他人关于我的命题态度的知识只能通过询问我,或从观察我的行为来获得,而我却能够仅仅从反思而把握关于哥本哈根的这些态度。

所以这里我们就面临着一项难题。正如我们已经看到的,已有某些很重要的理由否定我们能以某种特殊的方式通达自己的倾向性状态。但是我们却似乎是具有某种通向自己的命题态度的特殊通路,即便这些命题态度是倾向性的(比如我关于哥本哈根是丹麦首都的信念,可以在我没有想到哥本哈根时也存在)。解决这一难题的一种可能的途径是,我们对于那些与倾向性态度相伴生的非倾向性状态拥有特殊通路,这也就解释了,为什么我们看起来能够特别地通达那些倾向性态度。

对这个问题上的某种观点的粗略刻画,或许能够勾画出这种进路的大致方向。假设你问我是否知道丹麦的首都是哪里(或者更严格地说,"你相信哪个城市是丹麦的首都?"),这个问题就促使我回忆起哥本哈根是丹麦的首都——因此,我就具有了某个适当的关于哥本哈根的思想。当我持有这一思想时,我对"哥本哈根是丹麦首都"的态度并非只是倾向性的;它也是非倾向性的,或者说是发生性的。就所有目前我们的讨论而言,我们可以对发生性的思想拥有优先性通路。所以我就可能通过某种特殊的方法去把握当下的思想,即哥本哈根是丹麦的首都。因此,我就能合理地推论说,我拥有相应的倾向性信念。毕竟,如果我只是发现自己在以一种断定的方式思考"哥本哈根是丹麦首都",不论我是否有对这一事实的回忆,我都有可能认为自己对这一事实已经具有某种先在的信念。

这只是对这种可能观点的粗略勾画。但它有助于我们看到,为什么我们可能感觉到对自己的倾向性态度具有优先性通路,尽管事实上倾向性状态似乎是落在优先性通路的领域之外。这种观点建议的答案是,我们对于自己发生性的思想具有优先性通路,而对发生性思想的理解提供了推断相应倾向性态度的基础。(至于发生性思想本身是否也是一种倾向性态度,这仍然是一个争议性的话题——这里我们可以暂且不去讨论这个问题。)这与在行动的因果来源问题上的解决方案有异曲同工的地方。我主张对心智状态(比如关于"谷物粥"的思想)的优先性通路恰当地适合于我们的行动,这会使我们感到对于那些因果事实，我们也具有优先性通路。在目前的例子中，解决问题建议是，对于我的"哥本哈根"思想，我所具有的优先性通路也会使我觉得，我似乎对于自己的倾向性信念也具有优先性通路。但是，我对这一思想的理解并不能揭示导致这一思想的原因。具体来说，它不能揭示出那种给定的倾向性信念，即引导我去想到哥本哈根以回答关于丹麦首都的问题的东西。

我们只是刚刚触碰到这一问题；我们将会在下面的章节中再回到对这一问题的讨论。（在第 8 章中这一问题的讨论主导了我的论述。）最关键的问题是，我们可以用上述观点来解释，对于那些持存的态度何以会有某种优先性通路的表象，而又不至于抛弃我们先前关于对倾向性状态没有优先性通路的主张。

卡拉瑟斯（Carruthers 2010）的文章提出了关于对因果状态与倾向性状态没有优先性通路的观点，并主张我们对于自己的判断和决定也没有优先性通路。卡拉瑟斯将其论点表述为对特定的内省性通路的否定，但他的论证也很清楚地以一般意义上的优先性通路为批评的靶子。有趣的是，卡拉瑟斯认识到，存在着某些重要理由证明我们并没有对因果关系的优先性通路，即便我们是用因果词项来理解判断与决定。

> 人们可能会承认，仅凭内省我们并不能知道自己已经作出了某个判断或决定。因为可内省的事件的因果作用并不能通过内省来获知。但我们可能会坚持说，我们却可以内在地省察那个判断或那个决定。（试比较：你可能会在某个黑夜中看到那只猫，即便你甚至不能分辨出那是一只猫。）其实，如此弱化了的内省论观点并非不能得到捍卫。因为，我们经由内省所通达的东西都是内在话语中排演出的语句，或是某种其他的与之相关的图像。这并不是也不能具备成为判断或决定的因果作用（与之相反的是，它却能够构成某种更大的过程，以产生某个

新的判断或决定)。

（Carruthers 2010, p. 101）

上述论证乃是基于某些超越了本章主题的论断——具体而言，也就是关于可内省的项目(与判断和决定比肩而邻的存在)只能是图像的论断。

卡拉瑟斯文章中的上述段落例证了当代优先性通路争论的某种模式。那些对优先性通路怀有戒心的哲学家,例如卡拉瑟斯和施威茨戈贝尔,都倾向于用因果的或倾向性的词项来分析广义上的心智状态。而那些对优先性通路持有更乐观态度的人,包括下一章即将讨论的亲知理论家,则至少对于某些心智状态,倾向于拒斥因果的或倾向性的分析。这一社会学的事实进一步支持了下述观点:以因果的或倾向性的词项定义的心智状态不属于优先性通路的领域。

3.3.4　博格霍森的难题

我已经论证了因果的和倾向性的状态不属于优先性通路的范围,因为对任何状态的内省性观察都不会揭示该状态的因果作用(或其生成根据),也不会揭示该状态与倾向性存在之间的关系。博格霍森(Paul Boghossian)在这一线索上提出了一个更为一般性的主张:仅仅通过观察某个隔离出来的对象,我们永远无法阐明该对象所处于的那些关系,即该对象的关系性质。

> 仅仅通过对某个对象的考察,你不能阐明其特定的关系性质或外在属性。这一原则是从下述两个论断中得到支持的,这两个论断在我看来都是无可怀疑的。第一,仅仅知道某个对象的内在属性,你不可能由此知道其特定的关系属性。第二,仅仅内省某个对象至多让你获得有关其内在属性的知识。

（Boghossian 1989, p. 73）

博格霍森用这一论断强调自我知识的难题。这个难题起源于把博格霍森的观点与心智的某种重要的、显著的特征相结合,亦即是说,心智状态的种类是从关系上加以确定的。

从关系上确认某种东西也就是以关系性质来定义它。关系性确认是一种很常见的现象。例如,"同胞"这个类型就是从关系上获得确认的:被看作是同胞的那些人仅仅是根据其所处的那些特定的关系(即有兄弟姐妹)。按照所参考的心智理论不同,那种用以确定心智状态种类的关系也有所不同。功能主义从心智状态的因果关系上来确定其种类。(我们将在 5.5 节与 6.5.2 节简要地讨论悉尼·休梅克的功能主义观点。)内容外部论——注意不能与前面所讨论的认识论的外部论相混淆——认为心智状态就是它们与那些认知者的社会的或物理的环境之间的关系,而这种关系未必是因果的(参见 Burge 1979)。

这里有许多微妙的细节并不需要我们去关注。对我们的目标而言,最关键的一点是,如果心智状态是从关系上得到确认的,那么博格霍森的评论就提出了一个有关自我知识的难题。这一难题可以简洁地被表述如下。假设"仅仅通过对某个对象的考察,你不能阐明其特定的关系性质或外在属性",那么,你就不能仅仅通过对心智状态的内省而获知其特定的关系性质。但是,如果心智状态是从关系上得到确认的,那么对心智状态的确认就总是要求把握其关系性质。因此,你就不能通过内省来确认心智状态,正如你不能仅仅通过孤立地观察个人来找出"同胞"一样。

对博格霍森的这个难题已经有诸多的回应。有的否认心智状态的类型是从关系上确认的。另一些人则否认优先性通路就是像内省这样的观察性过程。或许最广为接受的回应就是挑战这一难题的前提,即主张心智的关系性理论与特别的观察性通路不相容(Heil 1988;Burge 1988)。值得注意的是,挑战这一前提的人一般并不针对其根本点,即上面的段落中所引用到的观点:孤立地观察某个对象并不能揭示其关系性质。而是说,他们断言即便人们没有观察到那种定义状态的关系,人们也还是可以知道自己处于某个特定的、从关系上得到确认的状态中。

3.3.4.1 关于内容外部论的一点评论

内容的外部论究竟是否与优先性通路的观点相容,目前已有许多文献讨论这一问题,且这些讨论都建立在当前对自我知识的哲学观点之上。促使内容外部论与优先性通路的观点相兼容,是一项很有前途的理论努力。它将会引向认识论与语言哲学的新进展。但我们目前不会去关心这方面的文献,也不会去关注内容外部论与优先性通路的兼容性问题。我们的关注点毋宁说是更为根本性的:自我知识究竟是否是特殊的? 如果它是,那么这种特殊性是什么? 自我知识的何种理论最好地解释了自我知识的特殊性(或自我知识为何没有特殊性)?

对于心智状态是否是从关系上确认的问题,我们将要讨论到的某些自我知识理论也会支持这样或那样的观点。亲知理论的哲学家一般否认所有心智状态都是从关系上确认的,因此他们也反对内容外部论与功能主义。内感觉理论家则更有可能相信心智状态是从关系上得到确认的,且我们是经由观察而获知自己的心智状态。而那种既认同心智状态是从关系上得到确认的,又否认我们经由观察而获知心智状态,则更倾向于持理性主义的观点。

3.4 什么东西留在了优先性通路的领域?

我们有许多理由去怀疑,对于我们的心理学上的诸多方面,自己都不具有优先性通路:我们所拥有的某些品格特征,我们对于可能性情境的情感反应,感情与行动的因果来源,情绪与情感,以及我们持存的或倾向性的态度,都被排除在优先性通路的领域之外。尽管关系性确认的状态是否属于优先性通路的领域这一点仍然存疑，但毫无疑问的是，对于那些通常用来鉴别状态类型的关系性特征（包括状态的原因与结果，及其与物理的或社会的环境特征之间的联系），我们同样也没有什么优先性通路。那么接下来的问题是，究竟还有什么东西是留在优先性通路的领域里的呢？

一般而言，优先性通路的支持者把这一领域（至多）限制在三类状态上：感觉、思想与发生性态度。

感觉是优先性通路的最有力的候选项。任何相信优先性通路存在的哲学家，都会把我们当下的感觉列入优先性通路所可能达及的状态。实际上，我们可以作出如下公允的判断：大多数哲学家都相信我们对自己感觉的把握非常有保障，并且或者这种对感觉的把握乃是得自于应用某种纯粹的第一人称方法。

第二项属于优先性通路的领域的是人们头脑中经历过的有意识的思想。这些思想或许并不形成任何信念、愿望或其它命题态度——它们可以仅仅是头脑中的白日梦或冥想。即便我不能确定自己究竟是希望还是害怕下雪，但对我正想到雪这回事，我也依然拥有某种优先性通路。（或许我只是在想到雪，而对于即将要下雪的预料没有任何态度。）作为优先性通路领域的候选项，当下的思想较之于感觉可能更有一些争议，但多数哲学家仍然认同我们拥有对当下思想的优先性通路。

最后一种属于优先性通路领域的状态是发生性的态度，这一点很有争议，前面已经提到过了。这一项包括人们在从事判断、希望与意图时所作出的判断、希望与意图。像劳伦斯·邦茹（参见 Bon-Jour and Sosa 2003）这样的哲学家主张我们对于这些态度具有优先性通路。例如，我能够把握到自己正以某种断言的或希望的态度想到下雪；接着我能够理解自己相信天正在下雪，或我正希望着下雪。但是我们也看到，像卡拉瑟斯这样的哲学家论证说，即便我对于下雪预期的感受表明我相信天要下雪，但是，我对于下雪的态度究竟是否真的是一种希望,却取决于我的倾向性状态——例如,假使天下雪了,我将如何应对?这种反驳乃是基于前面已经谈到的观点:它把希望理解为一种倾向性的状态,部分地由反事实条件的真理来定义,因此希望本身并不能由内省性的"考察"来确定。因此,我们对于自己所判断、所希望的东西(等等)是否拥有优先性通路的问题,被另外一个问题搞复杂化了,即顷刻间的事件能否算作是判断、希望等等的活动过程——亦即是说,究竟是否存在发生性的(偶发的)态度?

　　根据优先性通路的支持者的说法,优先性通路的领域包括某种特殊的状态类型——感觉,这究竟是什么意思呢?我下面再解释得更清楚一些。这里的意思并不是说,优先性通路的支持者相信所有感觉都是经由某种特殊方法而被获知的,或所有对感觉的自我归因都是相对确定的。主张优先性通路的领域包含感觉,仅仅意谓着感觉是一类可以内省地(或经由某些其它的纯粹第一人称方法)获知的状态,且我们能够对这种状态获得较高保障的自我知识。但是,内省感觉的具体努力,与对感觉的具体的自我归因,则是可能出错的。认知者对感觉的把握体现了优先性通路的情况其实是比较少的。因为这种情况需要具备某些更进一步的条件,而不仅仅是感觉的在场与内省的努力。

　　究竟什么能够算作是对某个状态的第一人称的优先性通路的情况,很多哲学家都主张这里有很多制约性条件。具体而言,不论是怀疑纯粹第一人称(或"私人性")的认识方法的合法性,还是支持其应用,都可以接受这一观点。皮奇尼尼(Gualtiero Piccinini)属于怀疑的阵营:他认为,如果把内省看作是一种私人性的方法,那么它就不可能是一种科学上受尊重的资料来源。内省性报告将不会是科学数据的合法来源,除非它们受制于某些制约性条件,以使其成为"公共资料的公共来源"。

在内省的例子中,要使这种方法获得科学价值,就必须为实验主体提供有效的、清楚的指导规范,使之意识到某些具体的干扰因素——例如缺乏协作、幻想、在记忆缺失处虚构情节,等等——并学会去避免这些干扰因素。处理这些有可能影响内省性报告的干扰因素,需要专门的知识以及对内省的系统研究,可能很难把所有相关的知识都搞清楚。

(Piccinini 2003, p. 150 – 151)

(通过这种途径,)我们就不需要把内省报告理解为某种私人性观察方法的结果,而也能从内省报告中获得知识。

(Ibid., p. 155)

虽然皮奇尼尼对纯粹的第一人称("私人性")方法持怀疑态度,古尔德曼(Alvin Goldman)却特别地为这种方法的科学合法性辩护。但他也同意皮奇尼尼的下述主张,即只有对第一人称方法详加考察,它才能成为科学资料的可靠来源。

我承认——实际上是坚持认为,内省报告并不对于所有心理条件或描述都是可靠的。对内省理论来说,关键问题是确定其可靠性的领域。这是一种校准意义上的问题,任何科学装置与认知能力都会遇到此类问题。我更愿意把这一问题再划分为两个部分。第一,我们想要确定的东西是,在哪些操作性条件下内省才是(足够)可靠的。第二,还需要确定它对于哪些命题内容是可靠的,亦即是说,内省的精确性主要针对的是哪些类型的心智描述或认知描述(假设操作性条件是恰当的话)。

(Goldman 2004, p. 14)

因此,所有人都承认内省报告是可错的,只是在某个特定的领域中,在某些确定的条件下,内省才是可靠的认识论来源。而至于优先性通路的问题——例如,自我归因究竟是否在认识论上特别有保障,究竟是否能够通过运用纯粹第一人称的方法而得到,上述观点均持中立的立场。

小 结

许多自我知识理论都旨在解释我们对自己心智状态的优先性认知通路。然而,某些理论却否定我们拥有这样的优先性通路。还有的观点主张,自我知识的独特性在于某种非认识论的因素,或是由这种非认识论因素所导出。这种非认识论因素有:我们通过慎思而形成心智状态的能力;他人听从我们对自我心智状态的归因;或者是我们声明自己心智状态的特殊能力。

主张我们对自己心智状态拥有优先性通路的观点也有多种理解。很少有哲学家认为我们对自己心智状态的把握是完美的或完全正确的。有一些哲学家持有某些作了限定的论断——例如,主张我们的自我归因只在某些特定条件下才是高度可靠的,或是我们原则上能够意识到任何自己具有的心智状态,或是我们的自我归因能够达到特别高的确定性。

心理学研究表明,对于我们所拥有的某些品格特征、对可能情境的情绪反应以及感情与行动的因果来源,我们常常持有错误的认知。我们的心理学的这些侧面至少部分的是由倾向性词项来定义的。基于某些很好的哲学上的理由,我们并不能用某种纯粹的第一人称方法来确定自己的倾向性质——至少我们所用的方法与其他人来确定我们的倾向性质的方法并无根本不同,而所谓的优先性通路则要求我们的方法应该以某种复杂的、认识论的方式区别于他人所用的方法。因此,我们可以由此合理地得出结论:我们对于其它倾向性状态也没有什么优先性通路,例如以倾向性词项解说的情绪与情感和倾向性态度等。然而,这一结论并没有更进一步从一般意义上怀疑优先性通路的概念。

能够以优先性通路把握的候选项包括感觉、思想与发生性态度。这些将成为本书余下部分的关注焦点。下一章所讨论的亲知理论通常主张对感觉与思想的优先性通路。而内感觉理论家(第5章)论证说,对于任何这样的状态,我们都没有什么特殊的通路,就好象与其它的观察方法有什么深远的差异一样。理性主义者(第6章)则更加关注信念、意向与其他命题态度,他们主张自我知识最显著的特征源自于我们创造这些状态的能力,而非我们对这些状态的认识论通路。尽管理性主义者有时把自己的主题刻画为倾向性(持存)态度的知识,实际上他们的理论更多地是直接应用于对发生性态度的讨论。因为正是这些发生性的判断、决定等直接地受到理性争论的影响。

拓展阅读

Alston(1971)细致辨析了在"优先性通路"的名义下作出认识论断言的范围。有关内省及其局限的心理学研究,比较引人入胜且又容易找到的论述是 Wilson(2002);与之相应的写给学术性读者的概览,参见 Wilson 和 Dunn(2004)。Hurlburt 和 Schwitzgebel(2007)是一项合作研究的成果,其中合作的一方是支持内省方法的心理学家,另一方却是对此持怀疑态度的哲学家。他们的论争乃是基于某个特定的主体所提供的资料,这个内省的主体随机地报告他的感受经验。Ludlow 和 Martin(1998)容纳了一些颇有启发性的文章,讨论的问题是优先性通路的观念与心智内容的外部论之间的相容性。

4

自我知识的亲知理论

4.1　导论

我们要考察的第一个自我知识理论是亲知理论。按照亲知理论，我们能够不经中介，直接地获致某些我们自己的心智状态，因为我们处于一种对它们亲知的形而上学关系之中。我们对于心智状态的亲知使得内省的自我知识在认识论上特别牢固。特别地，它使得自我知识比知觉知识更加牢固，因为知觉知识对其对象只提供间接通路。

与亲知理论相联系的，最著名的是罗素，是他提出了这个名称。但一些在罗素以前的哲学家，包括笛卡尔，就接受了亲知理论的核心观点，即内省知识具有特殊的直接性，从而特别地牢固。对我们来说更加重要的是，某些当代哲学家也把他们自己的自我知识理论建立在这样一个核心观点的基础之上。我们可以合理地将这些当代理论看做是亲知理论的不同版本。它们会是我们的主要的关注对象。[1]

我们从考察罗素版本的亲知理论开始。我们对罗素的立场的回顾将为我们在 4.3 节中对各个当代版本的探讨提供一个背景。

4.3 节将描画出那些当代亲知理论是如何将罗素观点的某些方面吸收进来,同时回避他的那些更有争议的理论承诺的。对亲知理论的批判性评论从 4.4 节开始,在该节中将给出一些对亲知理论有影响力的反驳。最强有力的反驳源自这样的观察,即内省知识依赖于我们关于自己心智状态的概念。这种反驳指责道,在将内省知识解释为直接的时,亲知理论忽视了概念所扮演的中介角色。4.5 节描画了一个对这种反驳的回应:这一回应借助了一种主张,关于概念是如何在内省判断中运作的。那一节也将讨论对这种主张的一些著名的批评。4.6 节中,我们将简要考虑亲知理论的范围,追问它们是否能够合理地被应用于所有上一章中所确认出的那些优先性通路的候选者(即感觉、思想以及当下态度)。结尾的一节将考察这种理论主要的利弊得失。

4.2 罗素亲知理论

亲知概念在罗素的认识论当中具有中心地位:他声称亲知的关系不仅是自我知识,也是一切知识的基础。

> 我们所有的知识,包括对事物和真理的知识,都以亲知作为基础建立其上。

> (Russell 1912, p. 75)

他将亲知描述如下:

> 我们应当说我们对于我们直接意识(aware)的任何东西都具有亲知的关系。这种直接的意识是不依赖于任何推理过程或关于真理的知识的中介的。

> (Ibid, p. 73)

罗素的亲知观念可以通过直接意识（direct awareness）的观念来把握。在罗素意义上，一个人直接意识某物，当他对该物的意识不依赖他对任何其他事物的意识。比如说，如果我通过听电台的天气报道而得知天在下雨，那么我对于雨的意识就依赖于我对于天气报道的意识，因此就是间接的了。

罗素认为，要确定我们对于某物的意识是不是直接的，我们应当使用笛卡尔的怀疑方法（参见 2.3.3）。如果你能够怀疑某物的在场（presence），那么你就不是直接地意识到那个事物。比如说，我能够怀疑雨的在场，因为电台的报道可能是不准确的。甚至就在我似乎听到广播的那一刻，我也可以怀疑电台的播送也并未发生，因为我的听觉经验可能只是一场梦或者幻觉的一部分。所以我不论对雨还是广播都没有亲知。

那么，什么才是我们所亲知到的？罗素通过考虑一个平凡的例子来回答这个问题：看到一张棕色长方形桌子所牵涉到的东西就是我们所亲知的。假设你似乎看见一张桌子在你面前。你可以轻易地怀疑那里是不是真的有一张桌子——通过认识到你可能在做梦，或者你的视觉可能被一个邪恶精灵操控着，或者你可能处于1999年的电影《黑客帝国》所描绘的场景之中。但是你知觉经验的其中一个方面你无法怀疑：也即，你正在持有某种特定的视觉经验，这种经验包含了看起来好像在你面前有一张桌子。在罗素那里，这种看起来牵涉到一种心智对象，他称此对象为感觉材料。（作为一种快速简单的近似，你可以认为你的感觉材料就是你的这张桌子的视觉图像。）他总结道，当看见面前的桌子时，你直接意识到的是感觉材料。

> 我们已经看到，怀疑是否有一张桌子是可能的，这毫不荒谬；然而怀疑感觉材料却是不可能的。

(Ibid, p. 74)

在此基础上,罗素声称对感觉材料的意识是直接的,而对桌子的意识是间接的。此外,是感觉材料解释了知觉现象。比如,之所以在你面前看起来有一张棕色的长方形桌子,是因为你对棕色的长方形的那个感觉材料有所意识。所以感觉材料中介(mediate)了你对桌子的意识。可以说正是因为感觉材料"中立于"你和桌子之间,所以你对桌子的意识只是间接的。感觉材料在每一个知觉意识的例子中都扮演了这种中介角色,因为怀疑知觉对象总是可能的,而怀疑组成知觉现象的感觉材料却总是不可能的。一个人无论何时看到或听到某物,他是直接地意识感觉材料的;但他只是间接地意识那个知觉对象,即便有所意识的话。

这便将我们带向了罗素的亲知观念。对一个对象的直接意识要求一个形而上学意义上的直接的通路。因为如果在你和你的感觉材料中间有某物做中介——中立于你和你的感觉材料——那么你就又可以怀疑你的那些感觉材料了。(比较:我对雨的意识是被我对电台广播和其他一些东西的意识所中介的。我对这一中介因素的认识使我可以通过想象广播内容并不准确去怀疑是否真在下雨。)我们无法怀疑我们的感觉材料的存在。这是一个关于我们的心理上可能也是认识上的事实。但它还有一个形而上学的推论,即我们对感觉材料的意识在形而上学意义上也是直接的:没有任何东西终结于一个主体和她的感觉材料。"亲知"是罗素对于这种形而上学的直接性或非中介性的关系所使用的术语。

当罗素说"我们应当说我们对于我们直接意识的任何东西都具有亲知的关系"时,他的意思是对一个对象的直接意识(这种直接性通过怀疑论检验而得到证实)包含了对该对象的形而上学意义上的直接性通路。我们没有必要尝试全部地分析罗素的亲知观念。但很关键的一点是要认识到亲知并不是一种因果关系。如果我只是因果地和某物有关,那么我便能够怀疑它的存在;毕竟,笛卡尔的邪恶精灵能够干预任何的因果过程,包括看见一张桌子时所包含的因果过程。这个邪恶精灵甚至还能干预到非知觉意识中的因果过程，比如我意识到我的脚趾很痒。由此我也可以想象一种完全一样的"痒"的经验发生在脚趾缺失的位置上。我的经验可能可以通过怀疑论测试，但由于这一经验可能是由别的东西而不是发痒的脚趾所导致的，我的脚趾并不能通过测试。（这个案例类似于所谓的幻肢综合症，被截肢者觉得在他们的缺失的肢体部位有各种感觉。）由于我们能够怀疑那些只和我们有因果关系的对象的在场（或存在），亲知不可能是一种因果关系。

罗素鲜明地区分了亲知的知识和其他种类的知识。本节的第一段引用清楚显示了他将亲知的知识当作所有其他知识所倚赖的认识基础。他分配给亲知的知识以这样的角色，部分是因为他认为亲知的知识在认识上比其他类型的知识更加牢固，包括知觉知识。

但罗素的观点并不是怀疑论的，他的观点允许我们拥有对外部事物的知觉知识。他认为我们通过意识到相应的感觉材料来知觉外部事物。这种观点导致一个有些令人惊讶的后果：我们经常在没有想到我们的感觉材料的时候就意识到它们。毕竟，我们很少（即便有过）想到我们的感觉材料——我们通常只是想到棕色的长方形桌子，而不是想到棕色的和长方形的心智对象。罗素的观点是我们可以在不把感觉材料意识为感觉材料的情况下意识到这些感觉材料。对感觉材料的意识并不要求任何像我们对当下经验的内省反思这样复杂的东西。

然而，根据罗素，内省包含于我们对我们亲知的某些东西的意识中。这些东西是"发生在我们心智中的事件"（ibid, p. 77），像判断、愿望和感觉。

> 当我想要食物，我可以意识到我对食物的愿望；由此"我想要食物"就是一个我所亲知的对象。类似地，我们可以意识到我们正觉得高兴或疼痛，以及广泛意识到发生在我们心智中的

事件。

（Ibid）

罗素还持有这样的想法，即我们也亲知自己（the self），因为主体似乎也内省那些涉及他们自己的状态，比如"我正看见太阳"（ibid，p. 79. 强调由作者加）。他最终对这一问题保持中立，但指出即便我们亲知自己，也只是亲知某一时刻的自己，而不是在时间中持续的那个自己。对在时间中持续的自己的意识并不能通过怀疑论测试。要达及昨天的自己得依靠记忆；由于记忆是一个因果过程，它在邪恶精灵的怀疑面前就有破绽。（我们会在第七章回到这一问题。）事实上，我们并不亲知任何过去的事物。罗素给出了一个著名的思想实验，说明了由于我们对过去事件的意识依靠记忆，所有关于过去的信念都是可怀疑的。

> 以下假设并不具有逻辑的不可能性：世界五分钟前才突然开始存在，正如它那时开始所是的样子，而世界上所有的人都"记得"一个完全不真实的过去。

（Russell 1921, p. 159）

我们所亲知的最后一类对象，在罗素看来，是由诸如红和正义这样的抽象共相组成的。虽然这些在他的更大的知识理论中扮演着重要角色，我们将仅仅关心和自我知识有关时的这类亲知。罗素认为心智事物是我们亲知的唯一非抽象的对象。"很明显，只有在我们心智中发生的才能被直接地知道。"（Russell 1912，p. 77）

罗素的理论面临一些棘手的问题。第一，许多哲学家发现感觉材料的观念很可疑。当一个人看着桌子的时候，他的感觉材料被说成是棕色的和长方形的。可是在这个情形下唯一是棕色且长方形的东西应该只有那张桌子。那么这个棕色的长方形的感觉材料在哪里？它并不在桌子所在的地方，因为它依赖于心智，而没有任何依赖于心智的东西在那儿。似乎也没有任何棕色的长方形的东西在这个人的脑中。[2]罗素式的感觉材料这样一来便是在本体论上有问题的。

罗素观点的认识论特点也同样值得质疑。当罗素将亲知认为是一个形而上学的而非认识上的关系时，他将对感觉材料的亲知当作是对那些感觉材料的知识来说充分的。"组成我的桌子的外观的感觉材料就是我亲知到的东西，就是我直接地知道的东西。"（1912，p. 74）很难理解一个人如何能够仅仅通过一般知觉所要求的最低方式意识到他的感觉材料，便知道了它们。对一个对象的知识似乎要求作关于这个对象的思考，而这反过来包含了思考它的某种方式。我的"桌子是棕色的"这一知识，包含了将它思考为一张桌子，以及将它思考为棕色的（也就是，将桌子和棕色这些概念应用于它）。但当我知觉这张棕色的桌子时，我通常并不思考任何感觉材料——更不用说将它思想为棕色的。

罗素对这一谜题的解决包含了一种关于知识的非正统的观点。他说感觉材料的知识属于一个类型的知识，"事物知识"，它不涉及任何对被知的东西的概念化。罗素将关于事物的知识和"真理的知识"作对照，后者使用概念。

罗素关于"物的知识"的观点有些蹊跷。它推出，你仅仅拥有感觉材料便知道它。假设你在看落日，而你的脑海里全然充斥着明天的计划。如果罗素是对的，那么在这种情况下你知道一个橙黄色的感觉材料。此外，这一知识是完全的。

> 我正看到的一抹颜色可以让人从很多方面来说它——我可能会说它是棕色的，它很暗，等等。但这样的陈述，尽管它们使得我知道关于这一颜色的真理，但并不使我对这颜色本身比原先知道得更多：就有关这颜色本身的知识而言，与关于它的

真理的知识相反,当我看见这颜色时,我就完全而彻底地知道
了它,并且没有对于它本身的任何进一步的知识在理论上是可
能的。

(Ibid, p. 73 - 74;第二处强调由作者加)

在罗素看来,概念化不仅对感觉材料的知识来说是不必要的,
甚至还不能增加知识。仅仅通过拥有一个感觉材料,我就亲知了它
并且由此"完全而彻底地"知道了它。这是一条为了亲知知识而作
的非常强的断言。

在罗素推出他的亲知理论之前几十年,威廉·詹姆斯争论说概
念化对知识来说是关键的。他先于罗素的观点提出(有些)心智对
象是"被我直接地知道的"。按照詹姆斯对这一观点的表达,一个心
智属性的外观(它给人的感觉)就是它的实在(它的本质)。詹姆斯
观察到这种外观和实在的关联并不能推出一种内省知识的理论。

但是,作为[心智状态]本质的被感觉性(feltness)是它自
己在被经验到的一刻的内在的、固有的被感觉性,而和将来的
有意识的行动可能对它的感觉的方式无关……由于它的直接
性,它对(一个寻求内省知识的人来说)完全无用。为了他的目
的,必须有比仅仅是被经验更多的东西。

(James 1884, p. 1)

换句话说,除非一个心智状态或者心智对象被概念化,不然它
就不能被知道——比如,我必须将我的感觉材料思考为棕色且暗
的。自我知识是一种真的知识,比如我当下的感觉材料是棕色且暗
的,而真的知识要求使用概念。如果詹姆斯是对的,仅仅是对一个
状态的意识——罗素的"物的知识"——并不构成自我知识。

詹姆斯指出了这里的一个关键性的问题,这个问题在本章之后

的地方再次出现。当代的亲知理论允许知识要求概念化,但这些理论的主要反驳声称它们不能充分解释心智状态是如何被概念化的。

我们现在转向亲知理论的当代版本,它们继承了罗素的观点的关键特性,同时很大程度上避免了之前所说的焦虑。当代的亲知理论者避开了对感觉材料的承诺;否认亲知对知识是充分的;不声称亲知知识是完美的或完全的;将内省知识解释为真的知识。但他们仍然接受罗素的核心观点,即有些内省知识得到了一种在形而上学意义上直接的、非因果的对对象的亲知关系的支持,因而也是得到强辩护的。

4.3 当代亲知理论

4.3.1 亲知论题

当代亲知理论者并不承诺感觉材料的存在。一个感觉材料是一个心智之物,而这一理论的当代版本聚焦于心智状态。将一个状态想成一种属性的示例会比较有帮助。比如,说水处于液体的状态相当于说它示例了液体性这种属性(粗略地说,就是分子自由运动但又不倾向于离散)。类似地,说我处于疼痛状态(或者我疼痛),相当于说我示例了疼痛这一属性。

出于方便,我会通常将内省判断解释为具有这样的简单形式:"F 在场",其中 F 是一个心智属性,比如疼痛在场。由于不包含"我",这种表达式避开了我如何将我自己确认为和疼痛关联之物这样的问题。(自我确认问题将在第七章讨论。)但这种原始的表达式可被认为是为其他判断所保留的空位,诸如疼痛在这儿在场或者疼痛在我身上被示例或者我疼痛。我们不用对这些细节过分关注。

当代亲知理论的核心源于罗素的论题,即一个人与他的心智状态之间有在形而上学意义上直接的通路,而且这种通路提供了有关这些状态的得到强辩护的、非推理性的判断。任何接受这一论题的自我知识理论都可以被合理地当作一种亲知理论。认同亲知理论的有巴洛格(Balog forthcoming)、邦茹(BonJour 2003a)、查尔莫斯(Chalmers 2003)、科内(Conee 1994)、菲尔斯(Fales 1996)、菲尔德曼(Feldman 2004)、福莫顿(Fumerton 1995)、格特勒(Gertler 2001)、李维(Levine 2007)、皮特(Pitt 2004)。

当代亲知理论在不同维度上有所差异。有些差异相对表面,比如,亲知理论者有时在认识的意义上而不是形而上学意义上使用"亲知"。一个更加严重的差异和亲知的范围有关。有些人将亲知知识限制在疼痛和其他感觉。但大多数人同意罗素,认为其他"在我们心智中发生的事件",比如当下发生的愿望和思想,也可以被亲知地知道。

感觉,似乎是亲知对象的理想候选者,就像感觉材料对罗素来说似乎是范例性的亲知对象,二者的理由是一样的。和感觉材料一样,某物如何显现和它实际上如何之间的这种通常会有的鸿沟,在感觉的事例中也不见了。假设你在看一地的鲜草,于是在你面前显现出绿色的某物——也就是一地的草。当然,这种显现可能偏离真实。如果你处于幻觉中,或者困在黑客帝国里,你可能在眼前没有任何绿色东西的情况下拥有这种感觉。但很难看到一个感觉的显现如何具有类似的误导性。在你反思你当下经验时,显现出你正拥有某种感觉,它包含了现象的绿。(现象的绿是一种典型的感觉,它典型地出现在你看到绿色的某物时;在典型事例中,它组成了看见绿色的某物时的"像是什么"[what it's like]的感受。)如果你正拥有一个感觉包含了现象的绿,那么你实际上正在拥有那个感觉,或者直觉上是这样。³克里斯多夫·希尔(Christopher Hill)简明表达了这种直觉:"在感觉的事例中没有显现/实在的鸿沟。"(Hill 1991, p. 127)这种显现/实在的鸿沟的缺失意味着感觉通过了罗素的怀疑论测试。更切题地说,它意味着你和你的感觉的关系可能特别牢固,并在认识上和形而上学意义上特别直接。

要意识到很重要的一点，就是感觉缺失了显现/实在的鸿沟这一点，并不能推出我们对感觉或者是不可错的，或者是全知的。大卫·皮特(David Pitt)简要解释了为什么感觉的这样的事实不能有这些认识上的推论。

> 如果一个感觉感觉起来是疼的，那么它就是疼的，因为它感觉起来是疼的和它是疼的是相同的性质。这些关于意识的心智殊相的事实并不像人们有时设想的那样推出内省的不可错性或全知。意识的心智殊相只能显现为它们自己所是的样子，但这一事实无法推出一个人关于它们所是/所显现的方式的信念不会出错——就如同一个外部客体必然地具有它看起来具有的属性也不能推出一个人对它的属性的知识是不可错的。这些关于意识的心智殊相的事实也不能推出一个人对于他的意识心智的内容是全知的。我们可以作出极为连贯的假设，一个人对意识的心智殊相有着简单的内省式的亲知，但他没有任何关于这些心智殊相的信念(或知识)。
>
> (Pitt 2004, p. 13)

亲知理论者并不普遍承诺不可错性或全知。他们重要的认识上的主张是，当一个人的关于他自己心智状态的判断利用了形而上学意义上直接的亲知关系，它就能比其他经验判断更加牢固。因为这样的判断对特定来源的错误免疫——包括那些从在知觉意识中起作用的中介因素中生发出来的错误。但这并不是说它们就完全对错误免疫(从而是不可错的)，或者我们对我们所有的心智状态是有意识的(从而是全知的)。

尽管感觉是亲知的最佳候选者，多数当代哲学家拒斥亲知的理论，即便是运用于这样一些状态。所以在讨论亲知理论时，我们将专注于关于感觉的知识方面的合理性。在本章后面部分,我将简要讨论亲知理论如何能够运用到其他类型的心智状态。

任何亲知理论的核心都是这样一个观念,即有些内省知识包含亲知。但仅仅只有对一个心智状态的亲知并不能充分满足对这一状态的内省知识(假设我们拒斥罗素的特异观点)。亲知是一种形而上学的关系,而自身并没有什么直接的认识上的推论。此外,内省知识是一种真的知识。(我们在这里再一次拒斥罗素的特异观点。)所以正如詹姆斯指出的,为了能够确信主体拥有知识,这一内省的主体必须构造一个合适的判断,比如说疼痛在场。

亲知理论的主要任务是要解释对一个心智状态的亲知如何能够辩护相应内省判断——比如疼痛在场。亲知理论者论证说,对一个状态的亲知和对它的认识上的意识是紧密相连的。这种联系的本质取决于要辩护的亲知理论的具体版本。在有些版本中,一个人亲知疼痛仅仅由于拥有它,但对这一疼痛的意识则进一步要求这个人注意到它。在其他版本中,一个人可以不亲知疼痛就拥有它们;他通过引导自己的注意力到疼痛来亲知它。这些分歧有些源于对"亲知"一词的解读不同。不管怎样,它们不会给我们造成顾虑。我们的焦虑在于联合了不同版本的亲知理论的论题:基于形而上学意义上直接的亲知关系的内省判断能够实现一种特别高程度的非推理的辩护。

稍后我们将考察亲知理论的细节:基于亲知的内省意识是如何提供所声称的辩护的。但如果我们先考虑一个对亲知理论所依赖的观念的总体反驳,我们会更容易理解这些细节。所要反驳的观念是:感觉的在场能够帮助辩护关于这一感觉的内省判断。

4.3.2 戴维森的挑战

唐纳德·戴维森反对这样一种观念,即感觉的在场能够帮助辩护关于这一感觉的内省判断。

　　一个感觉和一个信念之间的关系不可能是逻辑的,因为感觉不是信念,也不是其他命题态度。那么到底是什么关系? 我想答案很明显:这种关系是因果的。感觉导致了某些信念并在这一意义上是那些信念的基础或根据。但对信念的一个因果说明并不能显示出信念是得到辩护的,或者为什么它是得到辩护的。

(Davidson 1983/2001, p. 143)

　　戴维森的关键点是,感觉不具有辩护信念所需的形式,因为它们不是命题的。(命题状态是那些可以是真或假的状态。信念是命题的,因为一个信念可能是真的或假的;感觉,比如疼痛或痒,则是非命题的。[4])一个命题状态如何能够辩护一个信念或判断,这是相对比较清楚的。比如,信念苏格拉底是人且凡人皆有死可以很清楚地辩护判断苏格拉底有死。前一个信念的真蕴含后者的真——所以一个人有前一个信念并且认识到这种蕴含关系,那么他判断苏格拉底有死便是得到辩护的。蕴含关系就是戴维森所说的"逻辑的"关系。在戴维森看来,唯一能辩护判断的状态就是信念,因为只有信念处于支持一个判断所要求的逻辑关系中。

　　由于感觉是非命题状态,它们无法处于逻辑关系中。戴维森得出结论,它们不能辩护判断。一疼痛最多能导致主体作出他疼的判断。但导致一个判断并不是辩护一个判断。我的疼痛并不能辩护我在疼这样一个判断,即使它导致了那个判断而且它是一个使真者(truthmaker)(使得信念为真的东西)。

　　为了体会最后这一点,考虑如下场景。女王的敌人偷偷在她的饮料里下了一种造成妄想症的药,而女王不知道。药物导致女王作出如下判断:一个未知的特工在谋害她。判断是真的:给她下药只是她敌人的邪恶计划的第一步。此外,判断是由它的使真者导致的,因为正是特工要谋害她才给她下的药。但它不是得到辩护的——女王的判断没有好的理由。她被下药的事实强力表明了有人在谋害她,但女王对这一事实毫无意识。因此,单凭一个判断是被它的使真者导致的这一点,这个判断并不是得到辩护的。

这一点仅对认识的内部论的辩护概念有效。认识的内部论将能够辩护判断的因素的种类,限定在主体内部的东西中:一个判断只能通过主体可通达的、或在她心智内的理由来得到辩护。(参看1.4.2。)由于亲知理论是认识的内部论的,我们关心的,和戴维森一样,只是内部论的辩护。很明显女王对她的判断缺乏内部论辩护。相关事实——她被下药,并且药物使她作出那个判断——完全在她的视野之外。

戴维森只有信念能辩护判断的主张,威胁到了亲知理论。按照亲知理论,疼痛的在场有助于辩护我在疼这样一个内省判断。这种辩护通过我对我的疼痛的意识而发生——但我对我的疼痛的意识本身是非命题的。因为它是一个事件,而又不是可以判断真假的那类事物。想想你对一棵树的知觉意识。当你看见一棵树,我们可以合理的将你对树的意识当作一个事件,这事件涉及一种特定的视觉经验(也许还有那棵树本身)。这一事件不是那种可以判断真假的事物——这一事件发生了可以是真的,但这个事件本身没有真值。亲知理论将一个心智状态的内省意识解释为一个事件。尽管这种意识包含一种亲知——比方对疼痛的亲知——但这一意识和疼痛都不是命题状态。它们都不是真或假的;它们都没有正确的形式来作为能表明我在疼的论证的前提。在戴维森看来,这意味着它们都不能辩护某人疼痛的判断。[5]

戴维森只有信念能辩护判断的主张也威胁到了许多其他认识论观点。它显然与经典的、内部论的基础主义(比如笛卡尔的观点,在第二章已有所讨论)不相容。它还与标准类型的认识的外部论不相容。根据一种著名的外部论观点,一个判断是得到辩护的,当且仅当它是通过一个可靠的过程构造的。由于一个过程的可靠性不是那种可以判断真假的事物，从戴维森的立场可以推出它不是一个辩护者。因此戴维森的主张威胁到了认识论理论谱系两端上的观点。

亲知理论者会论证说，一定有某种其他方法来辩护关于某人自身状态的判断。毕竟，某些这样的判断，比如我判断我正在经验一种痒，似乎很清楚是得到辩护的；而又没有一个明显合适的候选信念出现在对这些判断的辩护之中。什么样的信念有可能辩护我的坚定信念，即我觉得痒？一种可能性是，这一信念之得到辩护是通过这样一种背景信念，即在正常环境下，如果我似乎有痒的感觉，那么我就是有痒的感觉。但这种意见是可疑的。的确，"我似乎有痒的感觉"可靠地联系着"我就是有痒的感觉"，但儿童早在达成任何这类总结（如果他们确实达成了的话）之前，似乎就有他们痒这样的得到辩护的信念。不管怎样，这种主张只是转移了我们所谈的问题。如果只有命题状态才能成为辩护者，那么为了辩护我痒的信念，痒的显现必须采取信念的形式，比如对我来说看起来痒性（itchiness）在场。但这个信念也处于需要辩护的地位，并且在戴维森看来痒本身不能提供这一辩护。亲知理论者会总结道，戴维森的观点排除了任何合理地解释我有痒的感觉如何得到辩护的可能性。由于很明显像这样的判断有时候是得到辩护的，我们应当拒斥戴维森的观点而承认信念并非唯一的辩护者。

因此亲知理论者会拒斥戴维森对辩护的约束。不过，戴维森的反驳仍然突出了一个给亲知理论者们的挑战：确定疼痛和疼痛在场这一判断之间的关系——这种关系要能说明前者，一个非命题状态，是如何有助于辩护后者的。为了满足内部论的要求，这种关系必须是主体可通达的，或者在她心智之内的（或者二者皆是）。

4.3.3 回应戴维森的挑战

当代亲知理论者各自具体地调整他们的理论来适应这种挑战。他们论证说，辩护一个内省判断的不仅仅是心智状态的在场，甚至也不是对于心智状态的意识，而是主体把握到她的内省判断符合她当下的经验。比如，我能把握到，我的判断疼痛在场符合我当下经验中疼痛的在场。这种符合使得这一判断为真。

接下来，如果我对这种符合的把握要合乎自我知识的亲知模型，那它必须得是直接的——就是说，它不能是本质上依靠我对别的东西的把握的。这意味着我必须同时直接把握处于符合关系之中的两个部分：判断疼痛在场以及它的使真者，疼痛的在场。要直接把握这二者，我就得亲知它们。于是我必须不仅亲知我的疼痛，还得亲知我的判断，以及二者之间的符合关系。

一位著名的亲知理论者，理查德·福莫顿（Richard Fumerton），将这些指定为内省主体能够亲知的项目。在这段文章当中，"P"是指诸如"疼痛在场"这样的命题。

> 我的主张是，一个人拥有一个得到非推理的辩护的信念P，当她拥有思想P，并且她亲知事实P、思想P、以及事实P与思想P之间的符合关系。
>
> （Fumerton 1995, p. 75）

在福莫顿看来，亲知的内省知识涉及对疼痛的在场（"事实P"）的亲知、对疼痛在场的判断（"思想P"）的亲知、以及对二者的符合关系的亲知。

另一位重要的亲知理论者，劳伦斯·邦茹（Laurence BonJour），关于亲知的对象的说明并不那么明确。但在指定基础性知识——不以其他知识作为基础的知识——的条件时，他似乎诉诸我们对福莫顿提到的那些对象的亲知。

> 在我看来,……一个基础信念产生出来,当一个人直接看出来或把握到以下这一点,即他的经验满足对该经验的描述,而这一描述由信念的内容给出。
>
> (BonJour 2003b, p. 191)

当一个经验"满足"这种描述,它就符合关于它的判断。由于基础知识要求直接把握这种符合关系,按邦茹的观点,它也必须包含直接把握经验(比如疼痛)以及判断(比如疼痛在场)。

这种符合关系到底意味着什么? 邦茹将判断刻画为对心智状态的一个描述,而将其中的心智状态刻画为满足这一描述。然而,术语"描述"可能是误导性的,因为它往往是留给语言的。而话题中的判断并不需要由语言来表达——它只是心智状态的一种概念化。试比较:我将我看见的东西概念化(对它们运用概念),我将它思考为长方形的以及思考为一张桌子——我并不需要将这一思想用词语表达出来。如果那个东西确实是一张长方形的桌子,那么我的这种概念化就很准确。相似地,我可能将我当下感觉思考为疼痛,或者痒。我对这一状态的概念化是准确的,只要那个状态是疼痛(或痒)。这种准确性反映了,在判断和心智状态之间是有相关的符合关系的。在这一意义上,如果一个判断符合相关的心智状态的话,那么它对那个状态的概念化就是准确的。

于是,对于这些当代亲知理论者,亲知的内省知识要求一个人满足三个条件。(为了呈现一个当代亲知理论的整体图景,我抹去了具体不同版本之间的某些细节上的区别。[6])

(i)通过亲知,某人意识到 F 状态(比如一疼痛)。

(ii)通过亲知,他意识到如下判断:F 在场(比如疼痛在场)。

(iii) 通过亲知,他意识到 F 状态和判断 F 在场之间的符合关系。(比如,在疼痛和判断疼痛在场之间。)[7]

这个列表有助于阐明上文所提及的当代亲知理论的某些重要特征。当代的理论者通常拒斥罗素的主张,即亲知一个心智状态——也就是满足条件(i)——对亲知知识是充分的。他们赞同詹姆斯的观点,认为内省知识要求概念化:内省知识产生,仅当主体构造了内省判断,并且满足条件(ii)和(iii)的要求。(我们在 4.5.2 中将会看到,某些当代亲知理论者拒斥这一条件,认为它要求过高。但我们在本章的注意力会放在邦茹和福莫顿论述的那种观点上。)

条件(iii)表明多数当代亲知理论者是如何回应戴维森的挑战的。戴维森设想了一个心智状态能够可设想地辩护一个自我归因的判断的两种可能的方式:或者导致这个判断,或者处于和它的"逻辑的"关系之中。亲知理论提供了一种新的辩护图景。在这一图景中,一个内省判断得到辩护,是通过主体直接地把握到那个判断及其相关的心智状态之间的符合关系。于是,心智状态便在辩护判断中发挥了作用,但它的作用并不涉及对这一判断的因果导致或逻辑蕴含。相反,它涉及的是符合这个判断,因而它通过一种能够被主体直接把握的方式,使得判断是准确的。

条件(i)-(iii)一起,显示了当代亲知理论的大致轮廓。就疼痛状态而言,如果你满足这些条件,那么你的判断疼痛在场就是真的。而且根据亲知理论,这个判断是得到强辩护的,因为你对这一判断与实际的疼痛之间的符合关系的把握是直接的:具体而言,它并不依赖任何因果条件的因素,比如在把握一个判断是否符合你知觉到的对象或事件时所涉及的那些因素。

为了体会内省辩护和知觉辩护的区别,试比较满足条件(i)-(iii)的主体和一个普通知觉者的认识论处境。按照罗素的主张,假设我意识到一张棕色的长方形桌子。我对桌子的意识在认识上不依赖于对某个心智状态或心智对象的意识。因为大概普通的知觉知识并不依赖于对感觉的意识。但我的视觉感觉却中介了我对桌子的通达。我意识到桌子仅仅是由于它对我当下的视觉感觉产生了因果作用：比如，它表面的性质影响了它如何反光（等等），而这些反过来影响了我当下的视觉感觉。我的感觉的中介角色使我对桌子的意识暴露在各种出错的可能性之中。一个梦，一个邪恶精灵，或者只是一个光线的小把戏，都可能使我拥有一个像是桌子的视觉感觉，而那里什么也没有，或者将桌子看成灰色的而它实际上是棕色的。作为对照，亲知知识对这类错误是免疫的，因为根据定义，亲知是一种直接的（非中介的）关系。

我对桌子的知觉把握是间接的这一事实，限制了我对信念桌子在场的辩护。我可能直接地意识到我的判断桌子在场。但是由于我对桌子的意识是间接的，于是我对这一判断和它的使真者——桌子的在场——之间的符合关系的意识也是间接的。因此这就不如条件（iii）所描述的那种通过亲知而得的意识那么牢固。因此，当代亲知理论者同意罗素，认为亲知的内省知识在认识上比知觉知识更加牢固——而且的确，比其他任何经验知识都牢固。（先天知识能够类似地得到好的辩护是另一个问题。）

满足条件（i）–（iii）在认识上要求相当高。它要求不仅关注到目标心智状态，还要关注到这个状态的判断，以及二者之间的关系。亲知理论者虽然承认亲知知识相对比较稀有，但他们也努力地说，我们确实可以达成它，至少有时候可以。我们稍后会看到，有些批评者声称满足这些条件实在是超出了我们的认知能力。

4.4 亲知理论的问题

亲知理论遭到了基于不同根据的批评。我们从一个早期的著名反驳开始，这一反驳基于斑点母鸡问题。这将把我们带到概念化的问题,它是对亲知理论的最为著名也最为严厉的反驳。另外两个反驳(关于私人语言和所谓"自发光性")之后会出现,它们与一个试图解决概念化问题的主张有关。

4.4.1 斑点母鸡

上文中我们揭示了亲知理论与感觉最为相适,因为从直觉上讲,一个感觉,它看起来怎样和它实际上怎样之间似乎没有鸿沟。斑点母鸡问题威胁到亲知理论,正是通过表明,即使是对于感觉而言,仍然有一个显现－实在的鸿沟。根据齐硕姆(Chisholm 1942)所说,这个问题由吉尔伯特·莱尔(Gilbert Ryle)在和艾耶尔(A. J. Ayer)讨论艾耶尔(1940)的感觉材料理论时所构造。

假设在最佳的视觉条件下,你看到一只正面有 48 个斑点的母鸡,每个斑点都和其他斑点清楚地分开。然后你看到一只几乎一模一样的母鸡,它有 47 个斑点。可以合理地说,在现象上,你对第二只母鸡的视觉经验,和对第一只母鸡的视觉经验不一样。毕竟每个斑点都对在你看到母鸡时的整体视觉现象起到某种作用;就是说,每个斑点都影响了经历这一经验时的"像是什么"的感受。让我们把包含在这两种经验中的视觉现象的属性分别称作48－斑点性和47－斑点性。(注意这些是你的经验的属性,不是母鸡本身的属性。)

现在,想象你内省地注意到了这两个经验中的第一个,你通过亲知直接地意识到它。于是你满足之前所述的条件(i)。你对这一感觉的直接把握,不太可能使你能够将它辨认为一种 48－斑点性的状态:你不太可能仅仅通过内省就分辨出,它包含的是 48－斑点性而不是 47－斑点性。如果你能将你的内省注意力保持一段时间,你可能可以数出斑点的数量。但是这个过程并不能产生亲知知识,因为这包含了对工作记忆的使用。对记忆的使用会中介于你的判断和感觉之间:在计数时,使你相信下一个斑点是(比方说)第 38

个的,不是你已经数过 37 个斑点这样一个事实,而只是你似乎记得你已经数了 37 个。

斑点母鸡的例子说明一个现象属性的显现有时小于它的实在。这一现象的实在是 48 - 斑点性,而我们没有能力将它辨认为 48 - 斑点性,这说明对于快速粗看式的内省,它并没有向我们显现为那个样子。于是这个例子威胁到了亲知理论的一个动机:一个感觉的显现直接地并且完全地揭示了它的实在。

不过很难否认,对于感觉的问题,显现就是实在。换句话说,我们有强烈的直觉,认为现象特性的所是正如它们的显现,而它们的显现也正如它们所是。一个经验显现为痒的(它向主体显现出特有的痒的感觉),它就真的是痒。而任何经验,如果它真的是痒,它就一定会显现为痒的。我们如何使这种直觉能够和斑点母鸡的教训——显现有时小于现象的实在——相协调?

这个谜题起源于这样一个事实:"显现"有两层含义,一层是认识论的含义,一层是现象学的含义。某物向主体认识地显现为某个样子,则主体总体上倾向于相信它是那样。某物现象地显现为某个样子,则是关于在经验它的过程中所包含的现象属性的。一个知觉的例子可以阐明这种区别。假设你面对一面白墙,但墙面用蓝光覆盖地照射着。这面墙现象地显现为蓝色:在某种意义上,它呈现出蓝色的外观。但如果你知道这面墙是被蓝光照着的,它就不会向你认识地显现为蓝色;你不会倾向于相信它是蓝色的,尽管你的视觉感觉包含了现象的蓝。假设你对蓝光打在各种颜色的表面上的效果足够熟悉,那么这面墙现象地显现为蓝色,甚至可能会使你倾向于相信它是白色的——也就是说,它使得墙面认识地显现为白色。

我们现在可以回过头来评价一下那句陈述,即现象特性的所是正如它们的显现,而它们的显现也正如它们所是。当我们在说现象的显现时,这句话表达了一个真理;这一点从之前"痒"的例子中就很清楚了,在那个例子中涉及的是痒是如何现象地显现,以及在现象上感觉起来是什么样的。但对于认识的显现,这就不对了。斑点母鸡的例子表明一个现象属性的认识的显现可能小于它的(现象)实在。内省我对斑点母鸡的视觉经验可能不会使我倾向于相信它包含的是48 - 斑点性,即使确实包含的是那种性质。现象属性48 - 斑点性可能只会认识地显现为,比方说,许多 - 斑点性。

范特尔(Fantl)和豪厄尔(Howell)赞同以上这种关于斑点母鸡问题的立场,并且在他们的描述中,将承认认识的显现可能小于现象实在的态度称为关于现象状态的"弱实在论"。

> 这种观点构成了一个关于现象状态的弱实在论,因为现象属性可能超越一个主体作出关于它们的得到辩护的判断的能力。
>
> (Fantl and Howell 2003, p. 380)

我们的经验在现象上是非常细致的,而我们时常无法在如此细致的层面上内省地分辨不同的现象属性。人与人之间的辨别能力也各不相同。[8]在对一个状态进行概念化,从而构造一个关于它的判断时,内省的主体必须将自己限制在他视野内的总体现象中的那些他能够直接把握的方面。他必须避免那些超出了他内省分辨力的概念化过程(比如48 - 斑点性),并抓住那些在他分辨能力范围以内的(比如许多 - 斑点性)。

不过这些说起来容易做起来难。认识的显现一方面可能小于现象实在,它们另一方面也可能超出主体内省分辨的能力。举个例子,反思我的经验可能使我倾向于相信,它包含一种至少50 - 斑点性,而实际上的现象属性是48 - 斑点性。所以斑点母鸡的问题依然存在,尽管是某种修改后的版本:我如何能够确定我的关于我的经验的判断是准确的,并且不超出我的内省能力?

这一后果和戴维森的挑战的后果类似。尽管亲知理论并未被斑点母鸡的反驳击败,这一反驳凸显了亲知理论者所面临的一个任务。它表明,我们的内省知识的范围是被我们的分辨能力所限制的。亲知理论者必须说明,内省主体如何能够遵从那些限制。当把握一个判断和它的使真者之间的符合关系时,一个人如何能够保证他将一个现象属性概念化为疼痛或许多-斑点性,而不超出他的分辨能力?

这将我们带到了概念化的问题。

4.4.2 概念化的问题

正如詹姆斯所发现的那样,判断包含了概念。为了完全地回应斑点母鸡问题,从而为亲知理论辩护,就必须说明,拥有现象概念,如疼痛和许多-斑点性,到底包含了哪些东西;还要说明,一个人如何能够直接把握到,具体对某个状态的概念化,比方说概念化为疼痛,是准确的。在批评亲知理论的过程中,索萨(Ernest Sosa 2003)对现象概念的本质和使用给出了一个认识的外部论的解释。这种解释并不服从亲知的观点,但对它的简要考察将有助于通过对照,揭示出亲知理论所要求的理论说明的类型。

索萨承认某些关于某人自己经验的现象属性的判断可以得到经验本身的辩护。考虑一下现在这句话后面的这一排的三个圆点的现象属性。… 让我们称这种现象属性为三-点性。为了判断三-点性在场,一个人必须拥有三-点性的现象概念。索萨描述了拥有这种类型的现象概念所牵涉到的问题。

> 某人在某一给定时刻拥有某个概念,这要求:在一组可能的情形设定内,如果在那一时刻某个情形出现,那么此人在同一时刻能够识别出这一情形;此人潜在地将事例分类并对应合适的特性,而不会将其他情形的示例的特征错误地归为成这个情形的示例的特征。

（Sosa 2003, p. 125）

对索萨来说,拥有某现象概念要求如下:在相关条件下,某人倾向于运用该概念,当且仅当相应的现象属性在场。(相关条件这一限定是需要的,因为一个人拥有某概念,却有可能由于不够注意或其他削弱因素而将它错误地运用。为了便于阐述,我会在后文中略去这一限定。)索萨的说明保证了拥有现象概念的人在运用概念上是可靠的,因为倾向于正确运用概念是拥有概念的一个条件。

索萨主张,拥有一个简单的现象概念所包含的这种可靠性能够辩护一个现象判断如疼痛在场。这一主张所以是认识的外部论的,就在于主体不需要拥有达及他们是否可靠的通路。因此,索萨的主张不能为亲知理论者所接受。尽管亲知理论本身对于辩护的本质保持完全的中立,当代亲知理论者普遍认同的是内部论的论题,即一个知识的主体必须把握到辩护了他的判断的东西是什么。这就是为什么邦茹和福莫顿这样的亲知理论者坚持说,在亲知知识中,主体对判断和它的使真者的符合关系是有意识的。

这将我们带到了亲知理论对现象概念问题的解释。亲知理论者会论证说,索萨在解释是什么辩护了判断三－点性在场时,他只是造成了一种理论的倒退。在索萨看来,我对概念三－点性的把握是由我正确运用这一概念的倾向构成的。亲知理论者主张,恰恰相反,我对概念的把握正好解释了为什么我倾向于正确地运用它。就此,邦茹回应了索萨。

> 我的主张是,尽管在这里不可能有一个完全的辩护,没有任何一种描述性的概念是用,甚至"部分"是用运用它的能力来定义的。任何这样的概念,不论运用在哪里,都是完全由它的描述性内容定义的,定义它的东西属于和它相关的种类,并且使得这一概念的运用成为真的或正确的。
>
> (BonJour 2003b, p. 196)

邦茹是在主张,可靠性是把握了概念的描述性内容的一个结果,所以这种把握不能用可靠的使用来分析。

有趣的是,像索萨这样的外部论者和像邦茹这样的内部论者都同意,拥有一个现象概念是和倾向于正确地运用它紧密相连的。实际上,双方阵营都同意以下的双条件陈述。

> 我拥有现象属性 F 的一个现象概念,当且仅当,我能够识别 F 的在场的示例,并且不会将另一个现象属性当作 F 的一个示例(在相关条件下)。

此外,外部论者和内部论者都会同意,这一陈述反映了现象概念和非现象概念之间的一个尖锐区别。某人能够拥有一个非现象概念,即使他完全无法可靠地运用它。假设我拥有一个非现象概念"圆的",理解圆的物体在形状上近似于一组和某个点等距离的点。但我仍然有可能倾向于在哪些物体是圆的那些物体不是的问题上作出错误的判断——比方说如果我特别容易受到视觉错觉的影响的话。

索萨将这一双条件陈述看做是定义了拥有一个现象概念是什么,而亲知理论者则将它解读为拥有这样一个概念之后的非定义的结果。

这一争论具有一个我们所熟悉的结构:它牵涉到所谓的"欧蒂弗罗问题"。在柏拉图的《欧蒂弗罗篇》中,苏格拉底问他的对话对象欧蒂弗罗,是因为行动得到了神的爱所以是虔敬的,还是因为行动是虔敬的所以得到了神的爱。前一个选项涉及"因为"的构成性意义:就是说,一个行动的虔敬性在于它的被神所爱。后一个选项涉及"因为"的解释性意义:一个行动的虔敬性解释了为什么神爱它。类似地,外部论者主张,我对现象概念如疼痛和绿性的把握,在于我正确运用它们的倾向,而亲知理论者主张,我对它们的把握解释了为什么我倾向于正确地运用它们。

就辩论中的这一点而言,外部论者是占有优势的。通过说道我的倾向构成了我对概念的把握,外部论者清楚地分析了什么是拥有现象概念。而亲知理论者的主张——我拥有一个概念解释了为什么我们倾向于正确运用它——并未给出这种分析。当邦茹声称拥有一个概念包含了把握这一概念的"描述性内容"时,这虽然促使人联想,但也是有些含糊不清的。

要解决概念化的问题,从而面对斑点母鸡带来的挑战,亲知理论者必须提供一种对现象概念的适当说明。这种说明应当解释,一个人如何能够满足当代亲知理论的条件(iii)。就是说,它应当解释,一个人如何能够直接地意识到,在他的内省判断中,他的一个经验的概念符合了现象实在——或者更简单地说,一个人如何能够直接地把握到,一个判断,如疼痛在场,是准确的。解释了这一点,那么对现象概念的说明就能解决斑点母鸡问题,因为它将提供一个方法,来保证对现象属性(比如疼痛或许多 - 斑点性)的概念化不会超出主体的分辨能力。

4.5 一个解决方案

亲知理论者必须解释在亲知知识中,现象概念是如何运作的。有一种解释可以在大卫·查尔莫斯(David Chalmers,参看他的1996, Ch. 5,并特别注意他的2003)和我(Gertler 2001)所维护的现象状态的内省的图景中找到。这一图景实际上是亲知观点的一个版本。在这一节中,我将描绘这一现象状态的内省的图景,并将注意力集中在现象概念相关的说明。如果这种说明是成功的,那么它在两方面支持了亲知理论:解决了概念化问题;瓦解对亲知理论的另一反驳,即来自威廉姆森的主张,认为没有心智状态是"自发光

的"。但我们将看到,这一关于内省的图景以及对现象概念的相关
说明同样面临重大挑战,包括维特根斯坦所担心的私人性问题。

4.5.1 裁剪认识显现

我们所提出的对现象概念的说明将会得出一个关于认识显现
的主张。为了给这一说明提供一个基础依据,亲知理论者必须向人
们展示,如何裁剪认识显现,以去除掉那些有问题的认识显现,如
48 - 斑点性或至少 50 - 斑点性的显现。

回想一下,某物如何对一主体显现,也就是他通过观察,倾向于
相信关于该物的什么。我们之前也强调过,某物如何认识地显现,
部分地取决于主体的个体认识视角。在我们的上一个例子中,墙认
识地显现为白色仅仅是因为观察者知道它被打上了蓝光。认识显
现还受到分辨能力的影响:一种酒,对一个品酒行家来说可能尝起
来是(认识地显现为)俄勒冈黑品诺的味道,而对一个新手来说却只
是淡红酒味。

但即使这位行家再肯定他尝的酒就是俄勒冈黑品诺,他也会更
加自信地认为,那是淡红酒。所以如果这位行家多虑而谨慎——如
果他特别注意在鉴酒时避免犯错——那么他很可能只是将酒认定
为淡红酒,而不去冒险相信它是俄勒冈黑品诺。即便他仍然多少有
些倾向于相信它是俄勒冈黑品诺,这种倾向性也远远弱于他相信它
是淡红酒的倾向性。(当然,由于他知道黑品诺是一种淡红酒,他会
看出,前一个信念比后一个信念承诺了更多内容。)所以,酒对于他,
既认识地显现为淡红酒味,又显现为俄勒冈黑品诺味,但前一种显
现比后一种更加强烈,或者更加显著。

利用认识显现的柔韧性以及具有不同强度的特点,亲知理论者
可以设计出一个策略来避免我们内省判断中的错误。这个想法是,
通过当事人采取多虑而谨慎的态度来特别注意避免错误,我们可以
排除那些具有潜在的误导性的认识显现。一个采取这样态度的人,

当他在内省一只斑点母鸡的视觉经验时,就不会冒险相信哪怕是至少 50 - 斑点性在场。鉴于这一概念的复杂性,多虑而谨慎的态度将会剥夺这一信念出现的诉求(对于那些内省分辨能力一般般的人来说)。于是对一个多虑而谨慎的内省者来说,斑点母鸡的经验就不会认识地显现为至少 50 - 斑点性,也不会认识地显现为 48 - 斑点性。但即使是对于多虑而谨慎的人,很可能还是会出现某些认识显现——比如说,斑点母鸡的经验可能使某人倾向于相信许多 - 斑点性在场。

这一策略使得亲知理论者能够为内省提出一个实质性的认识论主张。也即:认识显现不会误导一个多虑而谨慎的思考者,当他对他当下经验的内省反思足够地小心。这是因为,多虑而谨慎的态度会裁减掉那些具有潜在的误导性的显现,比如 48 - 斑点性。如果一个经验向这样一个思考者认识地显现为包含许多 - 斑点性,那么它就是具有许多 - 斑点性。

要评价这一主张,采取一个多虑而谨慎的态度,并将你的注意力集中在你当下的现象经验。你可以(轻轻)掐一下你的手,然后注意出现的感觉。你能设想这种感觉的认识显现中哪怕最明显的方面,可能是欺骗性的吗?当然,其显现的某些方面可能是欺骗性的。比如,当你在关注这种掐痛的感觉时,你很可能倾向于相信你的手被掐了。但是,重振一下你想要多虑而谨慎的决心,你可能会发现你有可能在经历的是幻肢综合症,或者(不那么戏剧性地)掐痛的感觉可能是由于某种不正常的神经现象而非你的手的状况。更难做到的,虽然不是不可能,是去怀疑你正经验一掐痛的感觉。但现在的关键问题不是是否可能怀疑你正经验那种感觉。关键问题是:如果你从一个多虑而谨慎的视角,并在细心反思你当下经验的基础上,作出判断,认为你现在正在经验一掐痛的感觉(掐痛在场),这一判断有可能是错的吗?亲知理论者预期,符合知觉的答案会是"不可能"——或者至少是几乎不可能的。

这一策略利用了我们怀疑的能力,在很大程度上和罗素的怀疑论测试的方式相同,目的也类似。一个只相信他发现不可能怀疑的东西的人,当然是一个多虑而谨慎的思考者。然而,因为许多当代亲知理论者在内省判断可以是绝对地不可怀疑的这一主张前有所退缩,多虑而谨慎的标准不需要像罗素的不可怀疑标准那样高。

承认认识显现不会误导一个适当谨慎的内省者,并不至于使某人成为亲知理论者。这一理论的意义在于,它具体解释了为什么这些显现不是误导性的,并说明了基于这些显现的恰当判断,如何达成一种极高层次的认识辩护。一个人有可能承认在这些事例中认识显现不会造成误导,却又拒斥那种构成亲知理论的内省模型。(当然,这样一来她就面临发展一个取而代之的模型的任务。)

4.5.2 一个服从于亲知关系的现象概念说明

这带给我们一个问题,为什么认识显现不会误导一个足够小心的内省者?亲知理论者可能会主张说,在相关事例中,经验的认识显现扮演了双重角色。它同时既是经验的现象实在的一个方面,又是内省判断的一个组成部分。它的前一个角色,即形而上学角色,保证了认识显现匹配现象实在。后一角色,即认识论角色,解释了感觉在内省判断中是如何被概念化的。我们轮流考察这两个角色。

认识显现的第一个角色涉及认识显现与现象实在的匹配。根据亲知理论,一个感觉如何(向一个多虑而谨慎的内省者)认识地显现,不过是它的现象实在的一个方面。我们再次拿知觉作对照,仍会是有帮助的。如果桌子确实是长方形的,那么它看起来是长方形的这样一个事实就不是误导性的。但解释这一点的关系是因果的。桌子的长方形的形状(实在)导致了它看起来是长方形的(认识显现):它的形状部分解释了为什么它对你来说看起来是长方形的。由于桌子对你来说看起来是长方形的有可能有一个不正常的原因,比如你被致幻了,所以任何关于桌子实际上如何的信念,由于都基于它如何显现,都有可能是错的。即便是最小心的知觉者也可能在这儿出错。

相反,在关于现象的事例中,并没有因果过程中介于实在和它的认识显现之间。当你将你的注意力集中于你当下的掐痛经验,运用你的谨慎,你就能直接地把握到它对你来说感觉起来是什么样的。也就是说,你能够把握到,你的感觉在认识上似乎包含了一掐痛的性质。通过谨慎,你就可以避免在你的经验中加入任何原本不存在的东西。所以在把握到它感觉起来如此(它认识显现的一个方面)的时候,你实际上也在把握到它部分的现象实在:它的掐痛的性质。

这种解释可以接纳斑点母鸡问题带来的其中一个教训。斑点母鸡问题表明,经验有可能不向谨慎的内省认识地显现为它们实际上所是的样子:一个经验可能具有某些我们不能内省地分辨的现象属性,比如 48 - 斑点性。但我们刚才描述的那个策略并不要求经验认识地显现为它们自己的所是——也可以说显现为它们的现象实体。它只要求经验像面向多虑而谨慎的思考者那样来认识地显现。这个主张是说,采取了多虑而谨慎的态度,一个人会裁剪认识显现,从而不会将比实际在那儿的更多的东西加入这些显现。面对如此的谨慎甄选,残存下来的都是那些由现象实在组成的认识显现。比如说,当你在把握掐痛的经验在认识上是何感受的时候,你所把握的正是掐痛这一现象实在——这一出现在经验中的现象性质。

在这里,再次列出亲知的内省知识的第一条要求:

(i)通过亲知,某人意识到 F 状态(比如一疼痛)。

如果你多虑而谨慎,那么一个状态的认识显现——它使你倾向于判断某个现象属性在场——将会由该状态的现象实在的一部分组成。所以你对这一经验的认识显现的意识，是一种对现象属性（F）的意识。最终，意识到在你的经验中被示例的这种性质，就是意识到掐痛（F 状态）。于是你就能满足条件（i）。

这使我们来到了认识显现的第二个角色：解释现象属性如何在内省判断中被概念化的。我们先承认一个多虑而谨慎的内省者能够用刚刚所描述的方式，直接地把握到一个感觉。我们仍然要解释他是如何将这一感觉在内省判断中概念化的——比如说，他是如何将它识别为掐痛而不是痒。解释了现象状态是如何被概念化的，将会有助阐明一个人如何能够满足当代亲知理论的另两个条件，条件（ii）和（iii）。

在处理这一问题时，再次从一个我们更熟悉的知觉的例子入手，仍会是有帮助的。考虑凯斯·多内兰（Keith Donnellan）的著名例子。

> 假设一个人在一个聚会上中看见一个很有意思的人拿着一个马蒂尼酒杯，并问道："在喝马蒂尼的人是谁？"如果恰好那个杯子里装的只是水，那么这个人仍然问了个关于一个具体的人的问题，这个问题是可以由某人来回答的。
>
> （Donnellan 1996，p. 287）

多内兰关心的是语言指称问题。不过这个例子也有助于解释我们如何指称思想中的某物，因为它解释了认识显现如何能够被用来概念化其他对象。假设我处于多内兰描述的情形中。我不知道的是，这个拿马蒂尼酒杯的人是史密斯，而且他喝的是水。但当我自己在想喝马蒂尼的这个人穿得很潇洒时，我的思想关涉的是史密斯：这一思想为真，如果史密斯穿得确实很潇洒；为假，如果他穿得不潇洒。实际结果就是，我用一个误导性的认识显现把史密斯拣选了出来。他是那个对我显现为正在喝马蒂尼的人，而尽管这一显现是误导性的,我仍然能用它来构造一个关于史密斯的思想。

是注意力造成了这种区别。之所以我指称的是史密斯,是因为他是我视觉注意力正在聚焦的人,因而也是对我来说似乎是在喝马蒂尼的人。将这种与注意力之间的联系说得更明确些,我们应当把我的思想构造为那个人穿得很潇洒。这里,那个人指称史密斯,这是依据这样一个事实,即史密斯是那个向我认识地显现为正在喝马蒂尼的人。(这样一种构造区分了我的这一思想和另外一种也能被构造为喝马蒂尼的这个人穿得很潇洒的思想,但那个思想指的不是史密斯:就是说,有另外一个人真地在喝马蒂尼,并且穿得很潇洒。)

我们现在开始考虑解释我们如何概念化现象属性,以支持亲知理论。在刚才给出的例子中,我用史密斯的认识显现将他概念化——把他从那一思想中拣选出来。我将它拣选为那个人,也即对我认识地显现为正在喝马蒂尼的人。根据现在这种主张,你可以用认识显现来概念化一个感觉,比如一掐痛。在关注你的经验对你感觉起来如何——经验认识地显现出来的认识性质——的时候,你可以将它思考为"这"。那个人通过视觉注意力(他如何向你的知觉认识地显现)来拣选出史密斯,而"这"通过内省的注意力——也即通过它如何向你的内省认识地显现——来拣选出你的感觉。

于是根据以上解释,如果你是一个多虑而谨慎的内省者,当你把握到你的感觉是如何认识地显现的——对你来说似乎所是的样子——时,这种把握便准确地反映了现象实在。这是因为认识显现是由现象属性构成的。这意味着,"这"记录了感觉是如何向你认识地显现的,因此也记录了——并指称了——现象实在本身。因此这种类型的内省指称不同于知觉指称。一个对象如何向我知觉地显现——比如正在喝马蒂尼——可能是由相应的实在导致的,但它并不由那个实在构成。

所以一个多虑而谨慎的内省者能够通过使用他对经验所是的样子——它如何认识地显现——的把握来构造一个这个现象属性

的概念,从而对他经验的某个现象属性进行概念化。然后他就能在作出判断"这"(现象属性)在场时使用这个概念。[10]

查尔莫斯根据这些,辩护一种高度成熟的现象概念理论,并将包含现象属性(或性质)的概念称为"直接现象概念"。他描述了它们是如何被构造的。

> 直接现象概念的最为清楚地出现的情况是,当一主体关注到一个经验的性质,并完全基于对这种性质的关注而构造出一个概念,将这个性质"吸收"进这个概念。

> (Chalmers 2003, p. 235)

这一类型的现象概念对于感觉的内省判断来说,扮演着认识论和形而上学的双重角色。它表达了某人对感觉的认识把握,也即,这一感觉是如何对内省认识地显现的;并且它指称现象实在本身。所以当某人仔细关注一个现象属性,并(通过采取多虑而谨慎的态度)恰当地将自己对那一现象属性的概念限制在认识显现的由现象实在构成的那个方面时,记录了现象属性的在场的那个判断就是真的。

但这是否解释了一个人如何知道他有某种特定的感觉呢?回想之前给出的亲知知识的严格要求。

(i)通过亲知,某人意识到 F 状态(比如一疼痛)。

(ii)通过亲知,他意识到如下判断:F 在场(比如疼痛在场)。

(iii)通过亲知,他意识到 F 状态和判断 F 在场之间的符合关系。(比如,在疼痛和判断疼痛在场之间。)[7]

当前的主张解释了条件(i)如何被满足,通过多虑而谨慎地内省地关注感觉是如何认识地显现的。它还解释了,这种注意力如何能够用以产生出一个形如 F 在场的判断,并保证这一判断的真。但我们尚未看到条件(ii)和(iii)如何被满足。内省反思如何使人能够通过亲知,把握到这一判断,以及该判断与感觉的符合关系?

一个亲知理论者会主张,一个人要满足这些条件,可以通过认识到他对 F 的把握(由内省注意力形成),扮演着如上所述的认识论和形而上学的双重角色这样一种方式。要评价这一主张,再次轻轻掐一下你自己并注意所产生的感觉。用"这"来表达你内省把握到的这一感觉对你来说感觉起来的样子(它的认识显现),然后构造如下判断:这在场。为了满足条件(ii)和(iii),你必须把握到如下二者的符合关系:在这一判断中表达的感觉如何向你认识地显现,以及关联的现象实在(F)。这二者是会相符的,只要你满足两个条件。第一,你运用多虑而谨慎的态度,这样一来认识显现就是由现象实在构成的了。第二,你使用认识显现来概念化这一实在——就是说,你将这个感觉思考为认识地显现为像这的东西。你能够满足这两个条件,并认识到你满足了吗?

如果你发现你能成功做到这一点,那么亲知理论对你来说很可能很有说服力。但即使你发现这个实验难以完成,你也不应当太快摒弃亲知理论,原因有二。第一个原因是,要证实你满足了条件(i)到(iii)要比仅仅是满足它们要求更高。它不仅要求反思你对当下感觉和当下内省判断的把握,还要求同时思考这些条件并确定你的内省满足了它们。这一任务如此具有挑战性,它超出了理论为真所要求的东西。这一事实解释了为什么亲知理论的论证并不开始于邀请我们反思我们能够满足条件(i)—(iii)。它们通常从某些认识上的知觉开始,这些知觉是关于某些内省判断的不可怀疑性或特殊的牢固性的。条件(i)—(iii)被构造出来作为对这些认识材料的解释。

现在来看一看,在特定事例中,确认(i)—(iii)被满足的困难不会招致亲知理论终结的第二个原因。虽然这些条件是主流亲知理论所要求的,但是也有些亲知理论对亲知的内省知识并没有那么高的要求。比如,在讨论邦茹的观点时,理查德·菲尔德曼质疑了条件(iii)的必要性。

> 邦茹给基础辩护加上了一个要求,它涉及一种元层次视角,一种对信念内容与经验内容的(神秘的非认知的)比较。我自己的倾向是,拒斥任何要求这种视角的观点。
>
> (Feldman 2006,p. 726)

菲尔德曼主张,对亲知的内省知识来说最关键的是,主体对感觉的概念(运用于判断之中),要与感觉本身有恰当的联系(Feldman 2004)。这样的知识并不进一步要求主体把握到这种关系。这一主张与菲尔德曼对认识的内部论的非主流理解相符合,他要求辩护必须内在于心智而不是心智可通达。尽管菲尔德曼并不追求这一选项,上文描述的这一对现象概念的说明还是可以用来阐明主体对感觉的概念和感觉本身之间所需要的这种联系。

这里所描绘的对现象概念的说明并不是亲知理论的一部分。但任何版本的那种理论,不论更高要求还是更温和,都要求一种对现象概念的说明,且这种说明要能够解释对感觉的亲知如何能保障支持一个得到强辩护的判断,即这一感觉在场。而这一说明是个天作之合。正如我在整章中所强调的,亲知理论的核心就是,我们对我们自己的现象状态的通达在形而上学意义上是直接的,因而也是特别牢固的。

我们所提出的现象概念的图景很好地抓住了这一核心论题,通过给认识显现分配了形而上学-认识论的双重角色。一个感觉的认识显现就是它现象实在的一部分——这解释了我们对感觉的形而上学意义上的直接通路。认识显现还能用以概念化内省判断中的感觉;这一判断因而包含了那个现象属性。如果认识显现能够扮演这个双重角色,那么相应的内省判断就会在认识上特别牢固。

4.5.3 维特根斯坦的"私人性"反驳

认识显现在内省中扮演形而上学－认识论双重角色的观点,无疑支持了亲知理论。但上述说明立刻就面临一个强有力的反驳。这一反驳质疑的正是使这一说明对亲知理论如此有用的特性,即,它在形而上学和认识论之间的联系。这一反驳指责道,没有任何东西能够扮演这种双重角色:没有任何东西能够同时充当一个判断的使真者,并按照那种主张所预想的那样有助于判断的内容。

这种对自我知识的亲知理论及其概念图景的忧虑,最著名地体现在维特根斯坦的"私人语言论证"中。

> 设想有人说:"我当然知道我个子多高!"同时把手放到头顶上来标志这一点。
>
> (Wittgenstein 1953,§279)

假设当他把手放到头顶上时说的是:"我个子这般高。"维特根斯坦的意思是,这一陈述相似于那句"私人"判断这(现象属性)在场。在两个事例中,"这"都被用来保证拣选出相关的属性——某人的身高或一个内省的现象属性。"我个子这般高"的使真者是这个人的身高恰好等于地面到此人的手的距离这一事实,所以这一表现——把手放在头顶上说出那个陈述——证实了这个陈述。于是这一陈述的真就得到了保证。但这个人的表现并不反映有关他身高的知识:他可能并不知道他的手离地面有多远。维特根斯坦的讨论表明,基于类似的根据,内省判断这在场也是自我证实的,但它并不构成某人当下经验的知识。

维特根斯坦认为作出这一表现不能表明此人知道他的身高,这无疑是对的。亲知理论者会同意,这些事例部分的相似点在于,

"这"的指称对象都是由指示(指出或指向)来固定的。在身高事例中,主体通过将手保持在离地一定距离的地方来指示一个特定高度。在现象的事例中,主体通过内省地注意到在他的经验中某个现象属性的实例来指示这个特定的现象属性。

然而,亲知理论者坚持,这两种类型的指示有着关键的非相似点。身高事例中的那种指示可以是盲目的:一个人可以通过将手放在离地某个距离的地方来指示那个距离,不需要任何对那个距离到底是多少的把握。相比之下,现象判断中"这"的指称对象则是由内省注意力来固定的。而且亲知理论者坚持,内省注意力恰恰不是盲目的:根据亲知理论,对一个可通达的现象特性的仔细关注,会带来对那个特性的把握。

维特根斯坦很明白亲知理论者的观点。事实上,他对私人语言的批评是意图以罗素这样的观点为目标的。为了回应这种声称两个事例之间具有非相似性的解释,他会否认概念可以产生于当前这种对现象概念的说明所主张的那种方式,也即通过内省注意力产生。在比身高类比更早的讨论中,维特根斯坦想象到给出一个符号S的"指示的定义":"我说这个符号,或写这个符号,同时把注意力集中在这感觉上——于是仿佛内在地指向它。"(ibid., §258)他论证说,这种举措不会带来一个关于这个感觉的概念,因为一个人对S的使用,没有独立的正确性标准。(这也是我们在2.6提到的他关于认识论意义的忧虑的一个背景。)"有人在这里也许愿说:只要我觉得似乎正确,就是正确。而这只是说:这里谈不上'正确'。"(ibid.)

维特根斯坦挑战了"私人性"证据的认识论意义。他认为,一个判断涉及到那种"只要我觉得似乎正确,就是正确"的东西,就不能构成一个真正的认识论成就。实际上,他根本就否认这样的判断是可评估真值的("这里谈不上'正确'")。在他看来,没有任何实质性的有意义的判断可以由"私人性"证据来保证它的真。

一些当代哲学家重复维特根斯坦的主张,认为现象概念不能将认识上的东西(某人对一个判断的内容,或判断为真的证据的把握)连结到形而上学的东西(判断的使真者)上。罗伯特·斯塔尔纳克(Robert Stalnaker 2008)论证说,如果一个判断直接与其使真者相关联,那么这个判断并不表征主体的理解。在他看来,一个现象概念,可能是在形而上学意义上与一个现象属性直接关联的;或者,它也可能在认识上与主体对那个属性的把握直接关联。但任何概念都不能同时扮演这两个角色。

> [如果]在玛丽的思想的内容和这一思想所关心的经验的性质特征之间有一个直接的联系(这个联系可能构成了她对这一经验特征的亲知),……代价是我们必须说玛丽只是间接地与她思想的内容相联系。
>
> (Stalnaker 2008, p. 107)

在斯塔尔纳克看来,使一个现象概念与一个现象属性直接相连的代价,是抛弃这样一个想法,即这一概念反映了主体对属性的把握。

这些对现象概念的形而上学/认识论双重角色的反驳,对亲知理论来说是致命的吗?尽管亲知理论并不承诺之前所述的那种对现象概念的说明,它与众不同的主张确实像是依赖于这样的观点,即现象概念能够扮演这种双重角色,将形而上学的东西与认识论的东西相联系。要完全评估亲知理论能否在维特根斯坦和斯塔尔纳克的反驳下得到捍卫,我们需要一个现象概念的全面理论,而这远远超出了本书的范围。

但反思一下笛卡尔邪恶精灵的可能性,能为我们提供一些理由来认为亲知理论可以经受这些反驳。假设有一个邪恶精灵,倾向于欺骗你,并尽最大可能来控制你的心理状态。这对知识来说是最坏的情形,因为这个精灵能够由他喜欢来操纵你的信念和经验。当你掐一下你的手,你知道你正经验一"掐痛"的感觉吗?当然,你无法确定你在掐你的手——邪恶精灵可能让你觉得你正在展开恰当的肌肉活动,可能引发预期中的感觉状态(仿佛看见和感觉到一只手掐另一只手,等等)。换句话说,他有可能给你似乎正在经验到的掐痛感觉引入一个非正常的因果来源。但他能使你仿佛正在经验那个感觉,而事实上你没有吗?你也许会觉得有可能。但对这个问题的一个否定的回答表明,维特根斯坦和斯塔尔纳克的反驳是错的。

考虑维特根斯坦和斯塔尔纳克都表达过的忧虑——没有什么能扮演前文所述的那种现象概念理论所设想的双重角色。如果你能知道你正经验"掐痛"的感觉,即使是在对知识来说的最坏情形中,那么你对掐痛的意识是认识上直接的。因为如果它在认识上以某种方式被中介——比如说,如果它是推理的结果——那么那个知识就不能在邪恶精灵的怀疑论测试中存活下来。斯塔尔纳克承认一个人与一个判断的关系可能是认识上直接的,但主张这样的认识论直接性不能与判断与其致真(在这一事例中就是那个"掐痛"感觉的在场)者之间形而上学的直接关系共存。邪恶精灵的场景引出这样一个直觉,当涉及简单现象属性时,这种属性在场的正确证据蕴含了它的确在场。如果你倾向于否认邪恶精灵能让你仿佛正在经验那种感觉而事实上并未——这是之前那个问题的否定回答——那么你就有理由怀疑斯塔尔纳克的主张。

现象概念目前受到强烈的哲学关注,很大程度上是因为它在身心二元论的某些论证中扮演着关键角色。(尤其参看 Alter and Walter 2006。)实际上,上文对斯塔尔纳克的引用取自他对杰克森 1982 年二元论论证的批评,节 1.4.1 提到过该论证。我们无法定论之前所述的现象概念理论能够成功。但亲知理论的前途似乎依赖于这一主张:现象概念能够扮演这里所描述的那类形而上学和认识论的双重角色。

4.5.4 威廉姆森的自发光性反驳

（注意：这一部分有些专业，可以跳过而不偏离我们讨论的线索。）

在我们回过头来更广泛地评价亲知理论的前景之前，让我们简略地考察一个新近讨论很多的论证，它反对这样的观点，即我们和我们自己的心智状态特别合拍。这一论证由蒂莫西·威廉姆森（Timothy Williamson 2000）给出，对如下论题进行了挑战：对于有些类型的心智状态，任何人只要处于那个类型的状态，并持有所要求的相应概念，就能知道他自己正处于那个状态。威廉姆森用术语"自发光的"来描述满足这一条件的那类心智状态。他主张道，事实上没有任何心智状态是自发光的。由于现象状态通常被认为是自发光性的最佳候选者，威廉姆森选定了一个特定种类的现象状态，感觉到冷。他设想某人在黎明时分感觉到冷，然后逐渐暖和起来直到中午他觉得温暖。在整个这个经验当中，他构造了一个关于她感到多么冷的判断。威廉姆森用这个例子表明，即使像感到冷这样的简单现象状态也不是自发光的。他说，在整个过程中的某一时刻，主体感到冷但并不知道他感到冷。因为在某一时刻，他作出的他感到冷的判断，虽然是真的，但不是"有可靠基础的"。

> 假设在 ti（黎明和中午之间的某时刻），某人知道他感到冷。于是他至少有合理的信心认为他感到冷，要不然他就不会知道。而且，这种信心必须是有可靠基础的，因为要不然他还是不会知道他感到冷。通过这个事例的描述可以推断，到了 ti+1，他有着几乎同等的信心认为他感到冷。所以如果他在 ti+1 时刻并不感到冷，那么他对于他在这一时刻感到冷的信心就没有可靠基础，因为他在那一毫秒之后的，有着相同基础的，

认为自己感到冷的几乎同等的信心,是错的。

(Williamson 2000, p. 97)

尽管亲知理论并不蕴含任何心智状态都是自发光的,它的许多支持者仍会坚持,威廉姆森例子中的那个主体可以知道他感到冷。

亲知理论者可以用前文所述的现象概念说明来回应自发光性论证。(我改写一下 Weatherson 2004 中的论证。)任何时刻,主体都可以内省地注意到她的冷热感觉并判断"我感到这",且"这"的内容由他对当下冷热的现象属性的把握给出,而这种把握则通过内省注意来实现。"这"的指称对象就是那个冷热现象属性本身。他的判断将是真的,并反映出他有多冷。此外,当他不再感到冷,他不会有"几乎相同的信心"认为他感到冷。相反,他将构造一个新的判断,这一判断反应了他当前这个不是感到冷的感受。当然,该主体的内省判断还是会受到他的分辨能力的影响。但威廉姆森的论证并不主张一个时刻和下一时刻之间的差别是内省不可分辨的。实际上它假定了会有一个可分辨的差别:这就解释了为什么主体会变得稍稍有些不那么自信。

因此亲知理论者可以解除威廉姆森论证的挑战性。由于这一回应有赖于现象概念的双重角色,它不适用于其他大部分内省理论。这并不是说亲知理论提供的对威廉姆森的回应是唯一可能的;伯克(Berker 2008)讨论了解除威廉姆森挑战的另一种策略。某些亲知理论的反对者会接受威廉姆森的主张,认为没有心智状态是自发光的。不过亲知理论提供了一个对威廉姆森问题的简明解决方案,这一点还是对它有利的。

4.6　亲知理论的范围

每个亲知理论者都主张,我们(至少部分地)亲知地知道我们自己的现象状态。但就其他心智状态是否也能够被亲知地知道，它的支持者之间观点不一。

这个问题一部分牵涉到什么有资格算作现象状态。有些不是简单感觉的状态，我们可以通过它关联的现象，以上文所描述的方式来知道它们。这些状态可能包括某人现在脑中飘过的一个思想、某人现在正经历的情绪、某人现在正感受到的愿望等等。比如说，一个悲伤的人可以通过对悲伤这一现象属性的直接意识来把握这一点，即使这个现象只是悲伤的一个维度。（相关的现象属性不需要仿佛是内部的：比如，悲伤的现象可能在于感觉到整个世界是个悲惨的地方。）大卫·皮特（2004）用一个亲知内省模型来论证，一般思想一定有关联的现象。他声称我们似乎能够通过一种直接的、十分牢固的方式知道我们在想什么，而这一能力最好的解释就是假设思想是有独特的现象学属性的，而我们可以亲知它们。

邦茹（2003a）论证说，心智状态能够被亲知地知道，就在于它们是有意识的（conscious），但在他看来一个状态是有意识的不在于它具有某种特定的现象感受。他在一个认识论意义上来使用"有意识的"：说一个心智状态是有意识的，就是说它促成了我的意识（awareness）。然而要紧的是，这并不意味着我拥有一个关于我的状态的信念。比如说，当我有意识地想到天在下雨，我对天在下雨这一内容就是有意识的。这一区别可以这样来表达，当我有意识地相信天在下雨时，天在下雨这一内容就是我意识的内容，但不需要是信念的对象。通过这一方式，那个内容的在场就和感觉是同类的了，它们可以是某人拥有但又没有注意到的。

在邦茹看来，当我有意识地相信天在下雨，我便意识到天在下雨这一内容以及我正以一种断定的方式持有这一内容——就是说，我赞同这一内容而不是怀疑它。这个意识部分构成了我当下有意识的天在下雨的信念。此外，我能够用这一意识来注意到我的信念。我可以由此亲知地知道这一信念，而这种亲知不是通过对这一信念的现象属性的把握进行的。

亲知理论的这一延伸是以一个观念为前提的。这一观念是,某种心智状态——在这个事例中即一个有意识的信念——的本质在根本上是认识论的。这是延伸这个理论的一种很自然的方式,因为当牵涉到的心智状态是认识上的,或者与认识论紧密联系的——具体来说是与认识论的内部论的维度紧密联系的,比如主体可通达的证据或认识显现,亲知理论是最有前途的。现象状态是亲知的强有力的候选者,恰恰就是因为现象实在与认识显现之间紧密的联系。(相应地,否认心智状态如此紧密地联系着这些内在的认识因素的人,也就倾向于拒斥亲知理论。)一个亲知理论者将亲知知识限制于感觉,还是将它伸向更大的领域,这将取决于他认为除了感觉以外,是否还有与认识论紧密联系的状态了。

4.7 亲知理论:得与失

亲知理论到底有没有前途?答案当然取决于理论的后果,取决于这些后果是可以接受的还是应当拒斥的。在这最后一节,我来简要描述一下亲知理论的主要后果。

亲知理论的一个认识论后果是,它提供了对威廉姆森自发光性论证的一个回应,因而使得对于某些状态,任何人只要处于那类状态,并持有相关概念,就可以知道他处于那个状态。

另一认识论后果在本章开端已经论述:这一理论解释了内省信念如何能够不依赖其他信念而内在地得到辩护。因此它也就挑战了戴维森的辩护概念,而有助于支持认识论基础主义——以某些特定信念为基础,这些信念参与辩护其他信念。罗素显然这样使用了亲知理论。

我们所有的知识,包括物的知识和真的知识,都以亲知作为基础建立其上。

（Russell 1912，p. 75）

但一个亲知理论者不必接受认识论基础主义，因为亲知理论在内省信念对关于其他事物的知识是否有帮助的问题上是中立的。即使他接受基础主义，他也可能不同意罗素的特别版本的基础主义。亲知理论为基础主义提供了一些支持，这可以算是它的好处，也可以算是坏处，这取决于一个人其他的认识论观点。

哲学家们有时将一些过时的主张归予亲知理论：比如，内省判断是不可错的，或至少是极度可靠的。但亲知理论并不承诺这些普遍主张。比如，一个亲知理论者可以坚持说，我们大多数内省判断都是错的——大概他认为我们的内省易于草率，因此我们很少多虑而谨慎地关注我们的现象属性。

亲知理论包含了这样的观点：主体有时的确会亲知一个具体的现象状态，一个认为那个现象状态在场的判断，以及二者之间的符合关系。（在温和的版本中，它包含的更少：主体有时采用现象概念来构造内省判断，这些现象概念与它们的现象状态是直接联系的，而这一方式又辩护了这些判断。参看上文4.5.2。）给定了这些条件，判断是真的，变得无足轻重。更有意义的后果是认识论上的。亲知的形而上学关系使一个人能够直接把握到这个属性（也许是通过内省注意力），可以推测，由此产生的判断将是得到强辩护的。但这并不意味着它是绝对确定的。比如，一主体可能怀疑他内省地注意自己的现象时是否足够小心，而这种怀疑可能会削弱对判断得到的辩护，使它不再是确定的。至于亲知的内省知识是否可能是确定的，这一问题由于人们不断争论确定性的要求是什么（参看 Reed 2008）而变得复杂。

满足亲知模型的内省判断仍会令人信服地比任何知觉信念得到更强的辩护，因为这样的判断不会依赖于因果过程。一些哲学家将这一后果视为亲知理论的坏处。在上一章中我们看到,施威茨戈贝尔引用经验研究表明自我归因有无数方式都可能出错,论证说知觉判断比关于我们经验的判断"更加牢固"(Schwitzgebel 2008, p. 268)。还有人担心所谓内省知识的特殊牢固性会导致一种唯我论视角。如果我承认自我知识与知觉知识比较而言特别牢固,那么外部世界的存在——包括其他人——相比之下就显得可疑了。(这种唯我论的危险和基础主义不是一回事,基础主义主张,外部世界的知识来源于更牢固的自我知识。)只要内省判断比知觉判断更加牢固,那么似乎对一个保守的思考者来说,将信念限制在牢固的"内部"王国里就是合乎理性的。

另一方面,一些人会将这种内省知识与知觉知识之间的差异看作是亲知理论的好处。且不论最终立场,大多数哲学家同意,在某种意义上,一个人对其自身状态的通达相对于关于世界的知识来说,具有特别的优先性。亲知理论提供了一种(虽然不是唯一的一种)对这种差异的解释。

现在我们来看亲知理论的最后一个后果。许多哲学家对亲知理论心存疑虑是因为它和一类哲学上的自然主义相冲突。这种自然主义否认心智相对于其他自然事物而言是特殊的。亲知理论将内省解释为相对其他经验知识的来源来说特殊的,于是对这种自然主义构成一种障碍。比如说,通过亲知来把握一个内省的属性的过程就很难与关于心智的自然主义观点相协调,因为许多关于心智的著名自然主义理论将心智过程用纯粹的因果词项来解释。

也许这种反自然主义后果中最值得反对的部分是,亲知理论似乎给身心二元论的论证——主张心智是非物理的——加了一把力。粗略来讲,身心二元论的某些论证就是从现象属性认识显现不同于(并且不可还原为)物理属性这一点开始的。接着,它们利用了亲知理论的其中一个组成元素:也即,一个现象属性如何向一主体认识地显现,表明了它实际上是如何的。结论就是,现象属性实际上是非物理的。当然,在这里还有很多要说;而亲知理论当然并不蕴含二元论。但由于多数当代哲学家反对二元论,亲知理论有时受到的挑战,就是因为它对这些二元论论证的贡献。(我们已经注意到了一个这样的挑战:斯塔尔纳克怀疑现象概念的双重角色——部分地作为对二元论论证的回应在上文引用。)

这些自然主义关怀会在下一章再次出现,因为这种关怀为自我知识的内感觉理论提供了动机。

小　结

亲知理论将内省解释为在认识上和形而上学意义上是特殊的——和其他经验知识的来源(知觉和记忆)相比。内省的认识论特殊性在于,它对由它所产生出来的信念给予一种极高程度的认识论辩护。只要是基于内省意识,关于某人自己的心智状态的信念就比基于其他来源的经验信念得到更强的辩护。这种认识上的差别是由一种形而上学的差别来解释的。知觉意识和记忆最多只能因果地联系着它们的对象,但在内省时,一个人直接地面对一个心智状态而不经因果过程的中介。于是此人便亲知这一心智状态。

内省知识要求比仅仅是亲知一个心智状态更多:一个心智状态不能够是自我归因的,除非此人将它概念化,将它归为某个特定的种类的状态。对亲知理论者来说最困难的障碍是解释这一概念化过程,这要求保留内省的自我知识的认识上的牢固性。一些当代批评者重复了维特根斯坦的指责,认为这是不可能做到的,因为没有任何一个将心智状态概念化的方式能够同时是形而上学意义上直接的并且是认识上充分的。

我描述了一种关于亲知理论者如何来应付概念化问题的主张。我的主张以现象状态(感觉)的概念为目标,因为它是亲知知识的最佳候选者。这一主张给感觉的认识显现,即感觉对主体来说仿佛是怎样的,分配了一个双重角色。第一,当某人在内省时运用了充分的谨慎,他的感觉的认识显现就是由现象实在构成的。于是他就可以避免斑点母鸡的中心问题,即主体将原本没有的经验属性加入进来。第二,某人可以用某个现象属性的认识显现,即它对某人来说仿佛是怎样的,来概念化这一现象属性。当某人使用这一概念构造一个内省判断来记录他经验中某一现象属性的在场时,这一判断将会是真的,并且极为牢固。

拓展阅读

没有比罗素(Russell 1912)自己的书介绍他的版本的亲知理论更好的了。福莫顿(Fumerton 2005)展示了对斑点母鸡问题的一个清晰的分析,并纵览了亲知理论者的可能回应。麦金(McGinn 1997)的第四章,为理解维特根斯坦对私人性的忧虑提供了一个有用的导引。奥尔特和沃尔特(Alter and Walter 2006)收集了一系列以当代进路理解现象概念的论文。

5

自我知识的内感觉理论

5.1 导论

多数自我知识理论始于这样一种观念:自我知识以一种深刻的方式不同于其他类型的经验知识。通常与之对比的是知觉(虽然也有其他来源的经验知识,比如记忆)。上一章中所讨论的亲知理论将内省与知觉相比较,将它看作是在形而上学意义上和认识论意义上都是特殊的。下一章中将讨论的理性主义观点主张,通往我们自身态度的通路,是由我们的理性本质在概念上保证了的;相比之下,对外部世界的知觉通路则是条件性的。在这一背景下,内感觉理论的显著之处在于,它强调了内省和知觉之间的相似性。

在历史上,和内感觉理论联系最紧密的是洛克(参看本书2.4节)。洛克把内省描述为一种知觉在主体内部的相似物,一种内感觉。

> 任何人都在其自身中具备观念的这一来源……尽管就其与外部对象无关而言,它不是感觉;但它与感觉很相像,可以被恰当地称之为内感觉。

(Locke 1689/1975 , II. 1. iv)

本章将考察当代版本的内感觉模型。内感觉模型的某些当代支持者分享了洛克的观点,认为内感觉的运作有助于解释意识的现象。这些当代内感觉理论者都同意,意识(conscious)状态是那些某人通过内感觉意识到(aware of)的状态。我们对内感觉观点的讨论也会简要涉及这种意识理论,即所谓高阶知觉(higher - order perception, HOP)理论。

推动内感觉理论的是这样一个观念,即内省在根本上和知觉是相似的。相似的一个关键点在于内省状态和它的对象之间的关系。当我看向窗外,我看见我的狗巴格西在院子里。假设我的视觉状态是真实的:它准确表征了巴格西的位置。在这一事例中,巴格西的位置有助于导致我的知觉状态。

内感觉理论的支持者主张,类似地,内省状态在真实情形下是由它们所表征的那些状态导致的。内省状态与它们的对象之间只有因果关系这一主张与亲知理论明显对立。在知觉事例中,我的视觉状态(当我看见巴格西时)和它的对象(巴格西)之间只有因果关系意味着,我对巴格西的位置的把握在形而上学意义上是间接的:它受到一个因果过程的中介。内感觉理论者声称对一个心智状态的内省把握类似地依赖于一个因果过程。相比之下,亲知理论者坚持,我们有时直接地把握到我们的心智状态,不经因果过程的中介。

内省状态和某人处于某一具体心智状态的信念之间的关系又是怎样的? 再次考虑知觉的事例。当我看见巴格西在院子里,我处于一个真实的知觉状态,它准确表征了狗的位置。对我来说看起来仿佛巴格西在院子里——比如说,我毫无困难地认出了它。但我仍然有可能不相信它在院子里。如果我记得不久之前服下了致幻药物,我可能自己心里想:"看起来巴格西是在院子里,但我想不起来将它放出去——我一定是在经历幻觉。"所以尽管我们通常都以我们知觉经验的表面状况为准,在看见巴格西在院子里的知觉状态和巴格西在院子里这一信念之间还是有差别的。

在内省状态和自我归因信念之间是否有着类似的差别? 尽管多数内感觉理论者区别了这二者,这一问题还是有些不明确的。[1]这种混乱的起因,部分在于"内省"一词的模糊性:它可能指称逐渐达到内省状态的整个过程,也可能指称包括了构造信念的这一延展了的过程。

但内感觉理论的核心论题并不依赖于内省是否包含了那些(大致上)扮演了知觉状态的角色的状态。核心论题是,内省是一个因果过程,而内省信念有资格算作知识是因为,它们与它们涉及的心智状态有着恰当的联系。

内感觉理论者经常将内省描述为"自我扫描"(阿姆斯特朗 Armstrong)或"转换"(古尔德曼 Goldman)过程,对应特定的输入和输出。这一过程的输入,就是目标心智状态,输出则是内省状态(扮演了与知觉状态平行的角色)或者是自我归因的信念。假设某人内省一个心智状态——比方说一掐痛的感觉或者一个关于夏天的思想——并且最终带来了内省信念掐痛在场或我正在思考夏天。(也可能通过产生一个内省状态而带来这一信念,而它本身不是信念,只是信念以它为基础。)这个内省信念将会是真的。假定这个因果过程是可靠的,这个信念将满足认识论外部论的知识条件:它是一个可靠过程的结果,并因果地联系着它的致真者——即这一自我归因的感觉或思想的在场。当代版本的内感觉理论是认识论外部论的。所以它们会把由这种过程产生的内省信念分析为知识。

对认识论外部论的信奉表明了当代内感觉理论和亲知理论的又一个分野。(也表明了和洛克版本的分野——参看 2.4.2)

内感觉理论有很强的支持它的想法。将内省状态与其对象的关系解释为因果的,使得内感觉理论得以把内省知识与知觉知识同化。于是它避免了为内省知识提供单独说明的需求,而亲知理论就得这么做。此外,它为更普遍地统一处理经验知识提供了可能性。除去知觉和内省,经验辩护的唯一基本来源就只剩下记忆;而一个真实记忆及其对象(记得的片段或事实)之间的关系显然是因果的。所以内感觉理论改善了经验知识的统一的因果说明的前景。

相关地,内感觉理论似乎特别地服从于关于心智的物理主义。如果内省只是一个因果过程,那么原则上它就可能同一于某个神经过程。相比之下,形而上学意义上直接的亲知关系则一上来就对内省的物理主义模型呈现出至少一个障碍,因为物理过程普遍是用因果词项来阐释的。

内感觉理论的另一个优点是,它为一种意识理论,即 HOP 理论,提供了基础。如何解释意识,是整个哲学中最棘手的问题之一。如果发现 HOP 理论很有前途,那么内感觉理论也就有了很强的支持。

在本章中,我们来详细考察内感觉理论。内感觉理论的支持者包括大卫·阿姆斯特朗(David Armstrong 1968/1993),阿尔文·古尔德曼(Alvin Goldman 2006),埃里克·罗尔曼德(Eric Lormand 1996),威廉·莱肯(William Lycan 1996),以及肖恩·尼可尔斯和史蒂芬·斯蒂奇(Shaun Nichols and Stephen Stich 2003)。我们的讨论将集中在阿姆斯特朗和莱肯的理论展示上。它们代表了内感觉理论的权威版本;实际上,莱肯的版本可视为对阿姆斯特朗版本的发展和辩护。在描绘阿姆斯特朗和莱肯的观点之后,我们转向一系列有影响力的反驳。有些反驳推动了与之竞争的理性主义理论,也就是第 6 章的话题。接着我们简要考察意识的 HOP 理论,它得到了阿姆斯特朗和莱肯的赞同。本章最后将描述内感觉理论的后果并评价其前景。

5.2   当代版本的内感觉理论

尽管阿姆斯特朗和莱肯在某些细节上有分歧,他们理论的总体轮廓十分相似,允许我们统一看待。他们都采取洛克的策略,将意识解释为内感觉的运作,并且都用内感觉理论来支持自己的心智物理主义。阿姆斯特朗在 1968 年出版、1993 年修订的《心智的唯物主义理论》(A Materialist Theory of Mind)一书中展示了他的观点。阿姆斯特朗的理论阐释将会占据本节的主要注意力。我们也会简要考察莱肯的相似观点,这些观点在他 1996 年的《意识和经验》(Consciousness and Experience)一书中提出。由于莱肯对当代的反驳提供了更加全面的捍卫,他的工作将主要在之后的小节中出现。

5.2.1 阿姆斯特朗版本的内感觉理论

阿姆斯特朗将内省描述为"大脑的自我扫描过程"(Armstrong 1968/1993, p. 324)。当这一过程成功时,他说,"我们意识到的心智事态(mental state of affairs)带来我们对它的意识"(ibid., p. 329)。对心智状态的意识构成了对它的把握,但这种把握与心智状态之间的联系,并不比某人对一张桌子的知觉把握与那张桌子之间的联系更加紧密。正如桌子的基本本质或实质是不可通过普通知觉而达及的,心智状态的基本本质或实质也是不可通过内省通达的。为了强调内省并不对其对象的本质给出特殊的洞见,阿姆斯特朗将内省过程描述为"不过是信息或信念之流"(ibid., p. 326)。

我们有必要暂时停下来,看一看这一内省图景与亲知理论之间的差别是多么的深刻。一个差别是形而上学的。正如我上文强调的,内感觉理论将内省状态与作为内省的对象的状态之间的关系解释为受到因果过程的中介的,从而是形而上学意义上间接的。另一差别是认识论上的。亲知理论用认识论内部论词项来描述内省,而内感觉理论是认识论外部论的。在内感觉理论中,使一个内省信念成为知识的,是它是由合适类型的可靠因果过程产生的这一事实。这一事实在主体的视野之外。

亲知理论和内感觉理论的确同意内省的一个认识论特性:内省

知识是非推理的。这样一来,内省知识就不同于"昨晚下过雨"这一知识,因为后者依赖于一个推理,它从"路面湿了"这样一个事实推理而得。但亲知理论者和内感觉理论者否认内省是推理的,是出于完全不同的理由。在亲知理论中,内省提供了直接的对于心智状态的意识,所以一个人不需要从他的证据中推出这一心智状态的在场:在他的证据(比如,通过内省而把握的一个感觉的掐痛的性质)和这一心智状态本身(这个掐痛的感觉)之间,不存在形而上学的鸿沟。相反,内感觉理论者否认内省知识要求推理,是因为他们根本就否认它依赖证据。阿姆斯特朗说"我们意识到的心智事态带来我们对它的意识"(ibid., p. 329),但他认为这种"带来"完全发生在幕后,可以这么说。最重要的是,它并不包含对证据的把握——即不需要把握那个和"看见湿的路面"相当的内省证据——心智状态的在场无需由该证据推出。

接下来我们来看内感觉理论与亲知理论第三个深刻的不同,这牵涉到内省的现象学:内省过程对主体来说感觉起来是怎样的,或者内省一个心智状态的感受像是什么。在亲知过程中,对心智状态的直接意识包含一种特定的现象学(至少当内省的对象状态是现象状态时是这样)。举例来说,当我内省掐痛属性时,我对那一属性的亲知包含了它的现象学,也即那种压力造成的不太舒服的感受。而内省的这种现象学方面,对我对这一现象属性的把握是至关重要的。但阿姆斯特朗将内省描述为"不过是信息或信念之流",也就意图否认现象学对内省的对象属性的把握是关键的。在他看来,尽管某些现象学可能伴随内省过程而出现,任何与内省相关的现象学感受都是完全偶发的,无助于为内省信念建立认识论依据。

为了体会为什么现象学无需在关于心智状态的"信息之流"中扮演角色,简要看一看阿姆斯特朗的心智概念会有一定帮助。阿姆斯特朗用倾向来定义心智:心智状态是"一个人的状态,它易于带来特定的身体行为"(ibid., p. 326)。所以在他的理解下,内省就是我们用来探测那些易于产生行为的状态的过程。

阿姆斯特朗承认他的心智概念，和亲知理论包含的内省的那种复杂的现象学之间存在张力。

> 本书的职责在于表明，心智状态是一个人的状态，它易于带来特定的身体行为。……如果内省被构想为对心智状态的亲知，或者促进了与之联系的探照灯，就很难看出，它能产生的一切，怎么会是内因或潜在内因的如此高度抽象的本质的信息。但如果把内省和知觉构想为只是信息或信念之流，那么就没有困难了。
>
> （Ibid. , p. 326）

在这里，阿姆斯特朗观察到，亲知理论归予我们对心智状态就其固有特性而言丰富的理解。[2]联系阿姆斯特朗对心智状态的解释，内感觉理论蕴含了这一思想，即我们并不内省地把握心智状态的固有特性，即他认为的物理特性。相反，我们将心智状态把握为行为的潜在原因。

为了支持他理论的这一后果，即内省并不揭示现象状态的固有特性，阿姆斯特朗提出了一个独立的论证。他的论证使用了现象属性和颜色这样的所谓"第二性质"之间的类比。（第二性质是外部对象的特性，不是现象或心智特性：比如说，在这个意义上，红是番茄的一个属性，而不是番茄的一个经验。）当我们在视觉上知觉到一组红色的物体，阿姆斯特朗说，我们就意识到它们共同具有某种东西，即红。但这一知觉并不给我们任何对红的本质的洞见。"在我们看来，颜色属性就像冰山——它本质的更大部分对我们隐藏了起来。"（ibid. , p. 281）红的本质是科学研究的对象，大致上是导致红色物体以特定方式反光的表面属性。正如知觉一个红色物体不会给予我们任何对红的本质（这种表面属性）的特别洞见，内省一个现象状态如疼痛,也不给予我们任何对疼痛本质的特别洞见。

> 我们通过身体知觉认识到,一类叫做"身体疼痛"的不适,
> 共同具有某种东西。但身体知觉并不告诉我们那个共同特性
> 是什么。在描述红时,我们能做的,事实上只是说出什么物体
> 是红的。同样的,在描述身体不适时,我们能做的只是说,总体
> 上,这种不适的身体知觉正好唤起了一种比其他一切人类知觉
> 唤起的愿望更大的愿望,即想要这种知觉停止。
>
> (Ibid. , p. 314)

在阿姆斯特朗看来,疼痛也像冰山一样。内省一疼痛时,我们
可以确定,疼痛导致了一个强烈的愿望,即想要它停止。但对疼痛
的这种理解只涉及了它的一个方面,而并未抓住它的固有特性或基
本本质:可以说,那些特性是淹没在水中的。正如冰山淹没在水中
的部分是(独立的)视觉知觉无法通达的,疼痛的固有特性——也就
是在阿姆斯特朗看来的物理特性——是内省省察无法通达的。

当然,亲知理论者会论证说内感觉理论因此是贫乏的,它忽略
了疼痛关键的现象方面。按照那样的观点,在内省时,一个人意识
到的正是疼痛的感受。但阿姆斯特朗试图表明,疼痛的现象感受可
以被解释为——甚至还原为——非现象事实。这一尝试促进了他
在书中的更大的目标,即捍卫一种心智的物理主义(他所说的唯物
主义)。解释经验的现象特性也许是这种理论最大的绊脚石。

然后我们来看阿姆斯特朗的意识理论。"意识"(conscious-
ness)这个词有许许多多不同的意思,可算得上臭名昭著了。阿姆
斯特朗关心的是他认为的核心意思,它与觉察(awareness)有关。在
日常语言中,"意识"通常被用作"觉察"的同义词:某人可能说"我
意识到了敲门声",或"我意识到了他盯着我",或"我没觉察到我刚
才在哼歌——我哼歌是无意识的"。阿姆斯特朗将此视为"意识"

一词对于一个意识理论来说最重要的意义。他主张,意识状态(该词的这一意义上)就是某人通过内感觉觉察到的状态。

> 我主张,意识不过是一个人对他自己的内部心智状态的觉察(知觉)。

> (Ibid. , p. 94)

这个听起来好像很熟悉。回想一下洛克说过的类似的话:

> 意识是对进入某人自己的心智的东西的知觉。
> (Locke 1689/1975, II. 1. xix)

阿姆斯特朗表达了一种意识的 HOP 理论。根据 HOP 理论,一个状态是有意识的,当主体通过内感觉觉察到它。某人通过内感觉觉察到的那个状态,本身也可以构成对其他某物的知觉觉察。比如,某人可以内省一个视觉状态,这个状态反过来就是此人对他坐于其上的桌子的觉察。内省状态因而构成了此人对另一觉察状态的觉察;因此它包含了一种高阶觉察。

阿姆斯特朗通过一个如今很有名的例子来阐释 HOP 理论。当你在开车,你有一系列知觉状态:你看见路上的其他车、交通灯,等等。这些知觉状态使你避免与其他车碰撞或闯红灯。但根据阿姆斯特朗,这些状态不需要是有意识的。为了证明这种说法,他举出了那种有时称为"自动驾驶"的熟悉现象。

> 某人可能在某个时刻"苏醒"过来,并发觉他已经驾驶了数英里而没有意识到自己在驾驶,甚至可能没意识到其他的一切。

> (Armstrong ibid. , p. 93)

阿姆斯特朗说,当一个人自动驾驶时,此人的知觉状态不是有意识的。当然,他具有知觉状态,且这些是作为觉察的状态,因为它们构成了此人对路和其他外部事物的觉察。但这些作为觉察的状态本身并不是有意识的,因为自动驾驶时此人对它们并无觉察,也就是说,它们并非此人觉察的对象。按照 HOP 的观点,只有当某人通过内感觉的运作觉察到某个状态,那个状态才是有意识的。

阿姆斯特朗不仅用他的内感觉理论来处理自我知识问题,还用它来处理身心问题。这两个问题都源于心智对象的那种相对于物理对象来说表面上的特殊性。自我知识问题来自心智对象表面上的认识论特殊性,由笛卡尔和罗素所突出。心智状态似乎可以用一种直接的或紧密的方式来把握,因此我们对心智对象的知识,与物理知识相比就不那么容易遭到怀疑。同样是被笛卡尔所强调的,心智对象表面上的本体论特殊性,带来了身心问题。表面上看,心智对象给我们一种和物理对象是不同类型事物的印象。心智本体论的特殊性也许是源于其(表面上的)认识论特殊性的。在内省地反思一个我们正经历的感觉时,我们似乎可以直接而完全地把握到它的基本本质——比如它的掐痛或痒的性质——而我们无法对任何物理对象达成这种把握。

阿姆斯特朗的策略是同时否认这两个关于心智的预设,一方面将心智对象与物理对象进行同化,另一方面还要解释为什么心智看起来是特殊的。内感觉理论将心智对象同化为物理对象,就在于它将我们熟知是心智的过程——内省,同化为我们熟知是物理的过程——知觉。心智对象看起来在认识论上特殊,只是因为,我们的神经机制已经决定了,我们能够通达的心智状态只能是我们每个人自己的,而知觉的对象却在我们身边稀松平常。但在阿姆斯特朗看来,我们受到的这种不对称的限制是条件性的。原则上讲,通过内感觉来知道他人的状态也是没有障碍的。(我们将在 5.4 节重新探讨这种可能性,到时的探讨是要针对这样一种指责,即内感觉理论无法公正处理我们对我们自己的状态拥有特殊的通路这一事实。)

心智据称的那种本体论特殊性被解释掉了——通过将关于它的据称是特殊的东西,也即它是有意识的这一点,同化为它只是内感觉的对象这一事实。如果内感觉与知觉是相似的,那么成为内感觉的对象就并不会表明一种特殊的本体论状态,相对于物理对象来说。毕竟,物理对象是知觉的典型对象。

阿姆斯特朗的观点是内感觉理论的经典例子。它将内省描绘为在根本上与知觉相似的,在认识论和形而上学双重意义上;它还通过 HOP 理论,用内感觉的运作来解释意识。总之,它提供了一种内省的理论,这种理论匹配于一个更大的目标,即发展一种自然主义的心智理论。

5.2.2 莱肯版本的内感觉理论

莱肯版本的内感觉理论及其使用,和阿姆斯特朗大致相似。他也力图表明,心智虽然具有某种程度的特殊性,但在本体论上仍然是和自然世界的其余部分相连续的。他对内感觉理论和 HOP 理论的发展,都反映了这种自然主义观点。

在描述内感觉时,莱肯重复了阿姆斯特朗的主张,即内省是"大脑的自我扫描过程"。他赞同阿姆斯特朗对内省的描述,但强调说它包含了一种能力———一个"注意力机制"或"内部扫描器"——它不断演化以探测心智状态。在引述了阿姆斯特朗对意识的描述之后,他给出了他自己的。

> 照我说,意识就是内部注意力机制的功能发挥,它指向低阶的心理状态或事件。我还要加入少许的目的论:注意力机制是这样一种装置,它的工作是中转或协调正在发生的心理事件或过程的有关信息。
>
> (Lycan 1996, p. 14)

莱肯主张人有内感觉能力——或这少是内部的注意力机制,并将其描述为他的理论的一种"素朴经验论承诺(brutally empirical commitment)"(ibid., p. 16)。他认为,我们能够随我们的意志来进行内省这一事实表明了那种能力的存在。阿姆斯特朗同意有一个内省的能力,尽管他竭力否认有一个负责内省的器官:实际上他强调,这正是内省与知觉的差别之一——知觉要求器官的运作比如眼和耳。[3]古尔德曼同样强调了注意力对内省而言的重要性:"内省的'器官'就是注意力,其指向使得主体处于与目标状态之间恰当的关系中。"(Goldman 2006,p. 244)他在"器官"一词打上引号,清楚地表明了注意力并不是一个日常设想中的器官——它应该更接近于能力。(另一位内感觉理论的支持者埃里克·罗尔曼德,明确否认内省涉及一种"独特的内在能力"。[4])内感觉理论者是否应当给内省假定一个独特的能力,这很有趣,但不是我们这里的主题。

有必要注意的是,内感觉理论和亲知理论在一个问题上是一致的:它们都主张,内省包含了某人对自己心智状态的注意。与亲知理论不同的是,内感觉理论将内省注意力解释为与知觉注意力大致相似的,不仅在形而上学意义上,也在认识论意义上。

莱肯承认我上文中描述的那些形而上学的、认识论的以及现象学的主张,是内感觉理论特有的。在他看来,内省状态——内部扫描器的产物——和被扫描的心理状态之间,基本的关系是因果的。内省信念是在外部论意义上得到辩护的,当它们是由一个可靠的扫描过程(它涉及到为这个目的而选择的机制)产生的;主体通常并不觉察到这一过程,也不需要识别出它是可靠的。最终,任何包含在内感觉运作中的现象学都只是纯偶然的,它对于扫描过程产生知识来说不是关键的。

莱肯与阿姆斯特朗的观点有诸多交叉,所以并不奇怪莱肯和阿姆斯特朗一样否认内感觉的运作会提供对其对象的特殊洞见。他也和阿姆斯特朗一起,用这一观点来捍卫心智的物理主义。他说,尽管心智状态对内省反思并不显现为物理的,但这并不表示它们实际上就不是物理的。"某人正经历这样一种感觉这一知识,不同于某人正处在如此这般的大脑状态这一知识,即使某人正经历这种感觉实际就是某人正处于如此这般的大脑状态。"(Armstrong ibid., p. 59)所以心智状态并不以大脑状态在场,甚至不以任何一种物理状态在场,这都不能危及物理主义。然而,莱肯具体版本的物理主义还是不同于阿姆斯特朗。[5]

尽管内感觉理论强调了内省和知觉的相似性,阿姆斯特朗和莱肯也都承认,这两种类型的过程还是有某些不同之处的。比如,他们都承认内省在以下这一点不同于知觉,即内省经验没有独特的现象学(参看 Dretske 1995)。看见一个番茄时会有一种像是什么的东西——一种红的独特的现象学,而在内省番茄是红的这样一个信念时就不包含独特的现象学。[6]

莱肯也接受 HOP 理论。他特别关心描画它的范围,强调说,HOP 理论是一个意识理论,只是在"意识"联系着觉察的意义上来讲的。他明确否认 HOP 能够解释另一披着"意识"外衣的现象,也即,带有现象属性或感受质(qualia)的状态。

> 可能有些内感觉理论者相信他们的理论能解决感受质的问题;我不作这样的主张,因为我认为感受质问题和意识察觉的本质是相互独立的,而且相互之间确实没什么关联。
>
> (Lycan ibid., p. 15)
>
> 内感觉理论者不需要认为监测(monitoring)会带来感受质的出现。监测只是让主体觉察到某个感受质一开始就独立地在那儿。再次强调,内感觉理论从一开始压根就不是研究状态的性质的。
>
> (Ibid., p. 76–77)

考虑"自动驾驶"的司机。她的一系列感觉经验包含了特定的现象属性(感受质)。比如,当她看见红灯,她踩下刹车,因为她的经验有某种特定的性质特征,即现象的红。但这一经验的无意识,是在她没有觉察到它的意义上来说的。在 HOP 理论看来,"自动驾驶"的司机缺少的是,通过监测或内部扫描而获得的对这一状态的觉察;她的状态本身仍然具有通常的现象性。

阿姆斯特朗和莱肯在内感觉如何运作方面的观点基本一致。他们还一致认为,通过 HOP 理论,内感觉的运作能够解释有意识的和无意识的感觉状态的不同。他们还分别用这些观点来服务于对心智的强自然主义理解。

对任何哲学理论的全面理解都要求仔细反省那些对它的批评,因为这些批评揭示出这个理论的承诺和意涵。如果一个反驳能呈现出这个理论及其竞争性理论的不同,那么这个反驳就尤其具有揭示性。我们将考虑三个对内感觉理论的著名反驳。第一个涉及它的认识论外部论;第二个反驳贯彻了亲知理论的精神;第三个有助于建立理性主义理论,那个理论是第 6 章将探讨的。对意识的 HOP 理论的反驳会单独提出,作为对 HOP 的简要评述(5.6 节)。

5.3　素朴性反驳

第一个反驳以内感觉理论的认识论外部论维度为目标。内感觉理论主张内省的自我知识过程完全是"幕后"运作的。克里斯多夫·皮考克(Christopher Peacocke)反对内感觉理论,将它总体的认识论进路描述为假定了"在亚个体(sub‑personal)层面上的一种[对人的自我归因的]实质性解释",并否认自我归因能够"在个体的、理由给予的层面"(Peacocke 1999, p. 224)给出解释。皮考克担心的是,这种类型的认识论外部论用在这里实在是太过素朴,以至于无法公正处理我们是如何知道我们自己的心智状态的这一问题。内感觉理论所设想的内省过程,并未向我们提供任何理由来支持由这一过程产生出来的自我归因。

这一反驳由艾伦·齐摩尔曼(Aaron Zimmerman)很好地表达了出来。齐摩尔曼设想了一个通灵者,其关于未来的信念是完全可靠的,但并不基于证据或理由。且不论这位通灵者的信念是否有资格成为知识,他论证说,这种素朴的可靠性并没有抓住我们与我们自己心智状态——比如我们的信念——之间的认识论关系。

> 我们并不处在那个不会出错的通灵者的立场——她发觉自己没有好的理由就相信某些关于未来的事情;我们不会发觉我们自己相信,我们相信某些事情而不相信另一些。
>
> (Zimmerman 2006, p. 349)

有趣的是,齐摩尔曼的主张对许多竞争性的自我知识理论的支持者都具有吸引力。亲知理论者会赞同它,并主张自我知识需要包含一类证据,它们在内感觉理论中没起作用。理性主义者也会接受它,而他们恰恰否认我们(典型地)通过证据而知道我们的状态。在理性主义(就信念的自我知识而言,齐摩尔曼接受这种观点)看来,内感觉理论忽视了理性对自我知识作出的实质性贡献。由于通灵者的预言不是基于理由,也不是通过其他方式与理性相联系的,自我知识的过程就不相似于通灵者作出预言所使用的过程。

内感觉理论者可能会说,内省过程在很多方面不同于通灵者事例中的过程。比如,尽管内感觉理论并不认为现象学扮演了关键的认识论角色,内感觉理论者还是可以承认,在内省一个感觉时,某人经验到了那一感觉的现象学。但这个反驳的点更多是认识论上的而不是现象学上的。从认识论上讲,在内感觉理论下,自我知识就像是通灵者的事例,因为它"不过是信息或信念之流"(Armstrong 1968/1993, p. 324)。

最终,一个人会如何评价这个反驳将依赖于这个人的认识论倾向。内感觉理论和认识论外部论,都部分地被知识和心智的一种广义上的自然主义进路推动着。仅仅用一个可靠的因果过程就解释了自我知识的认识论维度,内感觉理论者会将这一点看做这种理论的优点。特别地,他会将这一点看做是对自然主义的推进,因为它避免了诉诸可通达的证据(就像亲知理论所做的那样),或诉诸一种不可还原的规范性概念——理性(就像理性主义所做的那样——参看第6章)。认为自我知识需要包含证据或理性的人会坚持,排除了这些要素,内感觉理论因而是不充分的。

5.4 不对称性反驳

第二个反驳起始于这样一个前提,即内省性的自我觉察与他人对某人心智状态的觉察之间存在一种基本的不对称性。这不是说我们对我的状态能达成更大的确定性,也不是说我关于它们是不可错的或全知的。这只是说,我拥有某种特殊的方法来把握我的思想和感觉,这种方法是别人没法使用的。内省构成了这种通达某人状态的不对称的方法。作为对照,知觉提供了一条达及它对象的对称的通路,因为你我都能通过知觉来把握同样的外部对象。

这个反驳将这种不对称性解释为必然的而非偶然的,因为别人不可能对你的状态拥有内省的通路。它批评内感觉理论与这种必然的不对称性不相容。

这种不对称性反驳对亲知理论者特别具有吸引力,因为他们解释这种不对称性时强调只有我可以亲知我自己的心智状态。但这并不限于亲知理论——在下一章我们将看到,理性主义也将我们达及我们自身状态的通路看作是必然不对称的。它也不要求某人自己的通路要特别优越于他人的通路,或者内省在认识上优越于知觉。这个反驳有赖于两个主张:内省为某人的状态提供了必然不对称的通路,以及内感觉理论不能与这一事实相容。我们从第二个主张开始。内感觉理论能够与所说的这种不对称性相容吗?

内感觉理论者会很直白地承认,某人的通路实际上是被限制于其自身状态的,他们会强调,内部的扫描器只对存在于大脑以内的状态敏感。此外,内感觉理论者还会观察说,具有自我扫描器的生物是自然选择的结果,扫描他者状态的能力不那么有价值,用进化论的话来说。(回想上文中莱肯的"少许目的论"。)所以自然选择不太可能给生物带来扫描他者状态的能力。

然而,当前这个反驳涉及的只是扫描他人状态的可能性。由于扫描器是经一因果过程来探测心智状态的,我们可以想象两个人用电线等装置相互连起来,以致一个人可以扫描到另一个人的心智状态。[7]这一扫描过程将和内省基本相似,按照内感觉理论的解释:它将是因果的和非推理的,也可被设想为和普通内省完全一样地可靠。令人注意的是,阿姆斯特朗接受这种可能性。

> 在内省时,我们对我们自己的心智状态有直接的、非推理的觉察。我们对他人的心智状态没有这样的直接的、非推理的觉察。然而,完全可以设想我们对他人心智状态有直接的觉察。用唯物主义的话来说,我们有能够扫描我们自己的某些内部状态的扫描器,但没有能够扫描他人内部状态的扫描器。然而,我的主张是,心灵感应的知识实际上就是说,我们的确对他人心智状态有某种直接的察觉。
>
> (Armstrong 1968/1993, p. 124)

阿姆斯特朗并不是说心灵感应的知识存在。他的意思是,尽管没有人真的有心灵感应,心灵感应的观念是融贯的:我们可以设想一个心灵感应出现的情形。他总结道,通路的不对称性仅仅是偶然的:"我们对心智状态的直接觉察限制在我们自己的心智状态中,这

只不过是一个经验事实。"(ibid., p.325)

莱肯似乎也承认——尽管有所保留——某人的扫描器有可能探测另一个人的心智状态。

> 内省……是一种自我扫描或自我监测。主体拥有这种内部通路来达及他或她自己的某些一阶心智状态以及可能很多的高阶状态。但你我对别人的心智状态都无法拥有这种可用的直接通路(除非通过某种未来形态的特殊接线手段)……
> (Lycan 1996, p.48-49)

所以在莱肯看来,自我觉察有一个方面,在原则上将它与对他人状态的觉察区分开来:即使我们将某人的扫描器通过"未来形态的特殊接线手段"与另一个人的心智状态相连,这一区别仍然存在。这一区别涉及到心智状态如何被表征。正如除你之外没有人能用"我"这个字来指称你,也没有其他人能用和你的扫描器的表征一模一样的方式来表征你的心智状态。(细节参看 Lycan ibid., Ch. 3。)

尽管有表征的区别,莱肯的观点似乎承认"未来形态的特殊接线手段"有可能给予某个其他人达及你的状态的通路,在形而上学和认识论上都与你自己的通路相似。这种接线手段会复制你的内部扫描器和你的(某些)心智状态之间的因果关系,使得另一个人的扫描器和你那些状态之间能够具有完全一样的因果关系。当那个人的扫描器探测到你的一个心智状态,它可以产生出一个关于那个状态的信念,这个信念在认识论上等同于你自己的扫描器差生出来的信念。这些信念关键的认识论特性源于它们的来源论:它们是非推理的,作为恰当的可靠过程的产物,是得到(外部论)辩护的。

因此内感觉理论的主要支持者承认这个理论与必然意义上的不对称通路不相容。他们承认这一结果,并支持这一观点,即某人享有对另一个人心智状态的内省式的通路,这没有原则上的阻碍。

为什么要认为我们对我们自己的状态的确拥有不对称的通路?这个想法来自一个简单的思想实验。花点时间来觉察你的一个状态——你可以再次掐一下你自己,然后注意这种掐痛的感受。如果内感觉理论正确,你觉察到的这种感受就可以被设想属于另一个人:因为在那个理论下,你对感觉的觉察是一个扫描器的输出结果,而那个扫描器是有可能连接到另一个人的心智状态的。现在反思那个感觉,你能设想它属于另一个人吗? 这里的问题不是说这种掐痛的因果来源。也许我可以和另一个人的身体连接起来,使得当那个人的身体被掐时,我会经验到一掐痛的感觉。这里的问题关乎这种掐痛感觉本身。尝试这个实验的许多人报告说,内省一个感觉时,他们无法设想,恰恰那个感觉能属于别人。必然不对称通路的直觉就是来自这种显见的不可设想性。

内感觉理论似乎可以通过诉诸扫描器的运作方式来解释这个事例。假设扫描到一个感觉,比如掐痛,扫描器会复制这个感觉。在这个事例中,对一个感觉的内省觉察将会分享被内省的感觉的现象特征。这就解释了为什么当你探测到一个上述掐痛的时候,你自己会感受到这个掐痛的感觉。那种感受是你的扫描器的状态的一个方面,并不表明被扫描的状态是你的而不是别人的。

但这一回应误解了上述思想实验。仅仅注意到一个感觉并不揭示其因果来源。正如我的掐痛感觉可能是由另一个人被掐导致的,它也可能是由我的扫描器探测到另一个人的掐痛感觉而导致的。不可设想的是,当我注意到我的掐痛感受时,恰恰那个感觉属于另一个人。但如果对一个感觉的觉察仅仅是一种扫描,那么我注意到的这个感觉就有可能属于其他人。而它不能属于别人而一定属于我这样一个直觉,表明了我们对(某些)我们自己的心智状态拥有某种别人不可能分享的通路。

内感觉理论者可能会同意这个思想实验有一定的直觉作用,但否认我们关于这种事情的直觉是可靠的。有些哲学家抛弃这样的直觉，将它归为关于知识的扭曲的先入之见，以及他们看作是笛卡尔主义"残余"的思维。然而，要确定这种直觉纯粹是扭曲的先入之见的产物是很困难的，因为初涉哲学的人也会有这种直觉，而他们可以被推测是未经笛卡尔主义"腐蚀"的。

更有前途的策略是采纳内感觉理论的资源来解释为什么我们对我们的状态的通路仿佛是不对称的，虽然实际上不是。在这种语境下，考虑一个知觉和内省的对比是有用的。知觉状态包含感觉显现：当我看一个番茄，我的知觉状态包含红的感觉性质，而这个性质显现为番茄的一个属性。（阿姆斯特朗和莱肯都认为，红实际上是番茄的一个属性，但出现在我的经验中。）但内省状态不包含这种显现，因为它们表征的心智状态并不具有颜色或其他感觉性质。内感觉理论者可能论者说，这种区别造成了，似乎不可能怀疑我觉察到的感觉只能是我自己的这一点。引入笛卡尔的怀疑，我可以很容易地产生疑惑，面前到底是否有一个番茄：我集中注意在似乎是我面前番茄的属性的红，然后考虑我只是致幻了的可能性。结果，我通过质疑我对红的知觉经验的来源而达成了这一怀疑。它是由番茄反光导致的，还是有一个像致幻这样的非正常原因？但内省状态并不包含像红这样的感觉性质，于是就没有一个我能够类似地质疑其来源的内省显现。

这一点关联着这样一个观点，即内省不提供关于某人心智状态的证据。如果它提供，那么就可以质疑那个证据的来源：不论它是由某人自己的感觉导致的，还是由别人的感觉（或完全由别的东西）导致的。没有这种证据——没有心智状态以某种方式向内省觉察的显现——对它的怀疑就没有立足点。内感觉理论者可能坚持，怀疑一个被内省的感觉真的属于某人自己的困难，源于内省不包含给这种怀疑提供立足点的证据这一事实。这样一来，你无法怀疑你觉察到的感觉是你的，并不表明你对你的状态享有不对称通路。[8]

内感觉理论者还可能论证说，我们无法怀疑内省的判决，从我们认知组织就可以预知。在做掐痛感觉的实验时，你使用了你的内部扫描器，它将它表征的状态探测为你的。你扫描器的运作使你相信我正经验到一掐痛感觉。这一过程是非推理的：这个信念是直接由扫描器的输出形成的，而非由那个输出推理而得的。进入到这个实验中就包含了尝试悬置信念，质疑这个感觉是否真是你的。但没有理由假设我们能够悬置这种类型的信念，因为悬置这种信念的能力对于进化论利益来说是很有风险的。鉴于他们对自我觉察的演化的重要性的强调，阿姆斯特朗和莱肯肯定会坚持说，演化不太可能产生出那种倾向于误把别的生物的感觉当作它们自己感觉的生物。所以大自然没有理由让我们能够拒绝相信我现在正经验到一掐痛的感觉，当某人的扫描器探测到一个掐痛感觉时。这个思想实验表明，拒绝这样的信念是困难的，甚至是不可能的。但我们对它没有拒绝能力，只是我们认识组成的一个特性，并不说明我们可以确定我们的扫描器不会连接到他人的状态，或这种连接是不可能的。因此这并不表明我们拥有对我们状态的不对称通路。

要评价这一回应，你必须考虑一下，在内省一个状态的时候，你是否认为你拥有决定性证据说这个被内省的状态属于你。如果是，那么你的怀疑的无能就可以不用负面言语解释为认知缺陷。它反而来源于一个认识论成就，即你把握到了这一状态属于你自己的内省证据。认为自己有决定性证据的人会认为内感觉理论者对这个思想实验的回应是不充分的。

我们对我们的心智状态有不对称通路吗？看来回答这个问题的最好的方式是，参与到我们描述的那种思想实验中去。有些哲学家相信那个思想实验表明了我们对我们心智状态的通路是必然不对称的。但有些则否认这样的思想实验能揭示这种必然性，论证说一个人无法怀疑状态是其自身的，只不过反映了关于我们认知组成的偶然事实。

5.5 休梅克的反驳

西德尼·休梅克(Sydney Shoemaker)在名为"自我知识与'内感觉'"的系列讲座中给出了对内感觉理论很有影响力的批评,并在1994 年出版。我将集中在他反对内感觉理论的最有力的论证,这些论证有关一个他称为"自我蒙蔽(self-blindness)"的现象。这些反驳在学界受到了广泛关注,表达了一种看待自我知识的视角,推动了我们在第 6 章将讨论的理性主义进路。

休梅克对内感觉理论的主要反驳以它的一个哲学后果为中心。他说,如果我们是通过内感觉知道我们自己的心智状态的,那么下述场景就是可能的。一个理性生物,有普通的心智状态如疼痛和信念,也有能力持有疼痛和信念的概念,却可能无法内省它自己的思想或感觉。按休梅克的话说,这样的生物是自我蒙蔽的。但休梅克认为这种场景事实上是不可能的:没有任何理性生物可能是自我蒙蔽的。因为正如他所说,"对于许多种心智状态和现象,向内省呈现它们自己乃是它们的本性"(Shoemaker ibid. , p. 287)。他总结说内感觉理论是错的。

要评价这一反驳,我们要理解两样东西:为什么休梅克认为内感觉理论蕴含自我蒙蔽是可能的,以及为什么他认为自我蒙蔽实际上不可能。

认为如果内感觉理论是对的,那么自我蒙蔽是可能的,这是很自然的。内感觉理论者将内省解释为与知觉具有重大的相似性,而知觉的盲视当然不仅可能,而且实际存在,正如视觉的盲视那样。视觉盲视的人缺失视觉状态(或者具有的视觉状态并不具备真正的视觉所要求的那种与外界因素之间的因果关系)。在这两种情况下,盲视是一种丢失了的或非正常的因果关系。休梅克称,如果内感觉理论是对的,自我蒙蔽就和视觉盲视一样是可能的。

休梅克的主张似乎是对的,鉴于内感觉理论将内省和被内省的状态之间的关系解释为因果的。内省发生,当疼痛在场的信息"流"向主体(阿姆斯特朗),或当疼痛出现被内部扫描器探测到(莱肯)。但并不保证这种因果过程在特定个体内一定会发生。内感觉理论似乎也并不蕴含,一个理性主体一定有内省能力。如果一个理性生物——比方说由于内部扫描器失灵了——无法内省他的状态,那么他就是自我蒙蔽的。只要内省是一个因果过程,并且因果过程可能出错,理性生物似乎就有可能是自我蒙蔽的。(后面我会质疑内感觉理论是否真的由此蕴含。)

现在我们来看休梅克的第二个主张:自我蒙蔽事实上不可能。注意,内感觉理论者可能否认有任何人实际上是自我蒙蔽的。他们还可能坚持,由于演化的原因,自我蒙蔽的可能性非常渺茫。阿姆斯特朗和莱肯都论证说自我觉察的能力有助于适应环境,所以如果它有这样的益处,那么自我蒙蔽的生物成为自然选择的产物就可能性极小。为了给内感觉理论设置困难,休梅克必须确立,自我蒙蔽不仅是小概率的,而是不可能的。

休梅克认识到了这种责任,论证道自我蒙蔽是不可能的。在描述休梅克就这一点的论证时,我将聚焦于两种类型的心智状态:疼痛和信念。休梅克分别处理这二者,对其中每一个都用不同策略来作出反对自我蒙蔽可能性的论证。[9]我将展开休梅克关于疼痛和信念的论证,然后考虑有利于内感觉理论的回应。

5.5.1 关于疼痛的自我蒙蔽

在论证理性生物关于其疼痛不可能是自我蒙蔽的时,休梅克援引了他认为是关于疼痛的确定的概念真理。在他看来,我们的疼痛概念的一部分,就是处于疼痛之中的主体通常有除掉疼痛的愿望。而"要说一个生物想要除掉疼痛,就预先假定了它相信它处于疼痛之中"(ibid., p. 274)。所以一个有能力持有疼痛概念的理性生物感到疼痛,就蕴含了它想要远离疼痛;而这反过来蕴含了它相信它处于疼痛之中。他得出结论,具有成熟概念系统的理性生物,如果经验到疼痛,那么将会——至少能够——觉察到它们的疼痛。

休梅克并不主张在每一个事例中疼痛都包含对疼痛的觉察。在偶然情况下,他说,疼痛会不被注意地发生。熟悉的事例包括"激烈战斗中的受伤战士忘却了疼痛、受伤的运动员没注意到疼痛直到他被抬上长椅,等等"(ibid., p. 273)。但不被注意到的疼痛是例外情况,而确实有这样一条有关疼痛的概念真理,即疼痛之中的人通常有除掉它们的愿望,因而也觉察到它们。

休梅克的理性概念对这一论证至关重要。对他来说,对理性的要求在疼痛和对疼痛的觉察之间构筑了一座桥梁。理性生物,简单来说就是有推理能力的生物。而推理——特别是有关做什么的推理,即所谓"实践"推理——包含了信念和愿望。除非我有愿望(比如吃东西)和信念(比如我所处的环境中哪些东西是可吃的),否则我就无法推理接下来我应当做什么。所以理性生物至少有相信和愿望的能力。对于一个有相信和愿望能力的生物,一个状态要有资格成为疼痛,就必须(通常)导致一个除掉它的愿望。而一个人有除掉疼痛的愿望,就一定是相信疼痛在场的。因此处于疼痛中的理性生物(通常)相信他处于疼痛之中。

可能有些无理性的生物,比如低等动物,具有的某些状态部分地扮演了疼痛在我们这儿扮演的角色。(这些状态是否有资格成为"疼痛"是一个语言问题。)但对于我们这样的理性生物,休梅克说,一个类似疼痛的状态,若没有恰当地与信念和愿望相联系,就不是真正的疼痛。事实上,它不可能是真正心智的。

> 疼痛的部分因果角色在于,它是由某种特定的东西——各种身体损伤——导致的,以及它导致某些行为,如畏缩、面部扭曲和呻吟——这些行为可能是不知不觉做出的,而无需看作是

由信念或愿望推动或"理性化"的。……但似乎很明显,一个状态,若扮演了这种因果角色,却不扮演疼痛的标准因果角色中除此之外的其他部分,那么它就不是一疼痛。实际上,它根本就不是一个心智状态。

(Ibid. , p. 275)

承认了疼痛导致对其觉察,休梅克似乎对内感觉理论在关键一点上做出了让步。毕竟,休梅克反驳的精神在于,在疼痛和内省觉察之间,有着比知觉模型所允许的更紧密,或更强的联系。不过和内感觉理论者一样(不同于亲知理论者),休梅克将这种联系解释为因果的。鉴于因果过程可能出问题,休梅克究竟是否认为,一个人的疼痛有可能常规性地达不到通常效果,因而一个理性生物有可能没有能力内省他自己的疼痛?

这个结果被休梅克关于心智状态的观点排除了。关于疼痛和其他心智状态,休梅克是一个功能主义者:在他看来,使一类状态算作疼痛的是它们的因果角色,也即它们标准的原因和结果。所以当一特定疼痛状态与主体的内省觉察之间的联系是因果的,那个状态便有资格算作一疼痛状态,而这仅仅是因为,它是那种典型地导致内省觉察的状态。考虑一个类比。我口袋里的纸币有资格算作美元,部分是因为它是由美国造币厂官方制成的。但那张钞票和美国造币厂之间的关系是因果的且是偶然的:还是那张纸——由完全一样的分子构成,却可能是由一个精巧的伪造活动制成的。所以尽管钞票和美国造币厂之间的关系是因果的且偶然的,要使这张钞票是美元,还是要求它们有这种关系。这和休梅克关于疼痛的主张是平行的。尽管疼痛和对这疼痛的觉察之间的关系是因果的且偶然的,要使一个状态是真正的疼痛,还是要求有这种关系。[10]更确切地说,一个具体状态不能算是真正的疼痛,除非它是那种(典型地)导致内省觉察的状态。[11]

休梅克关于疼痛的论证可以总结如下。作为一个关于疼痛的概念真理,对于一个理性生物,疼痛通常引起特定的信念和愿望。疼痛的在场一般会引起对疼痛的觉察,而这反过来造成除掉它的愿望。如果内感觉理论是对的,那么这就不再是概念真理:一个理性生物有可能完全无法识别自己的疼痛,比如当它的内部扫描器失灵时。所以我们应当拒斥内感觉理论。

5.5.2　关于信念的自我蒙蔽:第一个论证

休梅克提供了不同的论证方式来表明关于信念的自我蒙蔽是不可能的。我将描述他认为最有决定性的两个。

第一个论证方式聚焦在这一观点,即在特定情形下,理性主体有能力认识到它们的信念应当得到修正;拥有这种能力的人一定会觉察到——至少是有能力觉察到——他的信念。

> 作为一个理性存在,本性上一个人就对自己的信念－愿望系统的内容是敏感的:使其内容在面对新的经验时能够得到修正和更新,使其内容中的不一致和不融贯能够被剔除。
>
> (Shoemaker ibid. , p. 285)

休梅克并不是在主张理性主体在被呈现了相关的新信息时总是能更新他们的信念,或者完全避免不一致的信念。有大量证据表明人类有时坚持被证明是错误的信念:这种现象被称为信念忠诚(belief perseverance)。我们中大多数人很可能持有这种或那种不一致的信念。(参看斯特劳德的倾向性例子,第2章,注释3。)休梅克的观点是,在相关情形下,理性主体必须要有能力去修正他们的信念。

我认为,这个主张强烈地符合直觉。想象一个有正常感觉能力的生物相信"今天是个晴朗的艳阳天",而无法抛弃这种信念,即便被暴风骤雨淋得湿透。这种生物当然不能算是理性的。实际上,我们是否应当认为它们有信念都不是显而易见的,因为作为一个相信者也可能要求一定程度的理性。所以理性生物有某种修正其信念的能力应该是一个概念真理。

　　要确立休梅克的结论——关于信念的自我蒙蔽是不可能的,我们还需要进一步的前提,即一个人无法修正他的信念,除非他觉察到它们。但这一前提似乎特别合理,因为所要求的那种觉察不需要包含对某人的信念的仔细关注,也不需要包含对某人信念的信念。总之,阿姆斯特朗和莱肯看起来是要同意信念修正要求觉察的。

5.5.3　关于信念的自我蒙蔽:第二个论证

　　休梅克有关信念的第二个推理方式涉及到他人视角。他论证说,一个理性主体的行为方式将向观察他行为的人提示,他觉察到他的信念。比如,一个理性主体"将会对'你相信 P 吗?'这一问题作出肯定回答,当且仅当他将会对问题'P 是真的吗?'作出肯定回答"(ibid., p. 282)。这反映出他能把握到像这样一些陈述中的奇怪之处,比如"天在下雨,但我不相信在下雨",以及"天没下雨,但我相信在下雨"。(这些就是所谓摩尔悖论陈述,G. E. Moore[1942]讨论了它们。)休梅克推理道,如果理性主体断言"天在下雨",那么他就准备好了断言"我相信天在下雨",或至少在被问及"你相信天在下雨吗?"时表示赞同。而对此表示赞同,就证明了他相信他相信天在下雨:毕竟,当某人断言 p(或被问及"p?"时表示赞同),我们一般就认为他相信 p。总结起来,一个理性主体,若断言 p,也就会表现出他相信他相信 p 的行为——也就是说,他不是自我蒙蔽的。[12]

　　这第二种论证方式有个有点奇特的地方。休梅克主要关心的是要表明理性生物的行为方式会使观察者认为这个生物是自我觉察的。但一个人可能并不真正是自我觉察的而具有同样的行为方式,或者似乎是这样。那为什么休梅克聚焦在别人会如何解读某人的行为,而非直接聚焦某人的自我觉察?

休梅克关注公共可获致的(publicly available)证据是因为他接受一个大胆的论题:证明某人觉察到其信念的正确的行为证据,可以推出他事实上觉察到了他的信念。

> 我很想说,如果一切就好像一个生物拥有关于它信念和愿望的知识,那么它的确拥有这些知识。如果我们这么说,也并不会有任何关于这些状态的自我知识的现象学处于被无视的危险境地——相信某事,没有像是什么的感受在里面。
>
> (Shoemaker 1988, p. 192)

说"一切就好像一个生物拥有……"这句话,休梅克是指公共可获致的指向。

这句话让人想到维特根斯坦的主张,即关于我的状态的判断不可能由只有我能理解的私人语言作出。(参看4.5.3节。)休梅克的论题比维特根斯坦要弱一些,他并没有说,自我知识不能包含私人性的任何东西。他的意思是说,私人性的,或者观察者不可获致的任何东西,都无法在真正的自我觉察和仅仅看起来像是自我觉察之间的东西作出区分。不过这一论题还是远远强于这样的认识论主张,即展示出某种特定行为是能动者有自我觉察的充分证据。那是一个关于自我觉察的本质的主张:即某种特定行为蕴含了能动者是自我觉察的。

5.5.4　在休梅克的反驳之下捍卫内感觉理论

上文所描述了的那些反驳指责道,在将内省能力描绘为人的偶然特性时,内感觉理论忽视了一个最重要的事实:自我觉察能力是理性的关键方面。这一指责在自我知识的随后工作中极具影响力。

但尽管休梅克对理性的讨论有重要的价值,他对一个特定的理性概念的强烈依赖,却可能削弱他对内感觉理论的反驳。

我们从休梅克关于疼痛的自我蒙蔽开始。莱肯回应了这一反驳,他假设人类,因为演化的缘故,不太可能对疼痛是自我蒙蔽的。此外,他说,对疼痛的自我蒙蔽"对任何十分复杂的有机体而言,完全可说是在规律意义上不可能的,因为对任何这样的野兽来说,要在真实的世界中成功,可能都要求有一个内部监测系统"(Lycan 1996, p. 18)。给定了实际世界的基本设定——包括自然规律,尤其是在此起作用的各类进化压力——自然选择就会阻止任何无法探测到它们的疼痛的复杂生物出现。但莱肯承认一个适度复杂的生物有可能是自我蒙蔽的。所以他似乎拒斥休梅克的主张,即自我蒙蔽在逻辑上不可能或不融贯。(稍后我将质疑他是否必须拒斥这一主张。)

在否认自我蒙蔽是可能的时,休梅克依赖的是疼痛对于理性生物的决定性因果角色。他说,至少对于理性生物,任何有资格算作疼痛的东西,必须是那种不仅正常导致反射反应(如畏缩等),还导致特定命题态度的状态。对于一个理性生物,一疼痛必须导致它在疼的信念以及想要除掉疼痛的愿望。(参看 5.5.1 节中对 275 页内容的引用。)

莱肯指责道,在关于疼痛的自我蒙蔽的论证中,休梅克混合了"疼痛"一词的两重不同意义。"疼痛"的一重意义是关于给定状态的现象特征的,也即处于那个状态中像是什么的感受。另一重意义有关对这一状态的觉察。("意识"一词也有这两重意思,这就加剧了这种混乱。)实际上,莱肯指责的是,休梅克在阐述理性生物内疼痛的决定性因果关系时,结合了"疼痛"的这两重意义。正是这一点,使得休梅克主张对于理性生物,一个东西要算是疼痛,必须既具有疼痛的现象特征,又正常导致对疼痛的觉察。于是自我蒙蔽的不可能性便无关紧要地随之而来,因为自我觉察的能力被构造成了

"疼痛"的这种定义的一部分。

莱肯的回应是有力的。因为它表明休梅克的自我蒙蔽不可能的结论依赖于"疼痛"的术语决定性:也就是说,对于理性生物,一个东西要算作疼痛,必须同时满足"疼痛"一词的两重意义。此外,休梅克似乎接受"疼痛"有这两重不同的意义。他似乎承认无理性生物可以经验疼痛——或至少某种与之有紧密联系的状态——即使它们缺乏构造关于疼痛的信念所要求的概念能力。而认为只有理性的、持有概念的生物才能经验现象的疼痛是非常令人难以接受的。所以"疼痛"具有一个清楚的现象意义,它是与觉察意义相脱离的。

作为回应,休梅克可能会否认他在合取意义上使用"疼痛",即将现象特征和觉察结合起来。他会承认,这个词的两重意义之间有一个概念性的差别,并且一个无理性生物可能会有现象意义上的疼痛,尽管它没有能力认识它。但他坚持说,对于理性生物,有一个具有疼痛的现象特征的状态,蕴含此人有能力觉察到他疼。所以关于疼痛的自我蒙蔽仍然是不可能的,不是因为"疼痛"的定义,而是因为对于理性生物,现象特征和觉察之间有一种真正的、实质的联系。

休梅克直率地将疼痛和自我觉察之间的联系看作是关于理性的一个概念真理。鉴于理性要求自我觉察这一概念真理,理性概念可以有助于将现象特征意义上的"疼痛"与觉察意义相联系。我们理性概念的一部分就是,一个理性生物通常能够觉察到它的现象状态。

然而,内感觉理论者可以用休梅克的理性概念来削弱他的反驳的力量。(这里,我将莱肯的回应放在一边,而作出我自己的。)内感觉理论关于理性的本质是中立的;它的主要关注点在于自我觉察发生的过程。所以内感觉理论者可以开放性地接受休梅克的理性概念,根据这一理性概念,理性必然包含某种程度的自我觉察。在一个具有恰当鲁棒性的理性概念下,假定的自我蒙蔽生物不会满足理性的要求。由于这样的概念和内感觉理论是相容的,内感觉理论不会推出自我蒙蔽的可能性。[13]

休梅克的论证也许表明了，内省在以下方面不同于知觉：自我蒙蔽对于理性生物是不融贯的，而对于理性生物，视觉盲视（或另一知觉形式的缺失）是完全可能的。但内感觉理论者可以将这种差别归为理性的本质，它与自我觉察的联系比对外部对象的更紧密。最重要的是，理性与自我觉察的联系不能直接推出自我觉察是如何达成的。所以承认那个联系，并不是怀疑内省的知觉模型这一内感觉理论的核心。

休梅克会拒斥对这种情况作这样的分析。他主张，关于疼痛的自我蒙蔽的不可能性，并不仅仅是我们如何定义"理性"的结果。他将它解释为疼痛如何对理性生物示例。休梅克称对于理性生物，疼痛使觉察成为必然。他描绘了一种与内感觉理论相竞争的自我知识的形而上学。（我在6.5.2节描述这种形而上学图景。）休梅克自己的理论提供了自我蒙蔽的不可能性的另一种可选解释，但这并不能影响我对休梅克反对内感觉理论论证的回应。如果我说的是对的，他就没能表明他给出的选项是必需的。关于疼痛的自我蒙蔽的不可能性可以不抛弃内感觉理论就得到解释。

我们再来看关于信念的自我蒙蔽。休梅克论证说关于信念的自我蒙蔽是不可能的，因为理性主体能够修正其信念以适应新证据，并避免其信念集中明显的不一致性。值得注意的是，阿姆斯特朗和莱肯都强调了自我觉察对理性思维的重要性。事实上，它们将对理性思维的贡献引以为内感觉的首要功能。

> 如果有对心智活动有目的的训练，那么也一定同样有我们得知我们当下心智状态的手段。只有这样我们才能调整心智行为以适应心智环境。比如，如果我们"在我们的头脑中"做计算，那么我们就需要觉察到我们当前已经达到的心智计算的阶段。只有当我们确实觉察到了，我们才知道下一步做什么。所

以一定有一个方法可以觉察到我们当下的心智状态，也就是说一定会有内省。

（Armstrong 1968/1993，p. 327）

只有自我觉察能使我们可以"调整心智行为以适应心智环境"这一观点，与休梅克的主张强烈共鸣，即只有自我觉察能让我们修正我们的信念（"调整心智行为"），当我们认识到它们与我们的证据或其他信念（我们的"心智环境"）相冲突。相似地，莱肯论证说，自我觉察帮助我们整合在不同时候、从不同来源得到的信息（Lycan 1996，p. 32）。适当整合每一点信息，都要求我们识别出与之不相容的信念。

所以阿姆斯特朗和莱肯同意自我觉察对生物在恰当时机修正信念来说是需要的。这给了他们一个使用上述策略的机会。他们可以承认理性概念包含了在恰当时机修正信念的能力，从而接受休梅克的主张，即理性生物对其自身信念必定是敏感的。再次看到，这里的结果就是，正是休梅克的理性概念有责任排除自我蒙蔽生物的可能性；而这一概念和内感觉理论是相容的。这一回应保留了内感觉理论的关键性主张，也即，内省是一个在形而上学和认识论上与知觉相似的因果过程。

接着我们来看休梅克的第二种论证方式，它试图表明理性生物对它们的信念将会是敏感的。中心论题是："我很想说，如果一切就好像一个生物拥有关于它信念和愿望的知识，那么它的确拥有这些知识。"（Shoemaker 1988，p. 192）它的上下文清楚表明，休梅克意图将这个论题应用于理性生物，而短语"一切就好像"指一个观察该生物的人可以获致的证据。这一论题于是就可表达如下：一个理性生物以某一特定方式行为，蕴含了它拥有自我知识。

再次重申，这个反驳源于的概念论题，尽管不能从内感觉理论推出，但却是和它相容的。考虑休梅克的主张，即一个理性能动者会避免摩尔悖论式的断言,如"天在下雨但我不相信天在下雨"。一个有相关概念的理性主体会理解,信念是对真事物的承诺;他还会意识到,做出一个断言时,某人就承诺了他所断言的事物的真。所以他的立场将使他把握到,摩尔悖论式的断言是有问题的。[14]理性主体避免哲学断言的倾向可以由以下事实得到解释,即主体是理性的,并且持有相关概念。但这并不会破坏内感觉理论,它关心的是自我觉察达成的过程。

更一般地,内感觉理论者可能主张,由"理性"的定义,以下陈述是真的:对于理性生物,内部扫描器的输出——对生物心智状态的表征——将直接控制某些特定方面的行为。所以一个理性生物不可能在缺失自我知识的情况下,展示出某些特定行为。(根据定义,任何生物若以那种方式行为,而这一行为不是由扫描器输出恰当控制的,那么它就是无理性的。)这不太像是一个行为主义观点,因为它承认扫描器的输出可能包含内部的或"私人性的"现象。它只是说,对于理性生物,自我知识所特有的行为,除了在作为内部扫描器适当运作的结果的时候,都不会出现。

如果我说的是对的,那么休梅克的中心反驳就不会威胁到内感觉理论。主要问题是,这些反驳聚焦于这样一个观点,即自我觉察将会由理性生物达成。但它们并不直接涉及内感觉理论的核心,后者关心的是自我觉察是如何达成的。因为内感觉理论中立地看待准确的理性概念,一个内感觉理论的支持者可以接受一个要求高得足以排除自我蒙蔽可能性的理性概念。

休梅克明确拒斥运用于信念的自我觉察的因果模型。

> 如果,正如我主张的,相信某人相信 P 可以只是相信 P 加上拥有一定等级的理性、智力等等,那么把这种情况下的二阶信念想成是由与之相关的一阶信念导致的,就完全错了。
>
> (Shoemaker 1994, p. 289)

他的主张是,对某人信念的觉察可以由这些另外的元素构成。他的构成主义理论结合了自我知识的一个非因果理论,和心智的功能主义的观点,即心智状态是由它们的因果角色定义(为"疼痛"或"信念")的。我们将在 6.5.2 节中考察这一图景。

休梅克的主导观点——理性要求自我觉察——在学界关于自我知识的领域有重要贡献。但他的论证并不能驳倒内感觉理论。内感觉理论关心自我觉察的过程,而对理性的要求保持中立。要成功挑战内感觉理论,休梅克必须表明,内省过程与知觉过程有着深刻的差别。但他只表明了内省在理性的重要性上不同于知觉,而这一结论和内感觉理论是相容的。

5.6　内感觉理论和意识的 HOP 理论

有些内感觉理论者,包括阿姆斯特朗和莱肯,接受意识的 HOP 理论。这个理论说,某人觉察到某个状态,这使这个状态成为有意识的。HOP 是一组理论中的一个,这些理论主张,所有意识状态都是被主体表征的。其他这样的理论还包括高阶思想理论(higher-order thought theory),它是说,主体拥有一个适当导向某个状态的思想,这使这个状态成为有意识的。它不同于 HOP 的地方在于,它将相关的觉察解释为概念化的和类似信念的,而 HOP 则以知觉模型来解释。尤莱亚·克里格尔(Uriah Kriegel 2009)最近提出了一个相关的理论,他称之为自我表征理论。根据这一理论,意识并不包含独立的高阶表征。相反,意识状态是那些表征其自身的状态。

这些理论中,有些关涉现象意识。但阿姆斯特朗和莱肯打算让 HOP 理论只作为一个莱肯成为状态或事件意识的理论而加以讨论。他将这一意义上的"意识"定义如下。

> 状态/事件意识。主体的一个状态,或在主体内部发生的
> 一个事件,是一个意识状态或事件而与一个无意识或下意识的
> 状态或事件正相反,当且仅当主体觉察到自己处于该状态之中
> 或自己是该事件的宿主。
>
> (Lycan 1996, p. 3)

阿姆斯特朗给出了类似的在这一意义上的"意识"概念。他主张说,当某人不是有意识的,他就像长距离的自动驾驶员:他"对自己的知觉和目的不是有意识的"(Armstrong ibid., p. 94)。

引人注意的是,认为意识状态就是那些某人对其意识状态,这与 HOP 理论的陈述产生强烈共鸣。

> 意识不过是一个人对他自己的内部心智状态的觉察(知觉)。
>
> (Armstrong ibid., p. 94)
>
> 意识觉察是内部扫描器或监测器的成功运作,它输出一阶心理状态的二阶表征。
>
> (Lycan 1996, p. 31)

在 HOP 理论下,在相关意义上的意识状态——也即,"某人意识到自己处于其中的状态"(ibid., p. 25),是某人通过内感觉觉察到的。

于是意识的 HOP 理论显得就像是内感觉理论的一个直接后果。如果意识状态只是某人意识(觉察)到自己处于其中的状态,并且内感觉理论是对自我觉察的正确说明,那么意识状态就只是那些通过内感觉探测到的状态。

事实上,HOP 理论似乎与内感觉理论大致等同。莱肯对 HOP 理论的陈述,即上文中对其书 31 页的引文,可以转换为对内感觉理

论的陈述，只要把"意识觉察"一词换成"内省"即可。而且莱肯的描述明确说"意识"与 HOP 有关的意思就是觉察。所以如果内感觉理论是对的，那么自我觉察通过内感觉而发生。内感觉理论因此蕴含了 HOP 理论。最终，由于 HOP 理论主张意识是由类似知觉的觉察保证的，HOP 理论蕴含了自我觉察也是类似知觉的，也就是说，内感觉理论是对的。

这并不是对 HOP 或内感觉理论的反驳。实际上，莱肯承认这两个理论之间的紧密关系（ibid. , p. 15 n4）。由于在 HOP 理论中所谈论的"意识"就是觉察的意思，那一理论并未对内感觉理论作实质性延伸。结果就是，HOP 理论将随内感觉理论的成败而成败，而内感觉理论则是更大的哲学观点的实质性组成部分。

如果这些是对的，那么 HOP 理论的很多争议便找错了地方。这是因为许多反驳针对的是内感觉解释了现象意识这一点。（有些这样的反驳在 Carruthers 2009 中有所展现。）但莱肯明确否认 HOP 理论关心的是现象意识。他在上文（5.2.2 节①）引用的一段文字中指出了为什么他的意识理论并不针对现象属性（或感受质）："……我认为感受质问题和意识察觉的本质是相互独立的，而且相互之间确实没什么关联。"（Lycan ibid. , p. 15）

阿姆斯特朗对 HOP 理论的使用与莱肯平行，他认为某人可能缺乏状态的高阶知觉，但这一状态本身依然具有感觉性质，而正是感觉性质联系着现象对象。他认为疼痛是"对体内某种特定不适的身体知觉"（Armstrong ibid. , p. 318）。某人可能对身体不适的知觉毫无觉察，就像一个司机可能对道路的知觉毫无觉察一样。内感觉理论并不试图解释什么使得一个状态是现象的，而只想解释什么使得主体觉察（意识）到一个状态。

---

① 原文写的是 5.5.2 节，但实际上这句引文实在 5.2.2 节，故译文予以更正——译者注。

多数哲学家认为解释现象的问题是身心问题的核心;查尔莫斯(1996)将它贴上了"难问题"的著名标签。HOP 理论并未处理那个问题。因为它的目标只是解释觉察意义上的意识,它将会完全作为自我觉察的内感觉理论的成果而成功——抑或失败。

5.7 一个相关观点:德莱克的移位知觉论

弗雷德·德莱克(Fred Dretske 1994,2003)捍卫了一种自我知识理论,它在某些方面与内感觉理论类似,但不是其中的一个版本。内感觉理论强调外部知觉和内感觉之间的相似性,而德莱克论证说自我知识包含知觉本身。他将自我知识描述为"某种形式的知觉知识,它通过——实际上也只能通过——对非心智对象的觉察而获得"(Dretske 1994,p. 264)。假设我知觉觉察到巴格西①,它正坐在后院。在德莱克看来,这一对非心智对象的觉察使我能够推出,我处于一个心智状态中,这一心智状态表征了巴格西在院子里。

为了将自我知识解释为知觉的,德莱克避免了莱肯对内感觉理论的所谓"素朴经验论承诺",也即认为需要诉诸德莱克所说的"监测着心智运行的内部扫描器"(Dretske 1994,p. 40)。德莱克由此认为他的观点与内感觉理论相比,"简单而合理,令人难以拒绝"(ibid.)。

有趣的是,内感觉和移位知觉理论都接受,自我知识因包含注意力的引导,而与关于他人心智状态的知识形成鲜明对比。但他们关于这种差别的本质却看法不一。对内感觉理论来说,自我知识的达成是通过对内部扫描机制的使用,其特点在于它是被向内引导的;而关于他人心智状态的知识则要求普通的(向外的)知觉。对移位知觉理论来说,自我知识的达成是通过将某人注意力向外引导,

① 巴格西是之前提到的作者的狗的名字——译者注。

导向世界的特性;而关于他人心智状态的知识则要求既关注这个他人,也关注他的心智状态所表征的世界的特性。

德莱克将这一差别引以为"第一人称权威的来源"(1995, p. 53)。他在人和另一种表征系统——压强计之间做了一个类比。为了知道压强计表征的是什么,我们必须校准压强计,既考察压强计本身,也考察它被意图用来测量的是什么。举例来说,当一个压强计表显示某个特定读数的时候,我们可以确定一个(正常运转的)压强计表征了 14 磅每平方英寸。类似地,要知道另一个人正在表征的东西——他的心智状态——我们必须既考察这个人,也考察他的环境。但为了知道我表征什么,我只需要开始表征。换句话说,我们不需要校准我们自己。

> 在表征外部,且仅仅是外部对象时,相对于一个外部观察者,一个表征系统就它如何表征这些对象而言拥有更好的通路(于是也就对内部事实拥有更好的通路)——尽管这个外部观察者能够既观察外部对象,也观察内部表征。……要知道它是如何表征世界的,一个表征系统并不需要向内看它自身。
>
> (Dretske 1994, p. 277)

德莱克理论的一大特色是,它将自我知识解释为推理的,因为某人自身状态的知识是由外部世界的知觉知识推理而得的。这一特色使德莱克的理论区别于大多数其他自我知识理论,包括内感觉理论和亲知理论。而它也带来了许多反驳。比如,穆拉特·艾迪德(Murat Aydede 2003)质疑这一理论所要求的那种推理——比如从我对巴格西的觉察推出这样一个信念,即我正处于一个表征了巴格西的心智状态——能否得到辩护。

德莱克想要尽量减少将自我知识解释为推理性的所带来的忧虑,通过表明自我知识所涉及的这类推理相对来说是最小的。他指出,多数推理依赖于在被推理的东西和推理的基础之间建立相关性。但对于自我知识,他说,我们直接地从对一个外部事实的觉察推出表征状态的在场,而不用在二者之间建立相关性。此外,自我知识所要求的推理,即使其基础不是真实的,仍然可以构成知识。我能够知道我处于一个心智状态,它表征了巴格西在院子里,即使我这种推理的基础是错的。也许我只是看起来像是看到了巴格西在院子里,而事实上我致幻了。德莱克论证说我仍然可以用我不真实的状态来知道我正在表征巴格西在院子里。

我们在下一章将会看到,某些版本的理性主义也分享了德莱克的主张,即自我知识要求向外看这个世界。不过,自我知识的移位知觉理论并不是一个理性主义理论。它将自我知识解释为一个经验过程的结果,因此是一个版本的经验主义。在这个方面,它类似于亲知和内感觉理论。

5.8 内感觉理论:得与失

也许内感觉理论首要的好处是,它特别有助于促进一个心智的大的自然主义图景,根据这一图景心智与非心智的领域是连续的。通过将内省同化为知觉,内感觉理论将心智解释为在认识论上是与非心智连续的,由此便允许了一个延伸了的单独的认识论同时运用于外部世界的知识和我们自身心智状态的知识。认识论外部论作为当代主要版本的内感觉理论——包括阿姆斯特朗、古尔德曼和莱肯捍卫的那些版本——的一部分,也支持了自然主义,因为它将对知识的辩护过程,解读为本质上与非认识论过程相似的普通因果过程。

否认了心智具有特殊的认识论特性,内感觉理论就能清扫道路,以便在本体论上也将心智同化到非心智的领域。正如在早先章节中提到的,心智的二元论论证使用了假定的心智认识论特殊性——具体而言,就是现象的特殊性。这些论证主张,现象的固有本质可以被直接地知道,通过对感觉的直接把握(Kripke 1972);并且/或者,对现象属性的真正理解要求这种直接的把握(Jackson 1982)。内感觉理论可以用来挑战这些论证。如果内省"不过是信息之流",它就并不对心智——包括现象对象——的本质提供任何特殊洞见。但这样一来,内省对关于心智状态的知识也不增加任何东西,而这些知识,原则上不可能由普通知觉来提供。

内感觉理论为将心智同化到非心智的领域铺平了道路,这被某些贬低内感觉理论的人,看作是它的代价而非好处。亲知理论者会批评道,它无法容纳自我觉察与知觉觉察的不同:我们对我们自己的心智状态拥有必然的不对称通路,而内省为自我归因提供了特别强的内部论辩护。他们还会主张,在采取认识论外部论时,内感觉理论忽视了证据在自我知识中扮演的角色。

理性主义将指出内感觉理论的另一代价:它无视自我知识具有特殊的规范性意义。根据理性主义,我们对我们的信念、愿望以及其他态度是有责任的。此外,这种责任有一些关于自我知识如何达成的关键推论——这些推论将自我知识与知觉知识鲜明地区分开来。这些细节将在下一章讨论基于理性的理论时变得清晰起来。

小 结

内感觉理论将内省解释为在重要方面是与知觉相似的。在一个内省的成功事例中,某人对一心智状态的内省觉察,与那个状态之间具有恰当的因果关系。(作为对比,亲知理论说这种关系是形而上学意义上直接的且非因果的。)而内省信念是得到外部论辩护的:通过处于与相关状态之间恰当的因果关系中,或作为一个可靠过程的产物而出现。(作为对比,亲知理论认为内省辩护应当是内部论意义上的。)

有些内感觉理论者用这一内省图景来解释意识。他们赞同HOP(高阶知觉)理论,认为有意识的心智状态不过是某人通过内感觉把握到的。我论证说,鉴于"意识"在这里所讨论的意义,HOP 理论并不是独立于内感觉理论的:它们将共同进退。

内感觉理论遭到了基于许多根据的挑战。一些批评者论证说,我们对我们自身心智状态拥有别人不可能拥有的通路,但内感觉理论蕴含了第一人称通路的特殊性仅仅是偶然的。另一反驳指责内感觉理论将内省描述为一个素朴的过程,而并未对自我归因提供真正的理由。最具影响力的批评来自休梅克的主张,即一个理性生物不可能是"自我蒙蔽的",即无法把握自己的感觉和思想。我论证说,内感觉理论者可以阻止这种反驳,只要将自我蒙蔽的不可能性归于理性资格的要求即可。

拓展阅读

莱肯(2003)论证说,德莱克的反内省论理论面临一些莱肯自己的内感觉理论不用面临的问题——同时莱肯也看到了德莱克对内感觉理论的怀疑。希尔(Hill 2009)的第八章描述并批评了内感觉理论,并聚焦于莱肯版本。金德(Kind 2003)和西沃特(Siewert 2003)分别提出了对休梅克关于自我蒙蔽的主张的反驳,他们的反驳不同于本章所阐述的。

6

自我知识的理性主义理论

6.1　导论

到目前为止，我们所讨论到的理论的出发点都是自我知识在认识论上的特殊性。亲知理论就奠基于这一观点之上，它是一种解释自我知识之特殊认识论特征的努力。内感觉理论则试图颠覆这一观点，主张自我知识从认识论与形而上学方面都与知觉知识相类似。

理性主义者既批评亲知理论，也反对内感觉理论。他们提出，这两种理论之间的差异是微不足道的，因为它们都忽视了自我知识之真正特殊的地方。按照理性主义的批评，亲知理论与内感觉理论都把自我知识理解为是与知觉知识基本相似的，即自我知识也是通过观察来获得的，尽管在亲知理论看来，通达自我知识的那种观察方法是特殊的，能够为自我归因提供某种特别可靠的辩护。既然两种理论都把自我知识理解为通过观察过程——某种内省中的一瞥，或内感觉的操作——而获得辩护，那么它们也就都把自我知识理解为某种经验知识。理性主义者批评说，相对而言，这两种理论之间的分歧和矛盾就无足轻重了：因为这里的分歧仅仅在于自我知识究竟是否包含一种特殊类型的观察。

理性主义者则采用一种完全不同的进路,主张自我知识真正的标志性特征在于其对合理的、批判性的思想的贡献。首先,他们注意到我们每个人都处于合理评价与修正自我态度的特殊位置上:例如,确保某个信念符合我们的证据,或某个意图与我们所持有的价值相一致,等等。这种位置是没有别人能够取代的。此外,作为理性的思想者,我们对自己的信念与其他态度负有责任,有义务努力使我们的态度与所持有的理由相一致。理性主义者主张,自我知识的这种规范性维度,即相关于我们应该做什么或应该如何思考的内容,正是其与其他类型的知识之间的最深刻的差异。因此,自我知识理论的核心任务就是论证这种规范性。

由于理性主义仅仅关注我们评价与修正自我心智状态的能力,因此它所考察的心智状态的领域就很有限,即只是那些能够得到合理评价与修正的心智状态。这其中包括信念、愿望、意图和(至少还有某些)其它的命题态度。像感觉这样的心智状态就不能得到合理评价,因为感觉并不是某种能够得到理由[1]辩护的东西。有关自我感觉的知识,以及有关其它那些不能得到合理评价的心智状态的知识,就都不属于理性主义理论解释的范畴。

理性主义者一般认为,感觉与其它类似的非理性状态是通过内省性观察而得知的。因此,理性主义实际上意味着自我知识是观察性知识与非观察性知识的某种混合体。伯奇(Tyler Burge)和莫兰(Richard Moran)就是持这种观点的两个理性主义者,他们的观点也是本章所要讨论的主题。

> 我认为,关于感觉的知识不同于有关思想和态度的知识,它们要求以不同的方式来处理。
>
> (Burge 1996, p. 107)

相比而言,我较少谈到有关感觉的例子,因为我相信它所提出的有关自我知识的问题,与其它类型态度的情况之间有很大的差异。

(Moran 2001, p. 9 – 10)

这种混合体的观点还得到了 Zimmerman（2008）和 Boyle（2009）的辩护。

在前一章所讨论到的一项主张的基础上,理性主义理论作了进一步拓展和延伸。这项主张就是休梅克对内感觉理论的批判:理性的生物必须具备自我知识的能力（第5.5节）。在对这一主张的论证中,休梅克的主要目的是批评内感觉理论。（但是,既然他批判的靶子是对自我知识的观察性理解,那么我想它也可以延伸到对亲知理论的批评。）休梅克也尝试提出了一种替代性的观点,我们将在6.5.2节简要地讨论他的观点。

就本章的主要内容而言,我们将把讨论的焦点集中于伯奇和莫兰的观点。另一位杰出的理性主义者,阿基尔·比尔格拉米（Akeel Bilgrami 2006）所主张的观点,在某些方面也与伯奇和莫兰的观点类似。但是,由于比尔格拉米把自我知识关联到行动的道德责任问题上,所以要想充分地讨论他的观点,就需要考察某些远远超出本书范围的问题。

下一节将阐明理性主义理论,特别强调伯奇与莫兰的理性主义观点的共同基础。在第6.3节,我们转向理性主义理论的一个根本问题,即由于其关注自我知识的规范性维度而提出的问题。理性主义把自我知识看作一种真正的认识论现象吗?理性主义试图说明其认识论维度,并进而成为一种自我知识的理论吗?我将论证理性主义的确有这种努力,因此它会是亲知理论与内感觉理论的真正对手。这把我们引向了对理性主义的最严重的挑战,意即是说,批评它并没有解释自我知识的认识论资源（第6.4节）。伯奇和莫兰的分歧在于如何阐释自我知识的认识论,因此我将分别考察他们对于这一反驳的回应。我也会考察其他哲学家最近的一些努力,他们试图为基于理性主义方法的自我归因提供某种认识论基础。在 6.5节,我们转向了其他三种与理性主义相关的自我知识理论:加洛(André Gallois)的理性主义,休梅克的构成论(constitutivism),与芬克尔斯坦(David Finkelstein)和巴昂(Dorit Bar – On)的新表示论观点。然后我们会考察理性主义理论的得失。

6.2　理性主义:伯奇与莫兰

伯奇和莫兰各自独立地提出了一种理性主义理论(Burge 1996;Moran 2001)。尽管两者之间有彼此重合的重要观点,但在两者所强调的重点与实质方面,仍然存在着诸多差异。在所强调之重点方面,两者的主要分歧在于所讨论的规范性的类型上。伯奇首要地关注理论理性及其相关的规范,因此他特别关心我们对自己态度的认识论责任。尽管莫兰也关心理论理性,他却用了很多篇幅来讨论实践理性,即与我们应该如何行动相关的理性。与其说这是一种实质上的差异,不如说这只是所强调的重点不同。因为伯奇也讨论实践理性,且很清楚的一点是,他也主张其观点能够应用于实践理性的情况。

这两种观点又有着两个实质上的分歧。第一个分歧在于我们通过什么途径获得自我知识。在伯奇看来,这个问题仍然是开放性的,而莫兰却提供了一种重要的建议,但伯奇却会拒斥这一建议(参见 6.2.2 节)。第二个实质分歧在于为什么某些自我归因能够算作是知识。在这里伯奇提出了一种答案,而莫兰的态度却相对比较暧昧(参见 6.4.1 与 6.4.2 节)。在阐明理性主义的过程中,我将把理性主义看作某个单一的观点,只在讨论与伯奇与莫兰的观点差异相关时,才标明这一理性主义理论内部的分歧。

6.2.1 作为一项规范性事业的批判理性

理性主义的自我知识理论始于这一观念:我们是批判性的思想者。批判理性是一种以理由为自我态度作辩护的实践。例如,看见天空有几片乌云,你会由此而相信今天将会下雨;反思雇主对你的虐待行为,会促使你决定换一个工作;想想赌博习惯的危害会让你再也不想去赌了。在所有这些情况中,你都是在用某种你所持有的理由来(至少是在某种程度上)辩护自己所坚持的态度。

我们的态度并不总是能得到辩护。如果陷入某种妄想症,我会仅仅因为希望自己有水浇花园而相信今天会下雨。我的希望解释了我持有该信念的理由,并在这个意义上是我的信念的理由。但这只是一种说明性的理由,可与此类比的是,例如,吃了太多糖果是我肚子疼的原因。我的希望无助于信念的辩护。(在本章接下来的部分,我将用"理由"一词专指那些辩护性的理由。)

以理由作为信念的辩护基础,这具有非常重要的规范性意义:理由能够给予某个态度以正面的价值,使其得到辩护而合乎情理(reasonable)。某个态度能够以多种方式变得合乎情理。基于看见乌云的事实,关于今天将会下雨的信念在认识论上合乎情理。如果你认识到雇主是个虐待狂,那么想要找个新工作的愿望从心理学上也合乎情理。而假设你已经意识到赌博对他人的危害,那么从伦理上说决定永不再赌的意图也合乎情理。(所有这些概括当然都是在其余情况均同的条件下才是成立的。)

在理性主义者看来,这种基于理由来辩护态度的实践,是这些态度所具有的一种本质特征。例如,莫兰认为,"信念范畴的本质就是,信念可以是某个理论理性推理的可能结论"(Moran ibid.,p. 116)。因此,除非心智状态是一种能够用理由来辩护的状态,否则它就不可能算作是一个信念。更进一步说,我们对这种实践的参与——亦即我们批判性地作出推理——正是人类之最根本的本性。

正如伯奇所说,"批判的理性对于我们作为人类的身份而言,依然是最根本的"(Burge ibid. , p. 113)。因此,我们从本质上说都是批判性的思想者。

"批判性的思想者"有描述性和规范性两种内涵。从描述性上说,批判的思想者能够使其态度恰当地与其理由相一致:他能够将信念置于证据的基础上,使其意图符合于他的愿望与价值,等等。既然批判的思想者是实际的而非理想的个人,那么他们就不可能使态度与理由达到某种理想的契合。但他们能够向着这种理想的契合而努力,并能够达到某种粗略近似的结果。换句话说,他们至少能够部分地遵从这一推理规范:"一个人的态度应该符合于他的理由。"

需要注意的是,遵从这种规范并不意味着需要意识到这一规范。考虑下面这个类比。一个好驾驶员会在他的车与他前面的那辆车之间留出足够的距离,并根据他开车的速度来调整这个间距。但是,好的驾驶员并不需要意识到与这一实践相对应的那些具体规范。那些能够粗略符合这一规范的驾驶员,其中大多数人都从来没有想过速度对制动距离的精确作用,很多人甚至连诸如"三秒钟规则"这样的直观推断也说不出来。要成为一个好驾驶员,就是以某种近似符合安全驾驶规范的方式开车,他并不需要能够确认出有哪些具体的规范。同样地,对于一个批判的思想者而言,以某种近似符合推理规范的方式思考,也并不意味着能够确认出有哪些具体的推理规范。

这一点把我们引向了"批判性的思想者"的规范性内涵。批判的思想者并不只是能够满足推理规范,而且在某种意义上他们必须满足这些规范。伯奇把批判的思想者描述为"服从于理性规范",并且说这些规范规定了批判性思想者所"应该"如何推理的方式(Burge ibid. , p. 101)。莫兰注意到,一个人如果在丧失了对某个愿望的辩护之后仍然坚持该愿望,那么他就"有可能遭受某些常见的批评"（Moran ibid. , p. 115）。因此，在某种意义上，违背推理规范就意味着错误。

我们也许会问：批判性的思想者为什么要遵从理性规范？对于这种规范性的"应该"的来源，伯奇和莫兰都没有给出明确的答案。但他们都注意到，我们把这些规范应用于我们自己与他人的推理之中。例如，我们会批评那些不能得到证据支持的信念。更进一步说，我们的推理实践——基于证据的考量形成信念，通过反思什么是值得追求的东西而决定行动，等等——似乎都旨在满足推理规范。（试对比：好驾驶员的实践——当他使用制动和加速的时候——似乎旨在保持与前车的间距和速度的平方成一个大致的比例，即便这个驾驶员自己都不能重述这条规范。）因此，在我们反思自己的证据并试图达到某个信念的时候，或是在我们批评别人的意图与其所持有的价值相冲突的时候，我们很可能是隐性地（implicitly）运用这些规范。规范的力量就很可能部分地来源于这些实践。换句话说，这些实践可能部分地解释了我们为什么有责任使自己的态度符合于理由。

6.2.2　批判理性与自我知识

我们有责任使自己的态度符合于理由，这种观念对于自我知识的理性主义理论尤为重要。理性主义主张，正是这种责任使自我知识区别于其它类型的知识，并且，这种区别要比经验性理论所关注的那些细微差别——例如，亲知理论认为内省性知识具有特别的直接性和可靠性——更为深刻。

我们的讨论将围绕以下三点来组织，它们被认为是我们与自我态度之关系的显著特征。（1）我们认为自己的态度是可修正的，并且认为我们的慎思能直接影响它们。（2）我们对自己态度的把握不是一种观察性的理解。（3）自我的态度对于我们是通透的，因为我们能够通过直接思考其对象而把握它们。（这第三条是莫兰的主张,而伯奇并不支持。)

我们从第一点开始讨论。

(1)我们认为自己的态度是可修正的,并且认为我们的慎思能直接影响它们。

作为批判性的思想者,我们有责任按照推理规范来形成并持有态度。我们只有把自己的态度看作是面向合乎理由的修正开放,才可以说是真正承担起了这份责任。因此,批判的思想者把自己的态度视作他们需要负责的承诺,因而这些承诺也是可修正的。

> 批判性的推理——考察那些与实际的真理相关的理由,悬置信念或愿望,在善好性的概念下权衡各种价值——就要求人们,必须把自己的承诺当作是某种能够被考量、能够加以评判的东西。
>
> (Burge ibid., p. 100)

伯奇举了一个例子来表明批判的思想者对待其态度的立场。假设某人问你:为什么你相信某个具体的嫌疑人有罪? 你就会考量自己的理由,并意识到这个信念乃是基于非常弱的证据。这种意识本身就构成了一个抛弃该信念的理由。只要你还在运用理性的规范,你就会感到这种理由的力量;因而理由会对你的信念施加压力。所以,在运用理性规范的前提下,你实际上就已经把自己的信念当作是可修正的东西了。

要承担起作为批判性思想者的责任,我们的态度就必须不仅仅是可修正的,而且还需要对理由具有恰当的敏感性。在我们刚刚描述的情况中,如果你意识到自己的信念乃是基于很弱的证据,那么这种意识就会直接地减弱你对于该信念的信心。这就是一种对理由的恰当敏感性。如果这种意识不能直接地影响信念——例如,如果它只是使你承认你应该放弃这个信念——那么,你就违背了推理的规范。按照莫兰的观点,如果有人对于理由普遍地比较不敏感,那么就说明这个人不理性。

> 如果一个人是理性的,那么他的一阶信念将会对于某些二阶信念非常敏感——这些二阶信念恰是以相应的一阶信念为对象的信念——且会根据二阶信念的变化而发生变化。
>
> (Moran ibid., p. 55)

我们对于自己态度的关系的第一个显著特征就是,作为批判性的思想者,我们对自己的态度负有责任。我们把这些态度当作是可以修正的东西;只要我们还是理性的存在物,那么这些态度就应该直接地、敏锐地受到慎思的影响。

(2)我们对自己态度的把握不是一种观察性的理解。

批判的思想者认为态度在本质上是可修正的:说某个东西是态度——而不是某种感觉,就意味着它是某种能够(也应当)根据恰当的理由而修正的状态。理性主义者主张,这一事实揭示了自我知识的观察模型的缺陷,特别是在涉及有关态度的知识时,观察模型尤为不够充分。对某个对象的观察性理解并不包含把它理解为变化着的对象,或某种我们对之负责的对象,抑或是某种对我们的理由具有直接敏感性的对象。我们当然可以把这些特征赋予一个观察的对象,但是这种属性赋予并不包含在面向对象的纯粹观察之中。仅有观察,我们并不能把某个心智状态确认为具体的、具有直接的理由敏感性的态度。

理性主义者并不否认我们观察自己的态度。伯奇和莫兰都承认,在某些情况下,人们的确必须观察自己的态度。但是他们争辩道,这种对自己态度的观察性理解仅仅处于自我知识的边缘地带。具体说来,这种理解——我称之为观察性的自我知识——缺乏与理性的联系,而正是人类的理性能力才使得自我知识如此特别。因此,较之于那种自我知识的更核心的类型——我称之为批判性的自我知识,只有批判性的思想者才可能获得——它就有很多缺陷与不足。

按照理性主义的观点,观察性的自我知识仅仅具有边缘的意义,因为在观察性自我知识中,辩护性理由不具有其通常的作用。考虑一下前述例子的一个变种:假设我意识到自己几乎没有什么证据主张嫌疑人是有罪的,那么如果我的治疗师询问这一情况,我就会声明自己不再相信嫌疑人是有罪的。但我的治疗师会发现我的回答是可疑的。他指出我总是避免独自与嫌疑人相处,总是报告说当嫌疑人在场的时候我就感到紧张,而且只要我知道他就在附近,那么一定会把自己的贵重物品锁好,等等。我的治疗师表明我并没有动摇自己关于嫌疑人有罪的信念。现在我可能接受治疗师对我的行为的解释,并因此得出结论说我相信嫌疑人是有罪的。更进一步地说,这一结论将会使我不再抛弃该信念——或许只是因为我接受了一项心理治疗,该项治疗旨在揭示我对嫌疑人的非理性情感的根源。但这里的情况仍然是,只要我是仅仅通过观察而意识到该信念的,那么即便我也认识到自己有很好的理由放弃该信念,这种认识也不会直接地对信念施加压力。

在刚刚描述的例子中,自我知识是通过他人对我的行为的观察而得到的。这里的问题并不是说,根据理性主义观点,我依赖于他人的观察;而在于我的自我归因是基于(这种类型的)观察而实现的。那种基于自我观察的自我知识,即便是通过内省而获得的,也会缺乏对于自我态度的直接的理性关联,而这种关联恰是批判性自我知识的典型特征。假设我通过某种内在态度的扫描仪(如同内感觉理论所描述的那样)而观察到,我相信嫌疑人有罪,或是通过亲知某些内在状态而直接知道我拥有这一信念(例如,我构想了某个对嫌疑人的心智图像,并且从中发现了"有罪"的现象特征),那么,理性主义者会主张,由于我仅仅是观察到自己的信念,因而我就没有把它当作一个需要对之负责的、可修正的承诺。相反地,我把它看作是我所具有的某种固定特征,如同我胳膊上发痒的感觉一样,在我的控制之下且能够被意识所影响。观察性自我知识可能是经由某种对态度的特殊通路(或特别的观察方式)而达到的。但它不具备自我知识的真正显著的特征,即把自我态度理解为需要对之负责的、可修正的承诺。而这些特征只有批判性的自我知识才具备。

到目前为止,我们所看到的只是对适切性的理性主义检验:一种适切的自我知识理论必须解释自我态度如何能够被当作需要对之负责的、可修正的承诺,也就是说,如何获得批判性的自我知识。但我们目前还没有看到理性主义者如何说明这一点。

现在我们转向莫兰关于批判性自我知识的理性主义观点。这一观点运用了自我态度的"通透性"。通透性是我们对自我态度的关系的第三个显著特征。

(3)自我的态度对于我们是通透的,因为我们能够通过直接思考其对象而把握它们。

埃文斯(Gareth Evans)的著名段落表述了这种信念的通透性观念。

可以这么说,在对信念作自我归因时,我们的目光偶尔也会实际地指向外部的世界。如果有人问我"你认为将会发生第三次世界大战吗",那么我的回答与我对另一个问题"将会发生第三次世界大战吗?"的回答,都将确切地指向同一个外部现象。

(Evans 1982, p. 225)

关于第三次世界大战的信念之所以被称为是"通透的",原因在于,为了确认这一信念,人们需要"看穿"自己的态度,而直接考量信念的关注对象——也即是第三次世界大战的可能性。这种决定某人信念的方法也就是通透性方法。

莫兰并没有主张通透性方法应用于所有批判性自我知识的情况。在他看来,通透性的作用在于某种更为一般的意义上:仅当我们能够用通透性方法获知态度,我们才具备了对该态度的批判性自我知识。

> ……我之所以是一个理性的能动者,是因为我意识到自己的信念,也就是意识到我承诺该信念为真,即承诺了某种超越于任何心智状态描述的东西存在。而体现这一承诺的事实就是,我对于自己信念的报告应当遵从通透性条件:我能够通过考量 X 本身(而非任何其它东西)来报告有关 X 的信念。
>
> (Moran ibid., p. 84)

莫兰主张我们把自己看作理性的能动者,这回应了伯奇的观点,即"批判的理性对于我们作为人类的身份而言,依然是最根本的"(Burge ibid., p. 113)。理性的能动者就是参与批判性推理并通过慎思而形成其态度的人。

对于莫兰而言,通透性之所以重要,是因为它调动起我们的理由,并因此允许我们基于这些理由而认可某个态度。假设别人问我是否相信今天会下雨。直接地思考"今天会下雨吗?"激发了有关最近的天气预报的记忆,以及回想自己今天早上是否看到天上有乌云密集。关于下雨的预测与天上乌云密布构成了相信会下雨的理由。

这些理由为我的将要下雨的信念作出了辩护。基于这些理由，我认可关于将要下雨的想法，并且声明"我相信今天会下雨"。

莫兰称这种基于理由的声明为宣誓（avowal）。按照他的理解，仅当我们能宣誓坚持某个态度，我们才是具有了对该态度的批判性自我知识。如果我们的理由没有被调动起来支持那个态度，那么我们就不能宣誓坚持它；而调动我们的理由也就要求直接地考量态度的对象，即运用通透性方法。因此，批判性自我知识要求思想者能够通过运用通透性方法而获知态度。

莫兰认为，上述关于通透性的主张能够应用于任何基于理由的态度，包括实践理性的情况。如果我是理性的，我就可以通过直接考量"给花园浇水是否有利"来获知自己的相应意图。这将调动起我的理由（例如，已经好几天没下雨了，花园里的植物需要水分），并进而允许我誓言坚持给花园浇水的意图。

这展现了通透性方法的一项奇异特征。在开始应用这一方法的过程之前，它并没有揭示出我是否想要给花园浇水。而应用这一方法——即反思浇水的好处与不浇水的坏处——却可能产生了浇水的意图，而不只是揭示出某个先前已经存在着的意图。因此，应用通透性方法可能产生某些态度，恰是在运用这一方法之前并不存在的东西。

该方法的上述特征说明，批判性自我知识仅在乎某些人们对之完成了相关慎思的态度上。如果我思考是否意图给花园浇水，那么我的结论可以称得上是批判性自我知识，是关于那个我在慎思之后具有的意图的知识——而在开始运用通透性方法之前，我并没有关于是否具备该意图的批判性自我知识，因为很可能正是这个方法的运用造就了这个意图。然而，这个结果并不会威胁到理性主义理论。理性主义者可以承认，有关以往态度的自我知识是观察性的——具体而言，就是依赖于记忆的。[2]重要的是，对于理性主义者而言，获得批判性自我知识的能力与人们当下的慎思相联系，是我们作为批判性思想者的根基与核心。[3]

　　但是,基于通透性方法可能会产生态度这一事实,又有着某种更为严重的焦虑。莫兰主张我们用通透性方法是去"获知"自己的态度(Moran ibid., p. 85),而如果这个方法本身会产生态度,那么就很难理解这种方法如何还能起到"获知"的作用。这至少产生了一种关于学习过程的陌生图景:通过参与某个过程并产生了给花园浇水的意图,我获知自己具有这个意图。这一焦虑紧密地与某个更一般的对理性主义的反驳联系起来:理性主义关心的是如何形成态度,而不是如何获知态度,因此它并非自我知识的观察性理论的真正对手。我们将在下一节中处理这个反驳。

　　通透性方法的最后一个方面凸显了莫兰与伯奇的差异。通透性方法似乎无法解释我们会具有不合情理的态度。回想一下我从伯奇那里借来的例子:我对嫌疑人有罪这一点仅有非常弱的证据,但我却相信他有罪。如果我用通透性方法来确定自己的信念,我会直接地考量他是否有罪。这将会调动起那些非常弱的证据,且假设我也没有他无辜清白的强证据,那么我会得出结论说,嫌疑人可能有罪,也可能无罪。因此对于他是否有罪这一点,我将誓言中立。但如果我是非理性的人,这个运用通透性方法的过程不会改变我先前的信念。因此,如果某个信念在经历了如此这般的慎思之后仍然屹立不倒,那么它就不可能是经由通透性方法把握的信念。

　　这个结论可以作更为一般化的处理。通透性方法将不会容许人们持有某个不合情理的态度,因为运用这种方法就意味着我们是经由自己的理由而通达态度的。所以认识到某个态度不合乎情理,这不可能"遵从通透性的条件"。按照莫兰的观点,这表明它不是批判性自我知识。与此相对比的是,伯奇认为只有部分的自我知识是"合理的审视",即把态度与理由相对比以确定其责任。这表明伯奇认为我们可能不经由理由而通达态度——亦即是除了通透性方法之外的把握态度的方法。因此伯奇就可能会拒斥莫兰的上述观点,即所谓批判性自我知识必须"遵从通透性条件"的主张。因为这种观点将会排除那些合理审视的结果,而它们本应属于批判性自我知识的范畴。我们将在 6.4 节详细考察这两种理性主义观点的内在差异。

6.2.3　重释自我知识问题

按照传统的理解,自我知识理论的核心任务是解释我们对自己心智状态所具有的那种看似特殊的认识论关联。但理性主义者重新阐释了自我知识问题。自我知识的真正特殊的类型是批判性的自我知识。并且,获得自我知识的能力依赖于我们对自己态度的规范的能动性:也就是指通过慎思来形成态度的能力,和我们为之而承担的责任。所以,自我知识理论的核心任务应当是解释规范的能动性何以构成了我们对自我态度的理解。

以下两段概述了莫兰对自我知识问题的重新阐释。

> 对自我知识的现象而言,即便不考虑第一人称与第三人称的不对称性,它们本身也已经是以责任和承诺的不对称性为基础,而不仅仅是以能力上的或认知通路方面的差异为前提。
>
> (Moran ibid. , p. 64)

> 第一人称报告特别好或者特别可靠,这并非导致自我知识问题的事实。自我知识问题应该说是首要地由下述事实产生的:第一人称报告包含一种意识的特殊模式,且自我意识对于意识的对象有特殊的后果。
>
> (Moran ibid. , p. 27 –28)

这里所说的"意识的特殊模式"就是指通透性方法:我们反思自己的理由,进而由此意识到自己的信念与其他态度。我们能够使用这种方法,仅是因为我们把自己的态度看作有理由辩护的承诺。因此通透性方法之所以有效,是因为"自我意识对于意识的对象有特殊的后果"——例如,如果我基于自己的证据来反思嫌疑人是否有罪,以此来确定我的信念,那么这种反思将会形成信念。核心问题是,自我知识的问题关涉其规范性,也即我对自己态度的责任而非对态度的认识论通路。这也与下述观点相一致:通透性方法产生了态度,而非只是揭示态度。

伯奇也考察了批判性自我知识的——当然也是一般意义上自我知识的——特殊性,即我们的规范的能动性。按照他的观点,关键的事实是,基于某人理由的反思会辩护(或驳斥)其态度,从而直接地影响态度的规范性地位。

> 基于自我审视而作出的有关某人思想是否合乎情理的结论,会直接产生某些理由,以支持对所审视之思想的改变或坚持。

> (Burge ibid., p. 114)

例如,你判断说自己对嫌疑人有罪的信念仅有微弱的证据,这会直接产生放弃该信念的理由。批判性自我知识的标志就是慎思能够产生这种理由,它们能直接地作用于我们的态度。

在这里,直接性的概念非常重要。在前面几章里我们考察了直接性的几种方式。在那里我们说的是对状态的判断与状态本身之间的关系是直接的。许多亲知理论家与内感觉理论家都把这种关系看作认识论上的直接性,即非推论的关系。而它也可能是形而上学的直接性,因为某一特定的现象性质(phenomenal property)本身就是对该性质作自我归因的内省判断的一部分(4.5.2节)。而理性主义者所考虑的则是第三种意义,即规范性类型的直接性,它存在于规范的能动性之中。

理解这种规范性的直接性的第一步,是注意到这种规范性的直接关系只能发生在某个主体之内。正是这个主体所拥有的理由或判断对其态度具有规范性的直接关系。通过考量个人之间交互关系的局限，这种规范性的直接性就可以得到阐明。假设某个疯狂的科学家用莱肯所说的"未来形态的特殊接线手段"把我和你联结起来，这种接线手段让我能扫描并评价你的态度。这个科学家的设计和安排使得你的态度要根据我对它们是否合乎情理的评价来形成。例如，如果我判断你的信念仅仅建立在弱证据的基础上，那么这个判断就将消除你的信念。更进一步说，我的判断与你的信念之间就是直接的联结，其中并没有任何我的决定作为中介。因此可以设想，某人对他人态度的评价有可能直接控制到这些态度。

这里所体现的是作为自我知识核心的规范的能动性究竟不是什么：它并不是基于某人对态度的评价而直接控制这些态度。因为我也可以设想对你的态度作出这种直接控制，而理性主义者所设想的却是这样一种规范的能动性：主体只能对他自己的态度施加直接控制。

在刚刚描述的这个例子中，你的态度是在我的直接控制之下。但是，尽管我对你的信念的评价能够直接消除这个信念，它却不能直接为信念的消除作辩护。直接的辩护作为一种规范性关系，不能在某人的判断与他人的态度之间得以实现。即便我能控制你的信念，我的判断——你的信念建立于弱证据的基础上——也并没有为信念的消除作辩护，或是使放弃该信念成为合乎情理的选择。毕竟，如果是我的判断消除了你的信念，则我和你都算不上获得了合理的推理。从你的视角来看，这个信念只是消失了而已；而尽管我对该信念的评价包含着推理，但接下来你的信念的消除却只是某种力量的作用，而非理由的作用。

所以，理性主义者所关心的规范的直接性，是对态度的评价与该态度的规范性地位之间的关系。我对你的信念的评价至多是能消除该信念，而你自己对这一信念的负面评价则会给它施加规范性的压力,直接地为放弃该信念作辩护。换句话说,只有你能够对你的信念施加真正的规范的能动性。

这个案例的一种变型需要应用于莫兰的观点。正如我们在前面看到的,莫兰的通透性方法不会揭示出有不合乎情理的态度。对莫兰而言,为放弃嫌疑人有罪的信念作辩护的,并不是任何关于这个信念的判断,而是关于嫌疑人是否有罪的慎思结论。因此,莫兰所关心的那种直接的规范性关系,就是在信念与某人持有该信念的理由之间的关系。个人之间交互关系的相应限制,可以通过那个疯狂科学家的假想例子来理解:把我的理由与你的态度联结起来,从而我对嫌疑人是否有罪的慎思就会形成你关于他是否有罪的信念。

既然别人也有可能因果地控制我们的态度,那么因果控制就并非自我知识真正的显著特征。用伯奇的话说,因果关系是"盲目的、偶适的和非理性的"(Burge ibid., p. 105)。自我知识的显著特征是规范性的、必然的与合理的关系:我们关于自己态度的判断——或简单来说,我们的理由——能够直接为态度的修正作辩护。这种规范性关系正处于批判性自我知识的多重规范性维度的核心。具体来说,它解释了我们每个人对自己的态度所承担的特定责任。基于慎思能够直接辩护态度这一事实,我们对自己的态度负有责任。

在对理性主义理论作上述勾勒之后,我们现在转向一种由上述观点所生发出来的焦虑,也正是这种焦虑触及了理性主义的核心:理性主义所致力于说明的现象不同于观察性理论所要解释的对象,因此理性主义理论并非亲知理论、内感觉理论等经验论观点的真正竞争者。

6.3 理性主义是否旨在成为认识论理论?

对理性主义理论的主要反驳是,它并不能充分地解释自我知识的认识论维度。我们将在下一节处理这个反驳。但我们首先必须来考虑,理性主义究竟是否旨在成为一种认识论理论。如果理性主义并不旨在成为认识论理论,那么所谓它不能充分解释自我知识认识论维度的反驳,就是不可取的。然而,在这种情况下,理性主义也就不是观察性理论的真正竞争者,因为观察性理论旨在解释自我知识的认识论。

理性主义的支持者一般把它视作观察性理论的真正对手。例如,他们主张观察性理论对于自我知识的最重要类型的解释是不充分的。之所以理性主义者主张他们的理论较之于观察性理论更为可取,乃是因为他们认为自己所处理的一些问题,至少也是观察性理论所处理的问题。

但是,有关理性主义是否旨在成为认识论理论的怀疑仍然存在。这种怀疑部分地源自于理性主义者重新阐释了刚刚讨论的知识问题。他们从纯粹的认识论关注转向了对规范的能动性的关注,因此理性主义者看起来似乎离开了传统的认识论问题。

然而,我认为理性主义者的确想要解释批判性自我知识——即他们所偏爱的那种自我知识——的认识论维度。理性主义者很容易把批判性自我知识接受为一种知识。正如我们将在下一节中看到的,他们论证说自我知识具有一种独特的认识论——也即是理性主义的认识论。这里独特的地方就在于,规范的能动性至关重要地构成了批判性自我知识的认识论基础。对规范性的强调并非以消解自我知识的认识论问题为代价。理性主义者主张,如果没有认识到规范性现象,那么我们就不能解释自我知识的独特的认识论,因为其认识论上的独特性正是导源于这种规范性现象。

6.4 反驳:理性主义不能解释自我知识的认识论维度

这把我们引向了理性主义的主要反驳:尽管理性主义者旨在解释自我知识的认识论,但他们不能取得成功。理性主义的图景作为对理由形成态度的反思,与自我知识的任何合理的认识论都不相容。

假设你获得了理性主义者所说的某个批判性自我知识。基于对嫌疑人有罪的证据的反思,你认识到这个证据是非常强的。这将会使你相信嫌疑人是有罪的——或者说它加强了你对此先前已有的信念。你誓言说,"我相信他有罪"。这表达了知识吗?如果是,那么究竟是什么使它成为知识而不仅是一个真信念?

这个问题看起来对理性主义者来说特别难以回答。理性主义理论把批判性自我知识关联到规范的能动性对自我态度的作用上,这种能动性就是态度对我们的评价性判断或理由特别敏感,处于我们的"理性控制"(Burge ibid., p. 99)或"理性权威"(Moran ibid., p. 117)之下。所以按照这种观点,自我知识要求所知的事实——例如"我相信嫌疑人有罪"——本身受认知者状态的控制,或对认知者状态保持恰当的敏感性——在上面的例子中,认知者状态就是我对于嫌疑人罪行的证据。这种影响的方向与一般知识所包含的方向恰好相反。一般而言,成为认知者就意味着受所知事实的影响,或对所知事实保持恰当的敏感性。我知道巴格西在哪里,仅当我对其位置的判断对于其事实上所处的位置保持恰当的敏感性。更一般地说,通常我们被称作知道某个事实,仅当该事实能够对我们(在感知与推理时)施加恰当的影响。但理性主义表明,对某个态度的批判性自我知识包含着认知者对该态度施加适当的影响。

基于思维主体形成态度的力量,我们如何能说明关于该态度的知识?一种建议是认为,理性主义者所关注的那种知识,即批判性自我知识,是与观察性的自我知识相区别的。这种区别不仅仅体现在获得知识的方式上,更在于它们本身就是不同种类的知识。观察性自我知识是理论知识,而批判性自我知识则是实践知识。(这里我受惠于拉姆·奈塔[Ram Neta])与此相关的实践知识概念导源于安斯康姆,她用这一概念分析某人关于自我意图的知识。安斯康姆把实践知识描述为"产生其所理解的东西的原因"（Anscombe 1963，p. 87）。这并不是说，我关于自己意图的知识，例如"我想要给花园浇水"，导致了这个意图。而是说，正是这个知识才造就了这一事实："它是我的意图。"如果我根据意向而行动，那么这里的意义就会特别明显。我关于"想要给花园浇水"的知识造就了"我正给花园浇水"这个事实，而不是其它什么东西——例如排空水罐或祭祀雨神——造就了这个事实。

这种建议解释了为什么理性主义者特别关注能动性，因为只有能动者才能具有这样的知识，成为"产生其所理解的东西的原因"。它也与莫兰所强调的下述观点相一致：信念与愿望是主体的行动而非固定状态。

然而，理性主义者究竟是否把批判性自我知识仅仅看作实践知识，这一点在我看来仍然不清楚。正如我们将要看到的，伯奇和莫兰详细解释了规范的能动性如何在与态度相关的前提下，能够从认识论上构成批判性自我知识。这些解释似乎都直接地与自我知识的经验论观点形成竞争。更进一步地，两位作者都同意，如果我通过"我想要给花园浇水"来表达批判性自我知识的话，那么我所说的话与你的陈述"她想要给花园浇水"就共有相同的真值条件。当然，它们是通过不同方式得到的知识，且我对自己意图的理解也有某些特殊的后果。但是，只要这两个陈述共享真值条件，那么你和我就能够知道同一件事实，即我想要给花园浇水。我们现在所关心的问题是我的规范的能动性，在与我的态度相关的前提下，如何构成对我关于此事实的知识的解释。

因此，理性主义的困难就是要解释那种认识论意义——某些施加于态度之上的控制或权威具有这种认识论意义，而那些控制或权威据称是批判性自我知识的核心。奥布里恩（Lucy O'Brien）在对莫兰著作的评论中表达了这个担心。

在我看来不清楚的一点是,莫兰的理论是否解释了能动性如何给我们以知识,是否提供了某种认识论模型,用来替代以前那些被证明是不充分的那些模型。

(O'Brien 2003, p. 377)

奥布里恩的困惑是很好理解的。莫兰在其著作中对认识论的评论主要是批评自我知识的经验论观点。(他后来清晰表述了他自己的认识论观点,作为对奥布里恩的上述批评和休梅克的相关评论的回应。)与此相比,伯奇则把自我知识的认识论问题置于其关注的核心领域。他在这一问题上的观点是,我们在认识论上有权作出自我归因,这形成了他在 1996 年的一篇文章的标题。

基于伯奇与莫兰之间在关注重点方面的不一致,很令人惊奇的一点是,他们却采用了相似的策略,以说明关于我们的态度的那些判断算得上是自我知识。他们都采用了先验推理来达到这个结论。[4]粗略地说,先验论证是这样来进行的:它通常确认某个不容置疑的、与心智相关的事实,然后论证某种特定的功能或能力是这一事实的必要前提条件。结论就是我们必须具备这种能力或功能。在伯奇和莫兰给出的先验论证中,不容置疑的前提是"我们都是批判的思想者,对我们的态度负有责任"。而结论则是说,"我们必须能够获得关于这些态度的知识"。

伯奇和莫兰都采用先验推理这个事实,更进一步凸显了两者观点的根本亲缘性。但是,它们的论证在某些观点上仍然有差异,它们关于自我知识的认识论地位也有着不一样的结论。因此我将分别来探讨两者有关自我知识的认识论的观点。

6.4.1　伯奇的自我知识认识论

伯奇的先验论证的结论是,我们在认识论上有权利对自己的态度作出判断,并因此形成自我知识。(在伯奇看来,权利对知识的构成作用与辩护的作用相类似。[5]）按照他的观点，"这种权利是认识论上的保障，主体不必理解它，甚至都不必有能力获得它"（Burge 1993，p. 458）。伯奇的这种权利观点是一种认识论上的外在论立场。

伯奇并没有完全解释清楚权利的要件。但权利似乎包含两个要素：可靠性与可许可性（permissibility）。关于权利对象的判断"适宜于获得或表现正常情况下的真理"（Burge 2003，p. 507）。因此我们仅有权作出那些由可靠过程产生的判断。如果主体不是在其认识论权限内作出判断，如果那些判断对他来说不是认识论上可许可的，那么他就没有权利持有那些判断。

我必须要说，伯奇本人并没有用上述两个因素界定他的权利概念。但他对这一概念的评论（与使用）都体现了上述解释。并且这种解释也有利于表明理性主义与经验论进路在自我知识问题上的对立。经验论进路所全部关心的是我们获得自我知识的过程，也即对应于权利的第一个要素：可靠性。（在某些经验论进路中，这个过程并不是一般意义上的可靠性，而是一种基于使用内省性证据的可靠性。）而权利的理性主义维度的特殊性就在于其第二个要素，即可许可性。

伯奇主张我们对自我归因态度的认识论权利导源于这一事实：我们都"遵从于理性的规范"。

> 如果我们无权持有对自己态度的判断，那么我们就不能遵从于理性的规范。基于我们对态度的反思，正是这些规范决定了我们应该如何改变自己的态度。
>
> （Burge 1996，p. 101）

伯奇的推理似乎是基于"'应该'蕴涵'能够'"的原则，伦理学上经常使用这个原则：某人如果不能做某事，那么他就不可能应该做这件事情。[6]基于我们都"遵从与理性的规范"这个事实——即我们应该满足理性的规范——伯奇就推论说我们能够满足它们。而满足理性的规范意味着我们的态度要服从于理由。但我们不能保证自己的态度总是服从理由,除非我们能可靠地确认自己的态度。例如,我不能保证关于嫌疑人有罪的信念与我的证据相一致,除非我能可靠地确认这个信念。因此我们满足理性规范的义务保证了权利的第一个组成部分,它表明我们关于自己态度的判断是可靠的。

我们满足理性规范的义务也保证了权利的第二个部分,即可许可性。按照伯奇的观点,如果我们不对自己的态度形成判断,我们就不能履行满足理性规范的义务。而又由于这些判断是要用于履行我们的义务,所以我们就有权作出这些判断,也即是说,它们在认识论上是可许可的。

权利的这两个要素是紧密联系的。我们之所以被许可作出关于自己态度的判断,是因为满足理性规范的义务要求我们这么做。并且,如果我们不能形成关于自己态度的可靠判断,我们就不能满足理性规范的要求。

对于那些我们有权作出的关于自己态度的判断,我们究竟是如何得到它们的,这一点伯奇并没有给出任何描述。他并没有告诉我们批判性自我知识是如何获得的。但是,根据他的观点,我们可以确切地知道,批判性自我知识不需要经由通透性方法来获得。正如我们在前面看到的,通透性方法并不能解释伯奇的批判性自我知识的例子,例如我那个没有得到良好辩护的信念。对于伯奇的观点,我们也知道,批判性自我知识的获得过程必须是一个可靠的过程,它没有(至少是不必)运用那些关于自我态度的经验证据。

这些条件表明我们是运用因果过程来获得关于自我态度的判断的。这个结论或许有点出乎意料。实际上,伯奇甚至可以承认,相关的因果过程与内感觉理论所说的那种"扫描"过程非常接近。

伯奇认为,这种过程的可靠性并不会完全解释我们自我归因的权利的"可许可性"要素。但是伯奇可以接受下述观点:权利的可靠性要素包含了因果过程的本性,即产生关于自己态度的判断。[7]

回顾一下我们所考察的反驳意见:理性主义不能解释关于自我态度的判断如何能具备知识的认识论地位。按照这个反驳意见,对于有关自我态度的判断来说,只有当它是由那个态度所形成或控制的时候,我们才能说,这个判断算得上是知识。但问题在于,理性主义颠倒了控制的方向,因为它主张有关态度的判断形成或控制了那个态度。

如果我对伯奇观点的解释是正确的,那么他应该能承认这种控制是双向的:(1)态度形成那些关于它们的判断;(2)态度被那些关于它们的判断所塑造。我们的批判性推理能力同时保证了(1)和(2)。批判的理性要求我们投身于一种"合理性审视",这又意味着我们必须能够可靠地、非偶适地确认自己的态度。这一方面导致了(1)的后果,即我们的态度形成了那些关于它们的判断,且这种关系保证了可靠性,即前述权利的第一个组成部分。另一方面,这又导致了(2)的后果,即我们通过对态度的评价性判断,合理地控制自己的态度。我们对自己态度的合理控制要求我们必须满足理性规范,而这种义务又保证了权利的第二个要素,即使我们关于自己态度的判断具备认识论上的可许可性。

按照我的解读,伯奇的理性主义理论蕴涵了一种自我知识的实质认识论。这种认识论包含我们对自己态度的认识论通路,即我们对态度的可靠判断,但这不仅仅是此类通路的问题。伯奇的理性主义观点对经验论立场提出了真正的挑战,所挑战的经验论立场既包括亲知理论,也包括内感觉理论。因为他主张自我知识不仅要求通路,而且还有控制与能动性——即以评价性判断来对自己的态度施加直接的规范性影响。对自己态度的可靠判断就是自我知识,仅是因为我们在认识论上有权利作出这些判断。我们之所以有这种权利,只是因为我们对这些态度具有规范性关系,特别是我们有义务遵从理性的规范。

经验论者会批评这种主张,而坚持认为自我知识的认识论理论只需要解释我们对自己的心智状态的通路。按照这种观点,严格说来,伯奇所说的权利的"可许可性"要素就不是认识论要素,因此也就与自我知识的认识论无关。经验论者也可能会接受观察性自我知识与批判性自我知识的区分,而且也能同意说他的理论只是对前者的解释。但他会否认批判性自我知识在认识论上区别于观察性自我知识。他会主张说,那些理性主义所解释的东西,而在经验论理论看来不必要解释的东西——即我们的理性能动性与对自己态度的责任——都是非认识论的现象。

在第 5 章我们讨论了休梅克对经验论的理性主义批驳,而这里的回应与我当时对休梅克批评的回应有异曲同工之妙。正如内感觉理论家运用休梅克的合理性概念,可以否定自我蒙蔽(self - blindness)的可能性一样,观察性理论家也能够接受理性主义所突出强调的现象——即关于态度的判断能够直接产生基于它的理由,只要他们接受理性主义者的理性能动性与责任的概念。在这两种情况下,理性主义观点都可以被理解为对自我知识的经验论理论的补充,而不是经验论的真正竞争者。

伯奇回应这种反驳的理由是,权利的这两个要素——可靠性与可许可性不能以那种经验论者所建议的方式分开。根据他的观点,仅有可靠性将是一种"盲目的、偶适的和非理性的"现象(Burge ibid., p. 105),而我们对自己态度的认识论关系则是可通达的、必要的与理性的。仅有可靠性不足以形成批判性的自我知识。我的自我归因是可靠的,这一事实将全然处于我的视域之外,而完全不涉及我是否有权利作出这种归因的问题。(这也就回应了皮考克的担忧:认识论的外在论如何能在一种内感觉理论中发挥作用。在这种情况下,自我归因将是不合理的、盲目的。)

这把我们引向了伯奇的先验论证,它解释了我们对自己态度的理解何以是可通达的、必然的与理性的。毋庸置疑的前提是,我们都是批判的思想者,也即是说,我们是理性生物,对我们自己的态度负责。下一步就是通过反思表明,一种确认自我态度的能力对于承担上述责任而言是必要的。然后我们就能够得出结论:自我归因具有可许可性。而既然我们能够获得这个先验论证,也就意味着我们可以获得自我归因的可许可性。因此尽管认识论权利的可靠性要素可能是"盲目的、偶适的和非理性的"东西,但其可许可性要素却是可通达的、必要的和理性的。

伯奇的理论是否成功,取决于我们是否必须用可许可性——权利的(非认识论意义的)规范性维度来构建自我知识的认识论理论。经验论者认为,可许可性并没有对最高类型的自我知识产生任何认识论上的贡献。他们把关于态度的规范性责任的理论,至多看作是一种对自我知识的认识论理论的补充选项。但理性主义者坚持认为,批判性自我知识从认识论上依赖于自我归因的可许可性,而这又进一步依赖于我们对自己态度的规范性责任。如果他们是正确的,那么如果自我知识的认识论忽略了这种规范性,那么它就不可能是完整的认识论理论。因为这种规范性已经渗透进了批判性自我知识的认识论。

我们将会在本书的最后一章重新考察这里的争论。

6.4.2　莫兰的自我知识认识论

我们现在转向莫兰对自我知识之认识论地位的论述。他对这一问题的讨论是由奥布里恩的评论(前已引述)所激发,同时也是对休梅克提出的挑战的回应。休梅克质疑莫兰的通透性方法何以能产生自我归因。

> 如果对理由的反思仅仅是对关于世界的事实(或假想的事

实)的反思,这些事实是(或将会是)P的证据,那么这确实会有
助于主体作出对 P 的肯定,但它还是没有解释,它何以就能促
使认知主体作出主张"我相信 P"。

(Shoemaker 2003, p. 398)[8]

莫兰承认休梅克挑战的重要意义。在他的回应中,他在"是否
相信正在下雨"这一问题情况中,考察了通透性方法的应用。

如果没有对这一挑战的回应,即便我有关于天气状况的答
案,我也仍然不能基于这种对理由的反思而给出我所持有的信
念。因此我关于这一点的想法如下:如果我能够假定,我在此
所持有的那个信念是由我基于理由的反思而决定的,那么我可
能也会有权利假定,我对那些支持正在下雨的理由的反思,也
就为我"是否持有正在下雨的信念"这一问题,提供了某种答
案。

(Moran 2003, p. 405)

因此,只要我们有权假定态度是由基于理由的反思决定的,那
么那些经由通透性方法获得的关于自己态度的判断, 就可以算得
上是自我知识。

但我们有权假定我们的态度是由这种方式而决定的吗? 莫兰
主张我们的确是这样的。这个论证的关键环节就是,他主张我们的
理性本质先验地保证了我们拥有这种权利。下一段并不引自于莫
兰的论述,而是我试图重构他的论证。我的重构既利用了他对休梅
克批评的回应,同时也利用了他在其书中作出的一些评论。

作为理性的能动者,我们置身于有关真理与应然行为的批
判性推理之中。而从事这种推理的事业,就要求我们把自己看

作是一个理性的能动者，即是说我们的态度取决于我们的理由。理性的能动者并不能证实其理由决定了其态度。这需要把其态度独立于理由来考虑，而会切断了态度与理由之间的合理联系。（把态度独立地来考虑，意味着把它看作有待于观察的固定特征，就像痒的感觉；因此能动者本身将从其中异化出来。）既然理性能动性的运用要求态度由理由所决定，且能动者自己不可能证实这种决定关系，因此理性能动者就"有权利去假定"其态度是以理由为根据的。所以他们就能通过关注其理由而获得关于其态度的知识，也就是通过运用通透性方法来获得这种知识。

作为莫兰先验论证基础的是这样一个据称是毋庸置疑的事实：我们是批判的思想者。既然成功的批判性推理要求态度以理由为根据，并且我们又不能从经验上证实这种决定关系的存在，因此我们就"有权利去假定"它们之间具有这种决定关系，并且通透性方法产生了自我知识。在这种意义上，"简单的通透性条件……把我们带向了理性思维的先验假定，正如它在康德主义与后康德主义哲学中所表现的那样，既耳熟能详、源远流长，又带有几分暧昧与晦涩"（Moran ibid. , p. 406）。

莫兰的观点在很多方面与伯奇的观点有重要的一致性。莫兰似乎也有类似伯奇的可许可性概念，他把自我知识的认识论基础描述为应用通透性方法的"权利"。并且，在理性主义的这两种版本中，我们作为批判性思想者的地位都是先验地确保了其认识论基础。

但是，在两种理性主义的认识论细节上，仍然有不少差异。我们已经注意到了其中一个差异，出自于莫兰的下述主张：批判性自我知识仅仅包括基于理由的反思。莫兰的观点排除了拥有非理性态度的批判性自我知识，而伯奇则认为，这种批判性自我知识处于

"合理性审视"的核心。

这种差异可以追溯到某种更为根本的差异。如果前面对伯奇观点的"双向"解释是正确的,那么他也会同意态度形成了那些对态度的判断。但莫兰的观点意味着,在批判性自我知识中,关于态度的判断不会由态度所形成;它只能形成自认知者的理由。如果一个理性主体看到外面正在下雨,他关于外面正在下雨的证据就将形成其信念(外面在下雨);并且,如果他采用通透性方法,那么他的证据将会直接形成关于信念的判断(我相信外面在下雨)。但按照莫兰的观点,他的信念不能直接形成其判断。

最后的这一点把我们带向了前面阐发过的焦虑,即是关于认知者与所知对象之间影响方向的考虑。一般而言,能算作知识的判断总是需要恰当地形成于其所关心的对象。但莫兰坚持通透性方法的概念,这表明按照他的观点,批判性自我知识并不要求自我归因是由其所涉及的态度而形成的。

莫兰清楚地主张通透性方法的可靠性。按照他的先验论证,我们从认识论上有权利应用通透性方法,正是因为我们有权假定我们的态度是由那些基于理由的反思而形成的,因此通透性方法就是可靠的。莫兰的观点要求通透性方法并不仅仅是假定为可靠的,而必须就是可靠的,至少是在批判的思想者应用这种方法时,它们必须是可靠的。因为莫兰主张理性能动者必须能够用这种方法来报告自己的态度,所以该方法的应用就必须能说明所有自我知识的特征,无论那些特征是多么奇特。例如,既然理性主义者认为,我们获知自己态度的途径从根本上区别于别人获知我们的态度的路径,那么通透性方法就必须是确定自我态度的纯粹第一人称方法。最后,莫兰的观点要求通透性方法的运用将会解释所有批判性自我知识。

正如我在前面提到的,莫兰没有详细讨论自我知识的认识论特征。为了表明通透性方法如何处理这些要点,我们将利用两项最近的理论努力,以表明这种方法如何能说明自我知识。

6.4.3 作为认识论来源的通透性方法

伯恩(Byrne 2005)和费尔南德斯(Fernández 2003)最近论证说,通透性方法能够为自我归因提供坚实的认识论基础。他们的论述是相互独立地发展起来的,但他们又都利用了下述观点,即理由既能够形成态度,也能够形成关于态度的判断。例如,看见下雨会使我相信外面正在下雨;并且,如果我采用通透性方法,那么我就会判断说我拥有关于正在下雨的信念。如果我的理由不是这样,那么它相应地也会造成我的态度与判断的差异:如果我看见的不是下雨,而是一片湛蓝的天空,那么我会相信外面没有下雨,且判断说我相信外面没有下雨。伯恩和费尔南德斯都主张,如果态度的形成是基于认知者所持有的理由,那么通透性方法就倾向于产生真判断。因此这种方法就会是可靠的。

更进一步地,两位哲学家都主张,通透性方法能够解释我们对自己态度的不对称通路。这是一种独特的第一人称方法:其他人不能仅靠对下雨的思考就能确定你相信外面在下雨。(这将会调动起他们所有的理由,却不涉及你的信念。)

伯恩和费尔南德斯也认为通透性方法可以解释其他的认识论不对称性。既然通透性方法所产生的判断比第三人称判断更有可能为真,那么主体自身对于自己的态度的信念,较之于他人对其态度的信念,就更为可靠。为了确定其他人是否相信外面在下雨,我们可能要询问他,或是只能试图确定他所持有的关于下雨(或不下雨)信念的理由。但这些方法都不像刚刚所描述的通透性方法那么可靠和有保障。他人对我们的问题的回答可能不诚实,更重要的是,他关于下雨的信念可能形成于某些我们无法发现的理由:例如,他可能产生了下雨的幻觉。(正如伯恩和费尔南德斯都注意到的事实,通透性方法吸引人的地方在于,它的可靠性并不依赖于态度的理由是否真实。无论是对下雨的幻觉还是对雨的知觉,通透性方法都同样地起作用。)

所以按照这种观点，通透性方法解释了自我知识的某些认识论特征。它是一种可靠的方法；它是不对称的，即它只提供关于某人自己态度的知识；它所产生的判断比其它方法所产生的判断更有可能为真。

但这里还留下了最后一个亟待解决的问题。这种方法能够解释所有批判性自我知识吗？这种方法现在面临着一个问题，也来源于我们前面注意到的那个奇异特征——即与其说这种方法揭示了态度，倒不如说它创造了态度本身。

假设别人问你"你相信外面在下雨吗？"（一般来说，这是个要求给出天气信息的问题，而不是关于所持何种信念的问题。但设想一下这是由某个心理学家给出的问题，你能确定他在研究信念，而对当下的天气毫无兴趣。）那么，通透性方法会允许你回答这个问题吗？如果你用这个方法，你将会通过考虑天是否在下雨来作出回答。假设你注意到似乎有雨点敲打窗玻璃，那么你就会判断——并报告说"我相信外面在下雨"。这个判断为真，因为你的确相信外面在下雨。这个判断产生于可靠地造就真信念的方法。因此通透性方法当然也合理地构成了知识。

但是该方法的批评者却会认为，这样作出的答案并没有回答原初的问题。因为这个问题关心的是，在问其所问之时，你究竟相信什么。问题并不是"你将会相信外面在下雨吗？"或"假设你检查一下外面的天气情况，你会相信外面在下雨吗？"原初的问题关心的是你当时的心智状态，是在你考察天气情况之前你所持有的心智状态。沙和威勒曼简明地表述了这一观点。

> 通过形成关于 p 的有意识的信念，我们就能回答"我现在是否相信 p"这样的问题，因为我们的有意识信念将会提供这样的答案；但在开始形成这一信念的时候，我们并不能回答"我

是否已经相信 p"这样的答案。

(Shah and Velleman 2005，p. 506)

这一反驳批评说，既然上述方法创造了而非揭示了信念，所以它就不能用来确定人们在问其所问的时刻是否相信 p。

在任一给定的时点，思想者在有关下雨的信念方面，处于以下三种情况之一：

（1）她对"是否在下雨"这件事情没有任何可能的信念。
（2）她相信外面没有在下雨。
（3）她相信外面在下雨。

在刚刚讨论的情况中，用通透性方法考察"是否相信外面在下雨"的问题，就是考虑——用莫兰的话说——"仅仅下雨本身"。看到雨点落下，你会判断说"我相信外面在下雨"。但这种方法程序并没有表明，在使用通透性方法之前，你是否具有这一信念。在使用通透性方法之前，你处于（1）或（2）的情况，与你处于（3）的情况都具有同样的可能性。如果你处于情况（1），那么当你被问到上述问题时，这个方法就在你本来持中立立场的问题上造成了某个信念。如果你处于情况（2），那么通透性方法的应用就改变了你原有的信念，并以一个与之完全对立的信念取而代之。甚至可以论证说，即便你原来处于情况（3），这一方法也改变了你的处境，因为注意到有雨滴敲打窗玻璃这一事实，将使你证实了外面正在下雨，并因此可能提升了你对这一信念的信心。

然而，这一反驳并没有危及莫兰的观点。莫兰可以同意说，通透性方法至多揭示了应用这一方法之后的态度。但他仍然可以坚持认为，这种限制仅仅反映了批判性自我知识的领域边界。仅当考虑人们当下的承诺，批判性自我知识才是可能的。如果我仅是记得自己先前相信外面在下雨，那么"在你问我的那个时刻，我相信外面没在下雨"这种报告就不是一项誓言。它依赖于记忆，因此它只能表达观察性的自我知识。在作出这一报告的时候，我并没有赞同"外面正在下雨"这个思想，也根本没有在这一问题上承诺坚持这个观点。（我可能会接着说"……但我现在知道外面在下雨啦"。）我们只对自己的当下态度具有特别的规范性关系——责任与权威。因此，莫兰可以说，通透性方法仅仅产生关于某些特殊态度的知识，我们对这些态度持有恰当的、独特的规范性关系，亦即是指我们当下的、可作誓言的态度。

理性主义并非唯一主张严格限定自我知识独特领域的观点。亲知理论家也赞同下述主张：我们只对自己当下的心智状态有独特的获知通路。而由于记忆是一种因果过程，且对过去的心智状态的知识又需要利用记忆，所以过去的心智状态就不可能通过亲知来得到。（参见第4章）。

现在我们作一个小结。莫兰的通透性方法的确支持了下述观点，即自我知识是不对称的，且特别可靠。并且由于它仅旨在作为对批判性自我知识的解释，所以尽管它只能把握人们当下的态度，这也不是通透性方法的缺点，因为批判性自我知识本来就仅是关于人们的当下态度的知识。

通透性方法的这些特征使它成为对某些经验论者来说很有吸引力的选择。例如，伯恩和费尔南德斯都对这一方法持经验论的态度，主张前面指出的那些认识论特征能够解释自我知识的特殊性，而这是莫兰所不能同意的。这些认识论特征并不包括任何规范性类型，而在莫兰看来，正是那些规范性要素才构成了批判性自我知识的核心；而认识论特征则只是观察性自我知识可能具有的内容。因此，莫兰会反对伯恩和费尔南德斯的经验论进路，因为这种进路用通透性方法所解决的自我知识问题，仅是针对那些以纯粹认识论词项构成的自我知识。尽管这一方法的不对称性和可靠性有助于解释其何以产生了自我知识，但是，这种解释的关键部分却还是应当在于其规范性要素。如果我们在认识论上没有权利把自己视作批判的思想者，即认为态度应当对理由保持敏感性，那么通透性方法也就不能产生批判性自我知识。

莫兰的理性主义观点是否足以解释自我知识的认识论维度呢？在这一问题上，莫兰的观点与伯奇的观点处境非常类似。两种理性主义理论都允许经验论理论保留一个位置。伯奇认为，态度可以可靠地导致关于态度的判断；而正如我们刚刚看到的，也有独立的理由认为，莫兰的通透性方法可以可靠地产生真实的自我归因。而伯奇和莫兰都反对这种可靠性能够从认识论上充分地解释批判性自我知识。他们都主张，批判性自我知识的认识论基础是不可还原的规范性要素。

理性主义是否能成功，取决于自我知识的认识论是否在根本上有赖于我们对自己态度作出判断的权利。而我们所拥有的这种权利，乃是源自于我们作为批判性思想者的本质。如果经验论理论能够充分地解释批判性自我知识的认识论维度，那么有关我们的责任与权威的理性主义主张，既然也与我们的态度相关，因而也就会与自我知识认识论的彻底经验论观点相一致。但是，如果我们发现纯粹的经验论理论并不能证明批判性自我知识的认识论，那么我们就能得出结论说，伯奇和莫兰是正确的，因为他们主张批判性自我知识的认识论基础是不可还原的规范性要素。

我还会在第 8 章再回到对这一问题的讨论。

6.5　相关的理论

现在我们来简要考察三种额外的观点。前两个分别是加洛的理性主义和休梅克的构成论，这是理性主义传统的两种形式。第三种观点是新表示论，与理性主义有某些亲缘性，但本身并不是一种理性主义的观点。

6.5.1 加洛的理性主义

加洛在 1996 年的观点从精神上说很接近于伯奇和莫兰所主张的理性主义。[9] 加洛主张有意识的信念——例如我们会通过类似"外面正在下雨"这样的判断来表达的信念——是主观地得到辩护的。这是因为,对任何批判的思想者而言,如果他不把该信念看作是已经得到辩护的东西,那么就不可能获得有意识的信念。加洛还认为,对"外面正在下雨"的信念的主观辩护,就其自身而言,已能证明"我相信外面正在下雨"这样的自我归因。他的结论是,只要批判性思想者具备有意识的信念,那么他对该信念的自我归因就会得到辩护。并且,既然他对自我归因的辩护是来自于对低层次信念——例如关于"外面正在下雨"的信念——的辩护,因而自我归因的辩护也就并不基于对该信念的观察,更进一步地说,它乃是基于对那场雨的观察。因此,加洛的观点主张,对信念的自我归因的辩护,(部分地)来源于支持该信念的那些理由。这种观点就非常接近于莫兰关于态度对理由的通透性的观点。

加洛的观点以两个有争议的主张为根据。第一个主张是,因为我们是理性的,所以如果我们不把信念看作已得到辩护的话,我们就不会具有这个有意识的信念。理性的思想者似乎也有可能陷入妄想,甚至还会有意识地从事妄想。例如,我可能有很多证据表明自己会无法在某个截止日期之前完成任务,但仍然努力工作以证明自己能够做到——这正是因为,有了这个未经辩护的信念会提高我努力赶上截止时间的可能性(尽管并没有因此使我乐观的信念得到辩护)。

第二个争议性主张是,信念的主观性辩护将会证明该信念的自我归因——而这后一个辩护却并非(仅仅是)主观的。加洛支持这一观点。他主张,如果理性的思想者对某个信念能够有主观的辩护,且并没有使该信念的自我归因得到辩护,那么这个主体所拥有的世界图景将会是非常"诡异"的。例如,他将不会区分"外面正在下雨"的信念与下雨的事实;并且该信念中的某个变化会伪装成天气上的某个变化。这幅世界图景是非理性的,任何理性的思想者都能意识到这一点。因此他会有理由拒绝这个图景。

加洛为了给这个理论辩护,就需要作一种艰难的平衡。一方面,他必须运用一种健全的合理性概念。这个健全的概念是必须的,它为其下述观点提供支持,即理性思想者的所有有意识信念都是主观地得到辩护的。这一观点不仅仅是说,任何理性思想者都会避免用尚未得到辩护的东西作为有意识的信念,因为,仅仅是这一个要求的话还可能允许下面这种情况存在:我能够拥有一个有意识的信念,而我却没有把它当作已经得到辩护的或尚未得到辩护的信念——也即是说,这是一个我尚未对其认识论地位作出任何承诺的信念。而要求理性的思想者对其所拥有的任何有意识信念都具备辩护,则就是一种非常强的合理性概念了。另一方面,加洛必须坚持认为我们(作为普通的思想者)满足了这种苛刻的合理性概念。毕竟,他的理论是关于自我知识如何实际发生的理论,而不是论述自我知识在某个理想的理性存在物中发生的理论。

加洛的理论与伯奇和莫兰的观点主要的不同之处在于,他并没有谈到对态度的规范性关系,例如责任或权威。但加洛的观点也具有广义上的理性主义精神,这是与后两者的观点非常接近的地方。

6.5.2　休梅克的构成论

(注:这一小节有点技术性,跳过它也不会影响对整体讨论线索的把握。)

前一章已经用很大篇幅讨论了休梅克对内感觉理论的批评。这一批评的前提是下面的观点:拥有相关概念的理性思想者必须能够意识到他自己的疼痛、信念以及其他心智状态。(换句话说,自我蒙蔽是不可能的。)我论证说,内感觉理论并不必须接受自我蒙蔽的可能性,因为内感觉理论与这种排除了自我蒙蔽可能性的合理性概念是可以相容的。休梅克认为,内感觉理论蕴涵着自我知识仅仅偶适地关联到合理性,这在我看来是不正确的。

但在他所提出的有关自我知识如何发生的替代性观点中,休梅克把矛头指向了另一种偶适性。尽管他对自我蒙蔽的批评利用了合理性的一般要求,但他自己的自我知识理论却主张,在某些特殊的心智状态与自我知识之间具有形而上学上必然的关联。基于这一点,获得自我知识的特殊方式包含着某种形而上学的必然性,而这与内感觉中起作用的因果关系却是直接对立的。

休梅克的任务是要表明,疼痛或信念究竟如何必然地连接到对该疼痛或信念的意识上。正是这种必然性关联排除了内感觉理论所关心的纯粹因果关联。他勾画了两种可能的路径,用以解释相关的形而上学关联,而对于这两种可能中哪一个才是正确的选择,他表示了某种不确定性。我将主要关注第二种可能的方式,因为它看起来似乎更有可能是真的。[10]

不要忘了,休梅克还是一个功能主义者:他认为疼痛、痛苦及其它心智状态类型都要以其因果功能来定义。他的自我知识理论也用了心智状态的“核心实现”(core realization)概念。所谓心智状态的核心实现是指这样一种状态——通常是物理的状态——它所发挥的作用正是那个心智状态类型的特征。我们可以用一个过度简化的例子来解释这个概念。假设疼痛被定义为这样一种状态:(1)它通常由组织损伤所导致;(2)通常会引起畏缩的反应。(这也就是说,你处于疼痛的状态中,当且仅当,你处于一种符合上述条件的状态中。)更进一步地,我们假设对人类而言,“激发 C - 神经纤维”的状态发挥了上述作用:“激发 C - 神经纤维”通常由组织损伤所导致,且通常会引起畏缩的反应。在这个例子中,激发 C - 神经纤维就是疼痛的“核心实现”。

　　休梅克用信念的例子展现了他的观点,但他也试图把这个观点运用于疼痛与其它感受的例子上。

　　　　在这一概念下,你为了获得二阶的信念,而不得不添加于可获致的一阶信念之上的东西,不过是恰当程度的理智。这并不是说,通过添加这些东西,我们人类就进入了某种新的状态,区别于所有我们先前所处于其中的那种状态,即进入了"关于该信念的信念"的核心实现。这其实是说,添加的这些东西,促使一阶信念的核心实现发挥了某种更具包容性的因果作用,正是这种作用使其作为一阶信念的核心实现的同时,也成为二阶信念的核心实现状态。

　　　　　　　　　　　　　　　　　(Shoemaker 1994, p. 288 – 289)

　　休梅克的观点是这样:对理性的生物而言,意识到自己处于疼痛之中,这种意识本身并非由疼痛所导致的。相反地,该状态之所以是疼痛,恰恰部分地就是因为它具有如此特定的效应,其中也包含着那些定义了疼痛意识的效应。考虑一下休梅克的下述主张:疼痛意识所产生的愿望,恰恰是疼痛所完结了的东西。(参见 5.5.1节)。这意味着说,疼痛意识部分地是由这样一些状态类型所定义的——这些状态通常导致了那些由疼痛所完结了的愿望。休梅克的建议是,用来定义疼痛意识的效应,正如行动所完结的愿望,就直接是由疼痛本身(例如,C - 神经纤维的激发)所导致的。

　　实际上,休梅克的主张是,对理性生物而言,疼痛构成了对该疼痛的意识,信念构成了对该信念的意识,以此类推。他提出,任何单个的核心实现——某个单个的大脑事件(或过程)——都有两个因果作用。它既发挥了定义"外面在下雨"的信念的因果作用,也具有定义"意识到我相信外面在下雨"的因果作用。这两种因果作用是不同的,因此这个观点并不是说,关于"外面在下雨"的信念与对

"我相信外面在下雨"的信念是同一类型的状态。但它的确意味着，对理性生物而言，具体的信念构成了对该信念的意识，亦即是说，这两者是同一个或同一类事件。或者我们也可以回到疼痛的例子上：动物缺乏疼痛的概念，但却能处于疼痛的状态之中，因为疼痛与对疼痛状态的信念分属不同的状态类型，分别由不同的因果作用来定义。而在理性生物这里，任何具体的疼痛却都具备两种因果作用，因而它就构成了关于该疼痛状态的信念。

这一观点提供了与内感觉理论的必要对比。要说心智状态构成了对该状态的信念，这就必然要拒斥内感觉理论关于自我知识的因果解释。这一观点也解释了诸多现象，而正是这些现象被休梅克关联到合理性概念上。既然我当下经历着的疼痛构成了关于我在疼痛的信念，那么我的疼痛也就"理性化"了我的行为（例如找阿司匹林来吃药，等等）。这正是我们通常认为信念能发挥作用的方式（参见5.5.1节）。因为我当下的信念——"嫌疑人有罪"——构成了我对该信念的信念，所以我就能根据新的证据修正该信念（参见5.5.2节）。既然我当下关于外面在下雨的信念构成了关于"我相信外面在下雨"的信念，那么这将引导我报告说"我相信外面在下雨"，并因此避免了摩尔式的悖论性断言。

休梅克仅仅勾画了上述观点，而并没有完全地发展它。尽管如此，从这一勾画中也能够清楚地知道，自我知识具有显著的综合性特征。

> 你为了获得二阶的信念，而不得不添加于可获致的一阶信念之上的东西，不过是恰当程度的理智。
>
> （Ibid.）

这意味着我们对任何一阶信念都拥有相应的二阶信念。（为了避免无穷后退，休梅克必须把这一点限制于一阶信念；否则，任何一阶信念都会立刻导致 n 阶的信念。)

我们对于所有一阶信念都具有相应的二阶信念吗？如果是精神分析师的观察引导我意识到"我相信嫌疑人有罪"，那么我就是发现了该信念。但这就意味着，在真相大白之前，我只有一阶信念而没有二阶信念。

休梅克也可以处理这个例子。从他所勾画的观点看来，他可能会说我不会没有二阶信念。[11] 但如果他仔细考虑一下，也可能会主张上述例子必然只是例外——对理性生物而言，它们不可能是主导性的情况。休梅克可能会把上述例子解释为：我关于嫌疑人有罪的信念上没有实现合理性，而这只是一种孤立的、偶发的情况。现在考察一下下面两种情况的差异：一方面是刚刚描述的那个例子，在其中我没有批判性自我知识；另一方面则是作为一个理性主体的理想情况。按照休梅克的建议，这里的差异就在于，理性主体的信念具有某些效应，而恰恰是我的信念所缺乏的——也即是说，那些能够定义相关二阶信念的效应。因此，自我知识与无知之间的区别，合理性与非合理性之间的差异，纯然是因果意义上的。在这里，**构成**也是一个因果的概念。根据他的观点，一阶信念并不导致二阶信念；但前者却通过处于某些特定因果关系之中，而构成了后者。

我并不试图去评价休梅克的观点，正如他所承认的那样，那只是一种试探性的概略。他的观点是一种一般的理性主义，因为他主张理性的思想者拥有一阶态度就意味着他相信自己拥有该态度。然而，这却是一种比伯奇和莫兰的观点都更温和的理性主义形式。具体而言，休梅克的观点并没有主张合理性是不可还原的规范性要素。他的功能主义也表明，合理性或许能够还原为状态之间的因果关系。

6.5.3　新表示论

大卫·芬克尔斯坦（Finkelstein 2003）和多利特·巴昂（Bar-On 2004）最近分别发展了一种自我知识的观点，巴昂称之为"新表示论"(Neo – expressivism)。尽管这不是一种理性主义观点,它仍然与理性主义有诸多的相似性。具体说来,它反对自我知识的观察模型,强调合理性关联的重要意义。

像理性主义者那样,新表示论者试图重新考察自我知识问题。传统上自我知识问题的关注焦点在于主体对其自己心智状态的认识论通路,而新表示论则转换了这一焦点。它把自我知识的显著特征的核心界定为自我表达:例如我们(通常自发地)发出话语誓言的能力,就像"我太幸福啦!"或"我想要喝水"。新表示论旨在以对誓言的论述来解释自我知识,且特别的是,它既论述誓言在社会生活中的作用,也论述其在个体心灵中的作用。

新表示论者注意到,如果我们说"我太幸福啦!"或"我想要喝水",那么我们通常都毫不迟疑地接受了这些陈述为真。与其它许多断言相反,我们在这里并不会期待主体援引某些证据来证明他的幸福或他想喝水。誓言的特殊作用并不仅限于公共的陈述:我们可以"在思想中"誓言,它与公共陈述的誓言具有同样的准确性,同样都不需要自发言语表述中的证据支持。(Bar – On 2004, p. 9; Finkelstein 2003, p. 103)

观察性理论家或许会把誓言的这些特征归之于主体对其自身状态的特殊通路:主体可以内省其幸福或想要喝水的欲望。观察论者也可以类似地解释第一人称权威。主体对其条件的报告之所以是权威的,乃是因为别人意识到他对自己的心智状态具有特殊通路,因而他的报告就具有特别的可靠性。

新表示论者拒斥这种解释。他们主张誓言的权威性乃是因为我们每个人都处于表示自己心智状态的独特位置。芬克尔斯坦用一个类比展现了这个观点。

一个微笑不用说任何非真即假的话就表达了心智状态。但一个关于幸福的誓言(例如"我太幸福啦!")典型地具有两种作用：它表示说话者很幸福，且它说出了某些为真的话语——即说话者是幸福的……只有我们认识到心智状态自我归因的方式接近于微笑与畏缩的表示，我们才会理解，第一人称权威并不令人奇怪，因为任何人表示其心智状态的方式之一就是对该状态作出某些评论，而第一人称权威只不过是这一事实的伴生物。

(Finkelstein ibid., p. 101–102)

对新表示论者而言，誓言之所以有权威，乃是因为它们直接来源于所表示的心智状态。具体说来，它们并非基于对心智状态的判断，这正是微笑的类比所意在表达的东西。正如自发性的微笑直接流露出我的幸福，且并非以对我的幸福的判断为根据；同样地，一个自发的誓言"我太幸福啦！"也直接流露出我的幸福，也不以任何判断为中介。新表示论者主张誓言表示了而非报告了主体自己的情况。主体对于自己的心智状态之所以有权威，乃是因为只有主体自己才能够通过誓言来表示自己的心智状态。

我的誓言"直接地表示了"我的幸福，这究竟是什么意思？根据新表示论的观点，我的誓言乃是直接由我的幸福所导致，而不需要任何判断作为其中介。但我的幸福并非盲目地导致誓言，就好象用锤子敲打某人的膝盖会盲目地导致他的小腿前踢那样。按照芬克尔斯坦的观点，造成这里的差异的是，我的幸福与我的自发性誓言：

都具有某种特别的——我们可以这样说——理智性。我们在这里可能会谈到的是一种特殊的逻辑空间。我们在这一空间中安置心理词项及其表达，同时也包括某些环境因素——正是在这些背景的前提下，那些心理词项与表达才会具有它们所应有的那种意义。

(Ibid., p. 126)

芬克尔斯坦强调说，"逻辑空间"这个词并不意味着有时被称为"理由空间"的那个意思。虽然我的幸福并没有"理性化"我的誓言，但是，也正是在设定我的幸福的前提下，我的誓言才有意义。巴昂指出我的幸福是誓言的理由，她也是差不多类似的意思（Bar‐On ibid.，p. 240‐250）。既然我的誓言并不反映关于幸福事实的判断，那么我的幸福就没有使誓言成为理性的，至少也不是以证据辩护判断的方式来发挥什么理性化作用。但是，尽管如此，我的幸福也仍然使誓言成为合乎情理（reasonable）的存在。

新表示论与理性主义共同具有颠覆传统认识论解释的目标。这种认识论解释既针对自我知识问题，也包括这一问题的解决方案。因此，新表示论也面临着认识论充分性的担忧，这就毫不令人奇怪了。因为这同一种焦虑也对理性主义构成了强大的威胁。一个具体的关注点是，我们是否能说，作出誓言的主体能够称得上是知道他处于所声言的那种状态。如果我们不能作出肯定的回答，那么新表示论就似乎不能作为观察性理论的真正竞争者，因为观察性理论才是旨在解释自我知识的认识论维度。如果作誓言的主体应当算得上具有该知识，那么新表示论者就需要向我们说明这种知识究竟如何能得到保障。

在对这些焦虑的回应中，芬克尔斯坦与巴昂都运用了一种类似于理性主义的回应策略。他们主张自我归因具有一种积极的认识论地位，区别于内在论辩护的通常形式（一般是指基于证据作出判断），也区别于外在论的确保类型（一般是指通过可靠的过程来产生判断）。芬克尔斯坦并未深入探究这种积极认识论地位的细节，但主张说它是否足以作为知识的问题主要是语词上的（Finkelstein ibid.，p. 148‐152）。巴昂则说这种积极的认识论地位是外在论确保的一种类型。在下一段中，她概略地提出了此后主张的观点。

现在可以表明，被誓言的状态本身，M，也为我的自我归因提供了认识论理由，或确保了我对 M 的誓言。这一状态并非传统意义上的辩护者，因为它并没有体现出来自认知主体方面的任何认识论努力。但主体仍然得到了认识论上的确保——仅仅是通过处于该状态之中而得到确保——且该誓言仍然可称得上是体现了认知主体方面的认识论成就。因为誓言从语义上表达的那个自我归因并非只是突然出现在主体头脑中的；它在认识论上植根于所誓言的状态。

（Bar - On ibid. , p. 390）

巴昂是建议说，我的誓言"我太幸福啦！"奠基于我的幸福，并因此使我的这个自我归因获得了认识论上的保障。她后来又主张，这种认识论保障足以称得上是知识。

很难评价这幅誓言的认识论图景。具体说来，我的幸福作为我的誓言的"认识论理由"，这究竟意味着什么，仍然非常不清楚。一个选择是，我对于自己的幸福具有某种意识，且正是在这个意义上，我的自我归因"并非只是突然出现在"我的头脑中。这种意识当然不是内省意识。它可能是一种把有意识的状态区别于非意识状态的意识。巴昂和芬克尔斯坦都认为，只有那些有意识的状态才可以作为誓言的对象。正如我们在第 5 章中所说，有一种"有意识的状态"（conscious state）的含义特别接近于"被意识到的状态"（state of which one is aware），甚或根本就是两者同义的。但是，如果说某个有意识的状态因为在这个意义上是被意识到的状态，所以对它的誓言就算得上是知识，那么这也并未揭示出誓言的任何认识论特征。具体说来，我们想要知道的是，这种意识在不需要任何"认识论努力"的前提下，究竟如何能够从认识论上支持自我归因？

在这些批评性评论中，我已经表明，新表示论可能没有说明主体何以能达到自我知识。但这种批评也可能会因为以下的两个理

238 自 我 知 识

由而算不上是批评。第一,新表示论关心的是一种能力,或者说是一种关于如何做事的知识,而不关心对具体命题的知识,例如"我是幸福的"。新表示论者如果接受了这一图景,那么他会说,之所以主体的誓言"我太幸福啦!"是有保障的,乃是因为在作出这一誓言的时候,他利用关于如何恰当地作出誓言的知识,参与了这个作出誓言的实践。既然我们只是在表达某种心智状态的条件下才作出相应的誓言,那么这个誓言就将会为真。

关于新表示论的认识论充分性的焦虑,还有第二个理由使其不成为一项焦虑,亦即是说,新表示论所首要关心的并非认识论议题。尽管观察性理论家认为自我知识的特殊性在于其认识论特征,而理性主义者则认为自我知识的规范性维度才是造成其认识论特殊性的理由;但对于新表示论者而言,最重要的事情乃是自我归因在思维、交往与社会生活中发挥的重大作用。所以,新表示论者并不会特别在意誓言的认识论问题,也就毫不令人奇怪了。

然而,这也就意味着,对于那些旨在揭示自我知识的认识论维度的理论而言,新表示论并非真正的竞争者或替代性选择。

6.6 理性主义理论的得与失

我认为,理性主义理论对于个人与其态度持乐观主义的立场。在它看来,批判性自我知识并非只是有待于普通思想者努力实现的理念。理性主义者相信普通思想者都实际地获得了批判性自我知识。假定批判性自我知识的要求,这就是说我们有时能够成功地以自己的证据来规制信念,进而形成面向未来更大目标的意图,等等。我们常常在慎思中踌躇不定,我们经验上也会遭遇合理性的挫败。但一般而言,假如我们意识到某个信念没有得到辩护,某个意图与更远大的目标相冲突,那么这的确会弱化甚至消除我们原来所持有的相应态度。

理性主义将会求助于那些共享此乐观主义观点的思想资源。更确切地说,它会求助于那些倾向于个人及其态度的理性主义概念。按照理性主义概念,我们本质上都是理性人,我们通过理解信念或意图的理由来把握这些态度。如果有人非常乐意承认他所持有的信念都不能得到辩护,或是他的意图与某些更远大的目标相冲突,那么他或者是非理性的,或是根本没有理解信念与意图究竟意味着什么。理性主义者会把这种人看作是例外。

大卫·休谟否定这种态度和个人的理性主义概念。他论证说,在我们的态度中只有一小部分是以理由为根据的;而大多数态度都是对经验的非理性回应。他提出了非常著名的经验论立场,例如他在信念问题上说,"信念与其说是我们本性中的思想性部分,倒不如说是一种感性的行动更恰当一些"(Hume 1739/1975,p. 183,I. iv. 1)。并且,正如我们将在下一章中看到的,他对个人也持一种非理性主义的概念。而这些关于态度和个人的经验论概念就不太会包容理性主义的观点。

理性主义的显著特征在于它强调规范性对关于当下态度的知识的意义。我们对自己态度的关系的规范性维度具有两个层面,既包含责任,也包含权利。我们有责任使我们的态度与理由保持一致;我们有权利判断自己拥有某些特定的态度。理性主义认为这种规范性不能被还原为非规范性的因素——也就是说,不能被还原为那些伯奇称之为"盲目的、偶适的和非理性的"因素(Burge ibid., p. 105)。

最后,理性主义是否成功,还取决于承诺这种不可还原的规范性究竟是得还是失。这种承诺对我们前面讨论过的那种自然主义构成了威胁,因为自然主义把心智与非心智领域看作处于同一个连续体。但是,这种承诺所提出的威胁,与亲知理论对自然主义的威胁还很不相同。在当下的情况中,问题在于,心智——具体来说,是合理慎思的心智过程——究竟是否内在地、不可还原地负载着价值,并因此区别于非心智的过程(例如一般的因果过程)。自然主义者将会给出否定的回答。但如果我们相信批判性推理是规范性过程的本质,是相对于非心智过程的重要区别,那么我们就应该把这一点看作理论的优点。这样就会认为,经验论理论是不完整的,因为这些理论丝毫没有考虑到自我知识的规范性维度:我们对自我归因的认识论权利,来源于我们有责任使自己的态度以理由为根据。这意味着说,经验论理论并不能充分地解释批判性自我知识的认识论基础。

在下一章中,我们将处理与理性主义的个人概念紧密联系的问题:"我正经历着某种特殊的感觉,或拥有一种特殊的态度",这究竟意味着什么? 理性主义者会主张说,我们从根本上把自己看作行动的主体,对我们的态度负责,而不只是经历着思想与感觉的纯粹对象。最后一章则将批判性地评价理性主义与经验论的分野,这种分野既存在于本章所讨论的问题中,也存在于下一章讨论的主题——自我意识之中。

小　结

理性主义与经验论理论的核心观念有很大的差异,这里所说的经验论理论既包括亲知理论,也包括内感觉理论。它们主张,自我知识是通过某种对自己心智状态的观察、探求而得到的。理性主义则主张说,我们并非只是观察自己的信念与愿望,就好象它们是某幅图景上的固定特征一样。实际的情况恰恰是,通过考察那些我们主动慎思的态度,我们就承诺了某些态度,也拒绝了另一些态度。我们也因此得到了非观察性的、批判性的自我知识。

伯奇和莫兰都具有理性主义的核心观念,可以被归纳为如下四条论点。第一,我们是理性的思想者,能够通过慎思来形成自己的态度。第二,态度的形成是一项彻底的规范性事业:我们有责任使自己的态度与合理规范保持一致。第三,只有我们能获知自己的态度,我们才能够承担这一责任。因此我们作为理性思想者的地位就从概念上要求(也因此保证了)我们获知自己态度的能力。这三条主张构成了一幅人作为理性思想者的图景。理性主义的第四条论点则是,作如此这般理解的合理性,就解释了那种最高尚、最显著的自我知识类型,也即是关于态度的批判性自我知识。

伯奇与莫兰的观点之间最大的差异,莫过于我们确认自己态度的方式。莫兰认为,就我们把自己看作理性人而言,我们就有能力仅凭反思自己的理由而了解自己的态度。(这就是他的通透性方法。)这意味着,对于那些不符合我们的理由的态度,我们也不可能拥有相应的批判性自我知识:例如,对于某个仅有微弱证据支持的信念,我们也不能真正知道它。莫兰的这一图景与伯奇的下述主张之间存在着矛盾和张力:伯奇主张理性的思想者也从事"合理性审视",即把某人的态度与他所持的理由相比较。由于通透性方法的运用就意味着,除非通过某人所持的理由,否则便不能确认他的态度,因此这就从原则上排除了对态度和理由作比较的意义可能性。伯奇并没有说明我们能够通过什么途径来确认态度,但这种确认的方式必然要与伯奇的另一个观点相一致:态度的出现导致了关于自己拥有这种态度的信念。(但这种因果联系并不会使信念成为知识。)

伯奇和莫兰都采用先验论证来说明批判性自我知识如何得到辩护。(尽管伯奇也证明,批判性自我知识至少部分地具有经验论意义——这大致是指自我归因的产生过程的可靠性。)正是这个先验论证产生了认识论上的理性主义观点。先验论证的起点是"我们都是批判的思想者(理性的思想者)"这一观点。批判的思想者有责任使自己态度与理由保持一致,并且,如果我们没有能力获知自己的态度,我们便不能完成这一责任。因为我们的自我知识能力对于责任而言是必要的,所以我们就有"认识论权利"去判断自己拥有某个具体的态度。这种责任使这些判断成为"认识论上可许可的"。责任与可许可性这两种规范性特征最终来源于我们的理性本质。两者都从根本上构成了批判性自我知识的认识论基础。

　　理性主义理论所遇到的最强反驳源自于这一理论支持下述观点:批判性自我知识在认识论上取决于那些不可还原的规范性因素。一种批评是怀疑这种规范性的不可还原性——例如,哲学上的自然主义者会认为,规范性能够被分析为非规范性的事实与现象。但即便我们在规范性的不可还原性问题上持中立的态度,我们也还是可以反驳理性主义。因为我们可以承认批判性推理是一项规范性实践,也承认这种实践形成了我们的态度,对于我们的自我认同至关重要,但却仍然否认规范性对于自我知识有任何实质上的认识论贡献。

　　总而言之,理性主义的前景是否美好,取决于批判性自我知识的认识论特征是否能在规范性权利与责任之外,充分地得到解释。按照理性主义的观点,这些权利与责任都是由于我们作为批判性思想者而拥有的东西。我们将会在最后一章再回到对这一问题的讨论。

拓展阅读

　　Casullo (2007) 对伯奇的认识论权利概念作出了细致的分析。Bar – On (2004) 的第 4 章批判地评价了通透性方法所产生的誓言的认识论地位。Lawlor (2003) 和 Ferrero (2003) 就我们通过创造态度而获知态度的观点展开了一场有趣的争论。Lawlor 反对这种观点,主张我们可以操控某人的理由,以使得他们对自己的真实态度仅能作出不完善的、糟糕的反思。Ferrero 则为这种观点辩护,并面对 Lawlor 的反驳作出回应。

7

自 我 意 识

7.1 导论

到目前为止,我们都是把自我知识作为关于某人自己感觉、思想与态度的知识,来加以讨论的。由于我们关心那种所谓的自我知识的不对称性,所以我们的焦点始终放在第一人称方法上,只有这种方法才能产生关于自我心智状态的知识。(尽管按照内省的内感觉模型,这种唯一性并不具备形而上学上的必然意义——参见第5章。)但是,这里仍然存在一个问题尚未得到解答:那种经由第一人称方法得到的关于心智状态的知识,究竟如何关联到关于自我的知识? 如果某人通过应用第一人称方法而理解了某个心智状态,这是否就是他对自我的意识? 这种自我意识究竟存在于何处?

显然,自我意识的状态有很多种类型,而相应地,通达自我意识的路径也多种多样。我可能通过知觉意识到我对所处的物理环境之间的关系;我或许通过动觉(kinesthesia)意识到我的肢体所处的位置;我还可能经由对自己行为的反思来意识到我的性格特征;我或许还可以从他人的证言中获知自己承担着某些社会角色。这种多样性反映出"自我"这个术语的含义是相当宽广的:这其中包括生态学的自我,具身化的自我,叙事的自我,与人际关系中的自我。哲学家和心理学家还辨识出了"自我"的许多其它含义。(参见 Neisser and Jopling 1997。)

　　在本章中,我们将主要关心自我意识的最基本的类型,我称之为"基本自我意识"。或许下述对基本自我意识的刻画是争议最少的:它作为一种自我意识,反映于有意义地使用"我"这个词项的能力。严格说来,究竟是什么包含在这种能力之中——这种能力究竟是否要求上面提到的那些自我的含义,哲学家们对这些问题仍然存在诸多歧见。

　　正是基本自我意识最紧密地与前几章的讨论相联系。假设我通过内省意识到一种痒的感觉,那么很合理的一点是,我不仅能够意识到现在存在着一种痒,而且也能够意识到我拥有这种痒的感觉。并且,如果我通过应用通透性方法而意识到"天正在下雨"的信念,那么我就将是知道自己相信该信念。但是,到目前为止所讨论的自我知识理论都没有回答下面这个问题:关于自我心智状态的知识究竟如何支持了那些能够用"我"来表达的知识? 把内省到的痒认作是我的痒,把经由理性反思把握的信念认作是我的信念,这其中究竟包含了哪些东西? 这正是我们所要讨论的问题。

7.2　自我意识是什么?

7.2.1　休谟论旨:自我不可内省

　　假设你内省地观察到某个疼痛,你会因此拥有关于疼痛中的某个自我的知识吗? 休谟在其著名的段落中主张并没有这种自我知识——实际上,没有任何内省性观察能够揭示自我。

　　就我而论,当我亲切地体会我所谓我自己时,我总是碰到这个或那个特殊的知觉,如冷或热、明或暗、爱或恨、痛苦或快乐等等的知觉。任何时候,我总不能抓住一个没有知觉的我自己,而且我也不能观察到任何事物,只能观察到一个知觉。

(Hume 1739/1975,I.iv.6)*

休谟的论断是,我们只能内省具体的心智状态,例如对冷或热的感觉("知觉")。我们不能内省那个处于这些状态之下的实体——亦即是那个作为基质的自我,那个拥有思想与感觉但本身又区别于思想与感觉的东西。因此,仅仅通过内省这一种方式,我们更不能获知那个作为基质的自我的存在。

很多哲学家都认为,休谟的论断在现象学上是成立的。但齐硕姆(Chisholm 1969)注意到,我们通常通过意识到事物的属性来获得对事物的意识:例如,我们通过意识到桌子是棕色的、矩形的和耐压的,而获得关于桌子的意识。同样地,齐硕姆主张,我们也通过对思想和感觉的意识——作为对自我的具体属性的意识,而内省地意识到自我。尽管这种观点表明,在对思想与感觉的内省中,我们是在内省某个作为基质的自我的属性,且也在这个意义上获得了对基质性自我的意识,但这并不会对休谟的论断构成挑战。因为休谟的论断不过是说,我们通过内省而把握的东西只能是思想与感觉,而我们并没有额外地内省到某个为思想与感觉奠基的独立的东西。齐硕姆的反驳着眼于休谟这一基本论断中引申出来的认识论与本体论结论,包括像休谟关于不存在基质性自我的本体论主张,而正是这一点引起了更多的争议。(我们会在第7.4.2节再次回到对这一论旨的简短讨论。)

关于我们不能内省基质性自我的论断,与内省构成关于基质性

---

* 译者注:译文引自中文版《人性论》(关文运 译,郑之骧 校),北京:商务印书馆,1996,第282页。

自我的知识的多种方式,是完全相容的。例如,我们在第7.4节将会讨论到一种内省理论,按照这种理论自我被理解为拥有内省性状态的那个东西。休谟的上述论断与这样一种内省理论就是相容的。(这种内省理论受笛卡尔思想的启发。笛卡尔会一方面同意休谟的意见,即在上述意义下的自我不是可内省的;另一方面也同意齐硕姆的主张,即自我可以通过其性质而被认识到。)因此,那些接受了休谟上述论断的人并不需要否定关于自我的知识,因为这些知识乃是部分地出自于对心智状态的内省知识。

相对于这一问题上广为接受的共识,罗素是一个值得注意的例外。他坚持认为内省使我们认识自我(参见4.2节)。然而,罗素所主张的观念并非由于其在现象学上的合理性,而在于其理论基础:罗素猜想其亲知理论会要求我们亲知自我。[1] 甚至在对其理论动机的表述上,罗素都不情愿地承诺这种观点。

> 因此,在某种意义上,这将表明我们必须亲知自我,且这种自我是某种与我们的具体经验相独立的东西。但这个问题很困难,从两方面都可以提出复杂的论证。
>
> (Russell 1912, p. 80)

或许罗素也相信休谟的观点更能获得现象学证据的支持。

7.2.2 作为主体与作为客体的自我意识

休谟采用一种经验检验来证明自我不可内省:他试图内省某个自我,然后发现他并不能做到这一点。有些哲学家认为休谟的这种经验检验毫无意义。他们论证说,即便我们能够内省自我,这种活动也会使我们把自我仅仅作为某个内省的客体来认识。但这仍是一种贫乏的自我概念。一种更丰富的概念则是把自我理解为内省着的主体。

威廉·詹姆斯区分了这两种自我的概念。

> 无论我可能想到的是什么，我总是同时或多或少地意识到自我，意识到我这个个人的存在。在同一时刻也正是我在意识着，所以我的自我整体如同有两面，一面是被认识者，另一面就是认识者；一面是客体，另一面就是主体。因此其中必然有相互区分的两个侧面，我们把它分别简称为客我和主我。我之所以称它们是"相互区分的侧面"，而不是两个独立的东西，因为即便两者有着基本的差异，但主我与客我的同一性仍然是常识中不容置疑的信条。

> (James 1892, p. 176)

为了认识到自我的客体概念与主体概念之间的差异，我们不必接受詹姆斯关于自我意识无所不在的假设。实际上，我们总已经遭遇了这种差异。理性主义者使用这种差异来批评自我知识的观察理论(第6章)。按照理性主义的批评，观察性理论把思想者仅仅理解为客体，被动地与思想者的态度相联系。因此他们忽略了自我的最显著的特征：自我是一个主动的慎思主体，对其态度负责。有时我们也用下述说法来表达这种观点：你不仅仅是你的态度的拥有者，而且——对理性主义者而言更重要的是——你是这些态度的创造者。两种自我概念——作为客体与作为主体——之间的对比差异很重要地贯穿于本章的论述之中。

正如刚刚提到的，某些哲学家批评说，即便休谟观察自我的努力获得了成功，这也只能产生对作为客体的自我的意识(我会称之为客体自我意识)。但真正重要的自我意识却是那种把自我作为某个主体的意识(主体自我意识)。

我们将会考察那些主张基本自我意识存在于主体自我意识之中的观点(第7.6和7.7节)。但值得注意的是，批判性自我知识的理性主义观点——我们在前一章中已经讨论过的——并没有解释我们如何获得作为主体的自我意识。上述观点仅仅是把这种自我意识——具体说来，就是把自我作为某个主动的推理者的意识——作为批判性自我知识的先决条件。例如，莫兰假设我们把自己看作理性主体，承诺我们的态度；他把我们对通透性方法的信任描述为"这种承诺的表达"（Moran 2001，p. 84）。同样地，伯奇仅仅注意到，批判性自我知识的必要条件是，对某人理由的把握会对其态度造成直接的规范性效应，而这反过来又要求思想者把自己看作与这些态度相关的主体。这些观点都需要另一种理论来补充，即需要说明我们究竟如何知道自己是一个主动的思想主体。

现在我们对本章的主题就有了更充分的理解。前几章所讨论的自我知识理论旨在揭示我们如何知道自己的心智状态。主要的观点有两个：我们的知识来源于内省性观察（经由亲知或内感觉），抑或是来源于我们形成这些心智状态的理性能力。而刚刚所勾画的那些论证表明，这两种观点都没有直接解释自我意识。休谟的经验论论证表明，内省并没有就其自身而产生客体自我意识，而理性主义的考虑则表明内省并不能产生主体自我意识。我们也不能通过采用理性主义方法（例如通透性方法）而获得自我意识。理性主义方法并不能产生客体自我意识，因为应用这些方法恰好避开了"客体"自我概念。这些方法也不能产生主体自我意识，因为假如我们不是先已把自我认作为主体，我们甚至都不能使用任何理性主义方法。

自我意识可能的确紧密地联系着关于思想与感觉的知识，但它看起来并非这种知识的副产品，因此自我意识需要作为单独处理的主题。

7.3 自我意识的特殊性

本书前几章所讨论的理论都围绕着这样一个中心议题展开，即关于自我心智状态的知识在某种意义上是特殊的。我们已经看到，关于自我知识特殊性的形成原因，以及自我知识相对于其它类型知识的差异程度，各种理论尚没有形成一致的意见。但是，为人们所理解的自我知识特殊性毕竟激发了这些理论探索，以致力于解释这种特殊性，或者是表明为什么它实际上并没有什么特殊性。

类似地，自我意识的诸理论也是受自我意识的特殊性观念的激发。在本节中，我们将考察设想自我意识特殊性的多种方式。对这些特殊性质的理解将有助于对自我意识理论作出评价。

7.3.1 索引性本质

人们通常同意说，自我意识在本质上是索引性的（essentially indexical）。索引性信息是指那些指示某个语境的信息：它可能指示那个具有该信息的个人，或拥有该信息的地点与时间（等等）。例如，"我昨天曾在这里"就是一个三元的索引性思想：它指示了思想者及其当下所处的时空位置。（"昨天"当然并不指称当下的实践，但指称昨天——例如假设是周四——的思想要以对今天——周五——的指示为索引。）自我意识之所以被认为具有索引性本质，是因为它必须包含以此方式指示的信息。根据这个理由，任何彻底澄清的自我意识表达都会使用像"主我"或"客我"这样的索引性词项。

佩里（John Perry）刻画了自我意识的这一特质，他描述了一个假想人物鲁道夫·林根斯的处境。[2]

> 鲁道夫·林根斯是一位失忆症患者，他在斯坦福大学图书馆中迷失了自我。他在图书馆中读了很多东西，包括他自己的传记，以及对图书馆的详细介绍，然而他正是在这个图书馆里忘记了一切。……他也仍然不知道自己是谁，自己在哪里，无论他在图书馆里累积了多少知识，除非是在某一刻，他准备说

出下面的话:"这个位置是斯坦福大学主图书馆的六楼第五个过道。我就是鲁道夫·林根斯。"

(Perry 1977, p. 492)

现在来对佩里的例子稍作变更。假设林根斯能够使用一个持续更新的数据库,其中包含着斯坦福大学主图书馆中每个人的姓名与位置。林根斯也就能由此确切地知道,现在在图书馆的六楼第五个过道上有个人,此人名叫"鲁道夫·林根斯"。

由于林根斯是一位失忆症患者,所以他不知道任何能够辨明自己的特征,包括他的名字。因此,知道鲁道夫·林根斯在六楼的第五个过道上这一点,并不能使他推论出"我现在正在六楼的第五个过道上"。实际上,他不可能从任何关于图书馆及其使用者的非索引性信息中推论出该索引性信息,或者说,由于同样的原因,他也不能从世界上任何人的当下位置与活动中推论出上述索引性信息。这表明,关于某人自己的索引性信息——就比如用"主我"来表达的信息——不能从非索引信息中引申得到。索引性信息并不能等同于非索引性的信息,因而这里的索引性是本质意义上的。

假设林根斯知道自己处于斯坦福的图书馆。为了确定数据库中的哪个人是他自己,林根斯必须把非索引性信息(例如,"鲁道夫·林根斯在六楼的第五个过道")关联到索引性信息上。假设当他沿着过道直走,林根斯注意到一张图书馆的地图上用红点标出了"你在这里"。这就是索引性信息,因为它利用语境(地图的位置)指向了某个具体的地点(六楼的第五个过道)。林根斯就能够利用这个索引性信息确定说,"我正在斯坦福大学主图书馆的六楼第五个过道"。而把这一点与某个非索引性信息联系起来,例如"鲁道夫·林根斯是唯一处于六楼第五个过道的人",他就能得出结论说:"我就是鲁道夫·林根斯。"

索引性判断在激发行动中发挥着重要的作用。如果林根斯在确认自己身份之前得知"鲁道夫·林根斯的裤子着火了",他的反应可能会是善意的关注。(这个例子源自于 D. Lewis 1979。)而开始意识到"我的裤子着火了"则会改变他的行为,且使之成为最迫切的行动。在愿望的激发方面,情况也比较类似。

> 曾经我有一次在超市地板上发现了一连串白糖的痕迹。我就跟着这条痕迹走,推着购物车沿着高高的柜台的一侧过道走下去,又沿着另一侧的过道走回来。我想找到那个拿着破了洞的糖袋子的售货员,告诉他糖撒了一地的糟糕情况。而每当我绕着柜台转一圈,我就发现那条白糖的痕迹就加重了一些。但我似乎总不能找到白糖撒掉的源头。最后我突然意识到,自己正是那个我想要找到的售货员。

> (Perry 1979,p. 3)

佩里想要"找到那个粗心大意的售货员让他停止撒糖"的愿望,促使他追寻着地板上白糖的痕迹。但是,一旦当他意识到自己正是那个粗心大意的"售货员",上述愿望立刻就被改变了,并因此也改变了他的行动。既然他现在的愿望是"我要停止撒糖",那么他就停下了脚步,整理好他的糖袋子。可见,信念、愿望或其它态度的动机力量取决于我是否把自己当作那个态度的对象。

最后这一点使我们想起了在前一章中讨论的理性主义观点。伯奇和莫兰主张,批判性自我知识包含着把我的态度(或承诺)看作是属于我的东西,并进而"被看作是考察与评价的对象"(Burge 1996,p. 10)。例如,仅仅观察到我基于弱证据而拥有某个信念,可能并不会直接促使我去行动,而批判性自我知识——把我的态度真正看作属于我的东西——则会直接促使我去重新评价自己的信念。这一点所表明的立场与上面的论断相类似,因为想要"我停止撒糖"的愿望会促使我采取行动,这种力量是想要"那个粗心大意的售货员停止撒糖"的愿望所不具备的。

但上述观点的类似性很有限。林根斯与粗心售货员的例子的特点在于,故事的主人公都把他自己既当作观察性自我知识所考察的对象,也当作批判性自我知识的对象。这表明观察性自我知识介乎非索引性知识与批判性自我知识之间。而与林根斯和粗心售货员(就其原初的情况而言)不同的是,持有观察性自我知识的主体认识到这个态度属于他自己:他会说"我拥有一个基于弱证据的信念"。他之所以缺乏批判性自我知识,因为他并没有把自己认作为与该信念相关的主体,亦即是说,他没有体会到自己与该信念相关的能动性与责任。

7.3.2 免于误认的错误

我们已经看到自我意识在本质上是索引性的。自我意识的第二个重要特征就在于,如何确保索引性关系指向我自己(作为"主我"或"客我")。

假设你内省性地关注自己当下的现象状态,你判断说"我正拥有(现象上的)品红色经验"。第 4 章的斑点母鸡问题表明,即便是在这类内省判断中也有可能产生错误。你可能实际上经历到的只是紫红色,而你把它误认为非常接近的现象性质"品红色"。但是,另一类错误似乎仍然不可能发生:在此情况下,你仍然可以正确地判断出,有某个东西看起来像是品红色的;但你仍然误认了具有品红色经验的人,你错误地相信那个经历着品红色的人正是你自己。按照休梅克(Shoemaker 1968)的观点,判断所具有的这种特征被界定为"免于(第一人称的)误认的错误"。

某个具体判断是否免于误认的错误,这取决于判断的基础。刚刚描述的例子包含了基于内省的判断,而具有同样内容的判断或许就不能免于这种错误。设想一下,我的大脑状态受到某台先进的功能性磁共振成像设备。这台机器能够辨识出与各种颜色经验相伴随的脑状态,且按照程序的设定,一旦它检测到品红色经验的状态时,它会发出提示声。在你全神贯注于自己的现象状态时,你听见了设备发出的提示声,并由此推断说"我正经历着品红色"。然而你所不知道的是,这台机器也联系着其他人的大脑,是别人的品红色状态引起了设备的提示声。这样你就是把经历着品红色的人误认为是你自己。

因此,一项判断究竟是否免于误认的错误,部分地取决于该判断的基础。对于那些免于误认的错误的判断而言,内省是最显著的基础,尽管某些哲学家也主张,这类判断的基础有着更为广泛的来源,例如也包括感觉上的模态(参见下面的第7.8节)。

值得注意的是,免于误认的错误只是与对具体事物的判断相关。考虑一下这个判断:"最矮的间谍就是比其他任何间谍都更矮的间谍。"这对于主语词项来说,也是免于误认的错误的判断,因为它不可能对其它任何东西为真——任何除了最矮的间谍以外的东西,都不可能是比其他间谍更矮的间谍。该判断能免于误认的错误,显然是不足道的。但这个判断并没有说,某一具体个人是比其他间谍更矮的间谍;它只是说,最矮的间谍不论他是谁,都会是比其他间谍都更矮的间谍。而对于这样的判断来说,免于误认的错误就完全不是什么值得引起注意的特征。这一特征只有在下述情况中才值得引起我们的注意:就某个具体事物来说,它具有某种性质。这被称为"从物"(de re)判断(顾名思义,就是对事物的判断)。从物判断在自我意识的主体立足论中具有十分显著的地位(参见第7.6节)。

"主我"的判断与免于误认的错误之间的关系较为复杂。正如上面磁共振成像的例子所揭示的,某些"主我"判断并不能免于误认的错误。并且,许多哲学家都坚持认为,那些无关乎自我的从物判断也能够免于误认的错误。考虑下面的情况:我在指着一个特定的鸟儿作判断说"那是一只红雀"。基于这项判断的基础,我不可能一方面正确地判断说某个东西是一只红雀,另一方面又错误地判断说那个东西就是红雀。所以即便是在从物判断中,作为"主我"判断这一点对于免于误认的错误而言,既非其必要条件,也非其充分条件。相对于免于误认的错误而言,某些"主我"判断的所谓特殊性在于它们确保这种免疫力的方式。正如我们将要看到的,自我意识的各种理论在如何确保免于误认的错误方面存在诸多差异。

所有主要的自我意识理论都承认自我意识的索引性本质,都认为某些"主我"判断是免于误认的错误的。我们现在就转向讨论这些理论。

7.4 内省论理论

第一种自我意识理论也受到自我知识的那个最著名的例子的启发:关于"我在"的知识产生于笛卡尔的我思论证。豪厄尔(Howell 2006)发展了这一理论,并面向诸多反驳为该理论辩护。

7.4.1 自我的内省性意识

内省论理论乃是基于这样一个前提:基本自我意识乃是经由内省达到的。我思论证为内省性自我意识提供了一个模型,因为内省是关于自我的证据的唯一来源;而对于笛卡尔的沉思者来说,内省也的确是他在从事我思时唯一可以凭借的资源。

我思发生于一个认识论上的邪恶世界图景之中:假设某个邪恶的精灵正控制着人们的思想(参见第2.3.3节),笛卡尔的沉思者发现,他仍然可以在这幅图景中通过反思自己的思想而知道"我存在"。(在本节中我将按照笛卡尔的用法,以"思想"来指代一般的心智状态,其中也包括感觉。)

在这一情况中,如果邪恶的精灵欺骗我,我仍然毫无疑问

地存在；让他尽所有可能的方式欺骗我吧，只要我仍然认为我
是某种东西，他就永远也不能使我变得不存在。

（Descartes 1641/1984，p. 17）

我是，我存在——这是确定无疑的。但这是从什么时候开
始的呢？就从我在思考的那一刻开始。因为情况应当是这样：
假若我完全停止了思考，那么我也应该彻底停止存在。

（Ibid.，p. 18）

笛卡尔让他的沉思者说，只要他在思考，那么他就肯定存在。
由此表明，你的思想可以作为你存在的判决性证据。但除非你意识
到思想的这种作用，否则你的思想就不能发挥这种作用。因此从事
我思也就意味着意识到——特别地，是内省性地意识到——你的思
想。

正如我们在第 2.3.3 节看到的，发端于我思中的自我意识总是
有限的。我思所确立的仅仅是你在"你所思考的那个时刻"存在；只
有在你内省地反思自己的思想时，你才拥有自己存在的判决性证
据。我思也没有证明你就是你的思想的来源：因为所有你知道的东
西、你的思想都可能全部来源于某个具有控制作用的邪恶精灵的奇
思妙想。[3]

我思中起作用的内省方法必须全然是第一人称性质的。因为
如果我能够内省别人的思想，那么我对思想的内省性意识就会只是
某人存在的证据，而不必然是对我存在的证明。这样得来的判断就
会缺少笛卡尔所主张的那种确定性。对内省论理论而言，更重要的
是，它并不能免于误认的错误。（当然，如果我拥有关于任何什么东
西的意识，那么我肯定必须是存在的。但这里的问题是，如何证明
我关于自己存在的判断。）而关于第一人称方法之唯一性的限制则
把当代内感觉理论排除在外。当代的内感觉理论认为我的内感觉
也可能对他人的心智状态发挥作用，例如，可以通过莱肯的"未来形

态的特殊接线手段"(参见第5.4节)。

由于这个理由,内省的亲知理论特别适合于讨论我思的情况。回想一下,在亲知的内省性知识中,我们对当下感觉的把握既具有认识论上的直接性,也具有形而上学的直接性:它并没有任何推论的环节,在对感觉的意识与感觉本身之间没有任何(如同因果"连结"一般)的中介环节。例如,如果你把内省的注意力放在你当下经历着的品红色感觉上,那么你就有权利作出判断说:这(现象性质)就是当下所呈现的东西。根据亲知理论,你所作的这个判断"这就是当下所呈现的东西"已经得到了强有力的辩护,即便你并不确定当下的这个感觉究竟是应该叫做"品红色"还是"紫红色"。

内省论理论用这幅内省的图景来解释自我意识。按照内省论观点,关于自我的意识包含着把自己识认为某个内省思想的拥有者——正是在它的经验中,"这就是当下所呈现的东西"。当然,现在可能不止一个人经历到了品红色的感受,因此如果你只是把自己作为经历着某一类现象性质的个人,那么你就还不能把自我从他人中确立出来。但你所经历的那个特殊的感受——那个品红色现象性质的特定实例——是你自己独有的东西。(某些其他人或许会感受到某种与你的感受非常类似的疼痛,但即便是比尔·克林顿也不能感受到你那个特殊的疼痛。[4])

内省论主张,你可以把自我确认为某个具有独特思想的事物:正是在这个事物中,该现象性质的这一个实例就是当下所呈现的东西。或者不如说,自我正是那个具有这一(特定)思想的东西。豪厄尔的内省论观点利用了一个在现象概念理论中非常核心的观念,而这个观念我们曾在前面的4.5.2节亲知理论的辩护中描述过。这个观念是说,我们所关注的特定感受能够实际上成为某个更大的思想的一部分——正是在这个更大的思想中,这个特定的感受才获得了其存在。[5]

有意识的心智状态或经验是亲知的典型对象。通过注意力的心智活动与指示词"这个"的作用,它们被导入了命题内容之中。我可以以如下的方式获得对自我的指称:自我拥有了这个感受,在其中所注意的对象本身就是该命题的一部分。

(Howell 2006, p. 50)

这一段明确地仅关心人们指称自我的方式。但豪厄尔也论证说,这种自我指称抓住了我们对"主我"思想的理解,并因此也就解释了基本自我意识。

因此,内省论的主要观点是,基本自我意识存在于把自我当作所内省的思想拥有者的意识,也即是说,是一种把自我当作"那个具有这一思想的东西"的意识。当然,这并不意味着作为内省对象的思想就被当作自我的本质。(试比较:我意识到一只猫,乃是作为我正看到的那只猫;但我并不把"被我看到"这一点当作猫的本质属性。)

现在我们来考虑一下,这种理论如何处理前一节所描述的自我意识的两个特征。它很容易处理第一个特征,即索引性本质。在"那个具有这一思想的东西"中,"这"就是索引性词项:它所指称的对象取决于语境。(豪厄尔称之为"指示词",因为它确保了经由某种指示的指称关系:主体通过自己的关注而指示了那个被指称物。这与 4.5.2 节概述的内省性指称图景本质上是类似的。)既然用"这"而对思想的索引性指称是对思想者(那个"主我")的指称的基础,那么自我指称也同样是索引性的。在这种情况下,自我指称之索引性本质的根本原因是,"那个具有这一思想的东西存在"的判断所包含的信息不能还原为非索引性信息,也不能从非索引性信息中推论得来。"那个经历着品红色感受的东西存在"就是非索引性的信息,你不可能从中推论出"我存在"(那个具有这一思想的东西存在)。例如,鲁道夫·林根斯或许知道有某个在图书馆里的人正体验着品红色的感受,而没有意识到他正是经历着这些感受的那个人——或许他没有关注自己的现象学。[6]所以,根据内省论理论的解释,基本自我知识本质上就是索引性的。

内省论理论的境况在自我意识的第二个特征——免于误认的错误方面要复杂得多。内省论者的一种自然倾向是用认识论术语来解释这种免疫力:他或许会主张,相关的"主我"判断免于误认的错误,是因为内省提供了识认自我的不可错的方法。既然亲知的内省知识纯然是第一人称性质的,那么我把自我确认为"那个具有这一思想的东西",就不可能有什么错误。在这里,"这"经由内省性关注,指的是那个我所亲知到的思想。因而,"我就是那个具有这一思想的东西"就免于误认的错误。

休梅克批评这种解释免于误认错误的认识论进路。他的论证针对于那种内省的内感觉理论,但它也可以用于批评刚刚所描述的亲知版本的内省论观点。

> 如果排除了误认可能性的前提是"内感觉"提供了对自我性质的知觉,那么理论上这是由于它保证了作为知觉对象的自我具有一种性质——亦即是作为我的内感觉对象的属性。除了我自己,再也没有第二个人能(逻辑上说)具有这种性质。正是由于这一性质,我才能不可错地确认自我。但是,为了把我自己识认为那个拥有该属性的自我,我必须知道自己通过内感觉观察到它,且这一自我知识本身就是我的自我确认的基础,而它不能再立足于那种自我确认之上。
>
> (Shoemaker 1968, p. 562–563)

休梅克并没有否认,思想者可能具有一种不可错地确认自我的方式。他的观点是,这样一种自我确认的方式不可能作为最终确保免于误认的错误的基础。因为即便我知道内省完全是第一人称性质的,这也只促使我推论出,所内省的思想的拥有者等同于那个从事内省活动的东西。用詹姆斯的术语来说,把内省理解为纯粹第一人称性质的,这使我认识到认识对象与认识者是同一个东西。但这并没有推论出"我就是那个具有所内省的思想——认识对象的东西"。而要得出这一结论,就需要用到我先前作为内省者、认识者的意识。(这种在先的自我意识正是休梅克所说的"我的自我确认的基础"。)因此,关于我自己作为"那个具有这一思想的东西"的意识并非基本自我意识,它还奠基于某个在先的自我意识,而这是内省论理论所没有解释的。

根据休梅克的上述反驳,内省论者应当放弃对免于误认错误的认识论解释。内省论者不应该说,认识到内省的纯粹第一人称本质使我知道"自己就是那个具有这一思想的东西",而应该说,这种陈述只是一种同义反复。这意味着,仅仅作为"具有所内省思想的东西"的自我概念足以产生自我意识。我们不必把某种东西(认识对象)确认为内省者(认识者),更重要的是,我们也不必把自己确认为认识者。相反地,我们仅把自己理解为认识对象。

这种对免于误认错误的解释切合了豪厄尔的论断:"我能够指称自我为那个具有这一感觉的东西。"豪厄尔清楚地主张这是基本自我意识,他说这种自我指称的方式确定了我对客我的"主我"思想。"我们首要地是通过自己的心智生活来获得自我确认"(Howell ibid., p. 54)。[7]

这样,所得出的自我意识的内省论理论至多归为一种观察性理论。因为它认为基本自我意识全然是来自于对当下所从事的思想的观察。

7.4.2 内省论观点与休谟的束理论

需要强调的是,在内省论观点看来,只有思想(包括感觉在内)是内省的对象。因此,这种观点与休谟的认识论主张是相容的,即内省并没有揭示基质性的自我,并没有表明存在着一个作为具体思想之基础但又区别于任何具体思想的实体。

实际上,内省论观点与休谟另一个更有争议性的本体论论断也是相容的。休谟的本体论观点否认有基质性自我的存在。休谟论证说,我们并不能清楚地知道这样的基质性自我究竟是什么。这样一种观点可能会从内省中得来;但我们在内省中所遭遇到的只是一连串紧密关联的思想。休谟设想说,之所以我们会产生这些困惑,是因为我们错误地把那些思想看作是属于某个单一的对象,并因此设定了一个基质性的自我存在。但实际上,除了这些思想(或"知觉")以外,并没有任何所谓的自我存在。

> 我们每个人都只是那些以不能想像的速度互相接续着、并处于永远流动和运动之中的知觉的集合体,或一束知觉。
>
> (Hume 1739/1975, I. iv. 6) *

休谟的"自我的束理论"(bundle theory of the self)在当代也有一些支持者,其中就包括德雷克·帕菲特(Parfit 1984)。但大多数当代哲学家都站在托马斯·里德的立场上,以轻蔑的口气拒斥休谟的理论:"我不是思想,我不是行动,我不是感受;我是那个在思想、在行动、在感受的东西。"(Reid 1785/2002, p. 264)彼得·安格(Peter Unger)在这一点上也毫不留情:"我认为,休谟的自我束理论可以被看作是荒谬绝伦的东西。"(Unger 2006, p. 57)[8]

我们并不关心休谟理论的有效性,而只在意它与自我意识的内省论理论的关系。内省论观点的核心是自我意识来源于内省性观察。尽管休谟否认内省揭示了某个基质性自我,但他仍然承认存在

---

* 译者注:译文引自中文版《人性论》(关文运 译,郑之骧 校),北京:商务印书馆,1996,第282~283页。

着——我们或许可以称之为——由思想组成的"非基质性"的自我。一个从事我思的休谟主义者可能把自己看作只是一丛由所内省的思想构成的东西。自我意识的内省论理论使用我思的模型，即便对某种更极端的束理论也是相容的——按照这种更极端的束理论，自我只是某些同时性的思想与感觉的瞬息聚合（参见 Strawson 2009）。因为我思原则上也可以由这样的自我来实现：这种自我仅仅存在短暂的一刻，且完全是由我思推理中的思想所构成。

7.4.3　内省论理论能够解释主体自我意识吗？

正如前面所提到的，自我意识的内省论观点是观察性理论。由此，如果我们主张基本自我意识存在于那种把自我作为主体的意识，那么我们当然会拒斥内省论的观点。持这种立场的哲学家声称，内省论理论至多能解释客体自我意识，但自我意识最显著、最基础的类型却存在于主体自我意识。

这种断言更是得到了内省论主张的支持。内省论主张基本自我意识就是把自我作为特定思想之拥有者的意识。因此，内省论把"主我"识认为认识对象而非认识者。正是内省论的这些特征才使得它确保了免于误认的错误，因为对主体的确认完全不在考虑范围之内。而休梅克的反驳也正是基于与之相反的前提：基本自我意识是主体自我意识。

内省论能够解释主体自我意识吗？内省论者可能会采取两种策略。第一个策略会不同于上面给出的内省论解释，转而赞同休梅克的观点，即基本自我意识是把自我作为主体的意识；并坚持认为内省论能够解释主体自我意识。第二种策略则直接否认基本自我意识是把自我作为主体的意识。

在第一个策略的路径上，内省论者可以论证说，我们能够内省地观察到心智行为，例如那些判断或作出决定的行为。他也可以主张，我们通过把自己确认为对具体判断或决定负责任的事物，就能够获得主体自我意识。这并不意味着我们认为自我是心智行为的"原因":内省论者会坚持说,我们能够获得基本自我意识,而不必排除那种受邪恶精灵控制的可能性。但正如伯奇和莫兰所强调的那样,我们对自己的判断和决定所承担的责任并不是一种因果事实。它是规范性的东西,因为批判的思想者把判断和决定(以及由此产生的信念和意图)都看作是责任范围之内的东西。因此这一策略上的建议是,对于内省性反思而言,判断或决定的行为能够显现自身为某种规范性状态:它只属于某个主动的主体,即有能力对它负责的主体。(由于内省并不能排除邪恶精灵的控制可能性,所以这并没有表明我们是否能够满足这一责任的要求。)这种策略承认主体自我意识能够通过观察而获得,我们能够观察到自己拥有某个具体的、包含责任的状态,而这就是那种只有思想主体才能具备的状态。

内省论者的第二种选择是主张,并没有任何除了观察性理论之外的选项:自我意识必须通过对某人自我性质的观察而得到。这第二种策略利用了下述一般的论断:我们只有通过观察才能思考具体事物。换句话说,从物的意识依赖于观察性意识。考虑一下对我正看见的在院子里的猫的意识,这种意识使我能够具备关于猫的从物思想:例如,我可以想到"猫正在入侵我的院子"。只有当我能把这只猫从思想上区别于其它的猫时,我才能具备这种从物思想。但除了那些与我的观察相关的特性之外,我并不知道任何其它属于那只猫的特性,也就是说,它是我现在正在观察着的唯一的猫。同样地,内省论者也会说,只有那些通过观察得到的自我意识才是从物思想的充分条件。因为除了那些与我的观察相关的特性之外,我并不知道其他任何自我(那个"主我")的特性:也就是说,我只是那个我正在内省着的思想的拥有者。内省论者可能由此得出结论:如果主体自我意识不是观察性的,那么它就不是关于某个具体事物的真正的从物意识,但它也因此不是我们所关心的那一类自我意识。正是我们所关心的那种自我意识才产生了那种"主我"判断,且这些"主我"判断(并非不足道地)免于误认的错误。

　　内省论观点面对着许多反驳。既然它依赖于内省的亲知理论,所以任何对亲知理论的挑战同样也都可以构成对内省论理论的挑战。然而,与我们当下的讨论更相关的是,那些针对内省论的自我意识理论的反驳究竟有多么广的范围。我们已经看到了其中的一种反驳,即主张这种理论并不能解释主体自我意识。更多的反驳意见将会在下面的论述中呈现,由此引发了相互竞争着的不同的自我意识理论。

7.5　紧缩论观点

　　按照前一节所描述的第二种内省论策略,从物的自我意识只能在观察性理论中得到解释。这一思路为另一种观点——自我意识的紧缩论观点——提供了重要的支持。安斯康姆(Elizabeth Anscombe)发展了这种观点。

　　紧缩论的论证起始于这样一个论断:主体自我意识不能从对性质的观察中获得,因为把某物当作具有特定(被观察到的)属性的东西,就已经是把它对象化了。这就是詹姆斯用自我的"两面性"来表达的观点:作为认识对象的自我是被当作某个对象,而认识者则被看作为主体。詹姆斯相信同一个自我既是认识对象也是认识者,但他也认为这两个自我的概念却是相互排斥的:我们不能同时既把自己看作具有某些被观察到的属性的事物(认识对象),又是主体(认识者)。因此,通过观察自我性质而获得主体自我意识的观念是不连贯的,而这正是前一节所描述的内省论的第一个策略。

　　赖尔(Gilbert Ryle)使用了一个创造性的比喻来表明我们不可能把自我观察为主体。这也就是说,不可能从认识对象中把握那个追求知识的认识者。

　　　主我如同自己的头部所投下的阴影,我们总是试图赶上
　　它,却总也赶不上它。但它却一直在我们前方的不远处;实际
　　上,有时它看起来甚至根本不在其追寻者的前面。它一直逃避
　　着那种要把它安置于追寻者身体之中的企图。它离我们太近
　　了,甚至于对我们来说触手可及。

(Ryle, The Concept of Mind, 1949/1984, p. 186)

　　假设詹姆斯和赖尔都是正确的,主体自我意识不能从对自我属
性的观察中发生。并且,也让我们暂且假设从物意识依赖于观
察——这一点在前面讨论内省论的第二个策略中曾经用到。那么
在这两个共同的前提之下,我们就可以得出结论:不可能有从物的
主体自我意识。

　　这条论证线索激发了安斯康姆的紧缩论观点。安斯康姆把她
的讨论聚焦于我们如何把自己指称为主体,但她也清楚地表明,这
种关于自我指称的结论也反映了自我意识的本质。正是由于注意
到对自我的主体性理解不能存在于对属性的把握(或主体对自己的
任何呈现方式),安斯康姆才主张说,我们不能真正指称那种意义上
的主体。

　　由于"主我"通常被理解为指称某个主体,因而安斯康姆的论断
具有一个令人惊异的后果就是:"主我"无所指称。她提出那些用
"主我"的陈述实际上关心的是作为客体而非作为主体的自我——
用詹姆斯的术语来说,这就意味着"主我"虽然本意是要指称作为主
体的自我,但实际上却应该被翻译为"客我",即指称的是作为客体的
自我。在下面的段落中,安斯康姆设想有人质问什么能证实"笛卡尔
主义的"思想,例如"我正拥有一个品红色的感受"。

　　　这个问题"在发生的事件方面,关心的是被证实或证伪的
　　对象",而对于其它东西可能也可以提出这个问题。例如笛卡

尔主义者会倾向于对思想提类似的问题。我应该承认,这个问题的真实答案应该是,"如果它存在于任何发生的事件之中,那么它也会存在于那些与该对象相关的东西之中"——亦即是安斯康姆这个人之中。

(Anscombe 1975, p. 63)

她主张"主我"陈述只有在翻译为关于"安斯康姆这个人"的对象陈述之后才具有实质意义。因为我们只能把自我理解为客体,而不能理解为主体。

自我知识是关于客体的知识,是关于我们所是的那种人类动物的知识。"内省"只是一种辅助性方法,甚至是一种有争议的方法,因为它更多地是在阐释自我的意象,而非关注那些有关自我的事实。

(Ibid., p. 62)

安斯康姆的紧缩论是一种极端的观点。她主张"主我"没有任何指称,且相应地我们不可能获得任何主体自我意识,这是非常违反直觉的。因此这种观点往往被当作是一种最后的选项,只有当我们发现主体自我意识既不可能通过观察得到,也不可能通过其它什么方法达到后,我们才有可能转向这样的观点。

但安斯康姆论证的价值部分地在于,它对那些认为主体自我意识非常基本的观点提出了严重挑战。这些观点的支持者必须提出一种真正的主体自我意识,且能克服安斯康姆所说的那些疑点。由于这些观点反对观察性模型(例如内省论),因而它们对主体自我意识的论述也不可能是观察性的。

7.6 主体立足论

有些哲学家拒斥内省论理论,因为他们认为这一理论不能解释真正重要的自我意识,即主体自我意识。这里的问题并不只是说,内省论理论需要由主体自我意识的解释来作补充;而是说,主体自我意识是客体自我意识的必要前提,也比客体自我意识更为基本。如果没有主体自我意识,则客体自我意识也不会构成如此这般的自我意识。

康德的观点是这一立场的来源。正如当代理性主义者接受某些自我知识是观察性的(例如对感觉的知识)一样,康德也认为我们通过内感觉来内省地观察自己的思想。(但他可能并不像当代的内感觉理论家那样主张内感觉是一种因果的探测机制。)只要思想是通过内感觉而被观察到的,思想就会显得是发生在我们身上的事件;思考就似乎只是我们所经历到的某种东西。

> 内感觉是……关于受我们自己的思想影响的那些经历的意识。
>
> (Kant 1798/1974,7:161;转引自 Brook 2006,p. 96)

内感觉可以提供自我意识,但这只是把自我作为被动者的(或按康德的术语,是作为"接受性"的)意识。这样的意识就属于客体自我意识的范畴。

然而,康德认为,客体自我意识不可能是最基本的意识。按照他的观点,任何真正的自我意识最终都落脚于把自我作为能动的主体的意识,即是作为其思想之主体的意识(用他的话来说,这就是把自我作为"自发性"的意识)。而这种把自我作为主体的意识就不可能从内感觉中导源出来,而必须立足于某种特殊的能力——康德称之为"纯粹统觉"。

由于康德并非我们首要的关注点,我们也并不关心相关的解释问题,我们也会把他的那些有着特殊含义的术语搁置起来。但是,我们在这一节和下一节中的讨论却将紧紧围绕两条思想线索——这两条线索都是从康德对自我意识的评论中引发出来的。第一条线索有力地拒斥了内省论:康德认为,自我意识存在于那种把自我作为纯粹主体的意识,而非作为具有某些性质的事物的意识。下一个段落表明了这一点:康德认为,自我意识并没有把任何属性("质性")归之于主体,也没有获得任何关于此类性质自身的知识。

> 通过把"主我"附随到我们的思想之上,我们就指认了主体……但却没有在其中标明任何性质——实际上,不仅没有直接地知道任何这种性质,也没有通过推论而间接地了解这类属性。

> (Kant 1781/1787/1997,A355)

康德思想的第二条线索关注的是我们把自我作为理性生物的意识。对这些理性生物而言,思考是一项能动性的行为。相应于康德思想的这两条线索,也有关于自我意识的两个论断。第一项主张是,自我意识基本上包含那种把自我作为一个"立足了的主体"(situated subject)的意识;第二项主张则是,自我意识基本上包含那种把自我作为一个"理性能动者"(rational agent)的意识。我们在本节中讨论主体立足论的观点,而在下一节中讨论理性能动性的观点。

布鲁克(Brook 1994)指出,在康德思想的第一条线索与休梅克所发展的自我意识理论之间存在着某种有趣的类似。对康德而言,指称一个作为主体的自我——一个"主我"——是直截了当的:它不需要指向某个当下的思想或其它什么偶然的属性来作为指称主体的中介。这一观点在休梅克的下述论断中得到了回应:那些免于误认错误的"主我"判断直接地指称自我,而不是把自我作为某个具有特定属性的事物来指称。并且,按照休梅克的理解,我们之所以能够直接地指称自我,乃是因为我们能直接意识到自我,而不需要依赖任何对自我性质的观察。

在这个问题上,休梅克的观点面对着安斯康姆的挑战。安斯康姆论证说,除了通过意识到某人自我的性质而外,不存在任何其它的方式能够使我们意识到自我。在下一段中,休梅克提到了安斯康姆的观点,并指出了一条回应该挑战的可能路径。休梅克特别突出地关心自我指称,因为他与安斯康姆一样,都相信对自我指称的理解将会为自我意识的本质指明方向。[9]

> 我认为,有一种趋势表明"作为主体"的"我"是一种神秘的用法,而且会认为"主我"可能根本没有任何指称,因为它不能同化于其它类型的指称,例如"作为对象"的"我"的用法,或是指示性指称……这种趋势是站不住脚的,因为我们应该认识到,那些其它类型的指称之所以可能,恰是因为这种包含了"作为主体"的"我"用法的自我指称本身是可能的。我认为,这具有重要的意义。正是在这个意义上,每个人才能把他自己作为锚定指称体系的原点……。
>
> (Shoemaker 1968, p. 567)

这个段落包含着主体立足论的源头。(但我并不完全清楚,我所发展的这种主体立足论观点是否确切就是休梅克内心所接受的观点。)按照主体立足论的观点,我的自我意识存在于把自我作为那个锚定点的意识,或者说自我意识相对于我的所有其它意识而言,就是那个原发点。

为了阐释清楚这个观点,我们有必要回到鲁道夫·林根斯的那个原初情境,即在他知道自己就是鲁道夫·林根斯之前的情况。即便是在这种情况下,林根斯也具有那种"主我"判断所要求的自我意识。毕竟,他可以有所理解地说,"我迷路了","我忘记了我的名字",以及"我真想知道自己在哪儿"。

任何人只要他还能作上述那些思考,那么他就理解了自己是这宇宙中(在某个地方上)存在着的某个具体事物。换句话说,他就意识到自己"立足了"。即便他不知道自己在哪儿,他也能使用其位置作索引性指称:例如,他可能会问:"这是哪个过道?"更一般地说,他能从其它事物相对于自我的关系上来意识到这些事物。

把某人理解为立足于宇宙之中,并没有要求把他自己看作是某个具有这种或那种属性的事物。可以论证的一点是,即便我们获得了把自己作为立足了的主体的意识,我们也不需要知道任何自我性质——尽管我们或许有能力通过内省而获得这些知识。关键的问题在于,一个立足了的主体并不需要使用任何自我性质来确认自身,他并不需要把自己设想成为某个具有特定属性的事物。安斯康姆(Anscombe 1975)注意到,即便是感觉剥夺箱(sensory deprivation tank)中的麻醉失忆者也会问:"我是谁? 我在哪里? 现在是几点钟?"问这些问题的能力看来并不依赖于对任何具体属性的意识。失忆者能够询问自己的身份和所处的方位,而不必内省感觉,或是思考诸如"那个人在哪里获得了这个经历?"之类的问题。但是,为了能够询问自己所处的位置,他必须至少潜在地意识到自己是立足于这个宇宙之中的具体存在。

主体立足论主张,基本自我意识存在于把自我看作为某个具体的、立足了的事物的意识——即便是在感觉剥夺箱里的麻醉失忆者也能具有这种自我意识。这种立足性主体自我意识并不需要以对自我性质的意识为中介。

我们可以用另一种方式来说明这一点。设想某个人拥有宇宙的所有状态的全部非索引性信息,但他跟林根斯一样,都不知道自己是谁、自己在哪里等诸如此类的问题答案。现在假设他没有意识到他那些关于宇宙的知识缺少了什么，即缺少了关于他是谁的知识。那么，处于这一情况下的人就会不能质问："我是谁？我在哪儿？现在几点钟了？"因为他没有把自己理解为一个具体的、立足了的东西，因此他缺少了刚刚所说的这种自我意识。

这样一种图景恐怕令人难以理解。我们怎么会无法把自己看作是立足了的东西呢？托马斯·内格尔（Thomas Nagel）表明，我们每个人都能至少在一定程度上进入刚刚所描述的心智框架。假如暂且不考虑任何关于你的具体位置或视角的意识，你就能采用某种关于世界的"非切身观点"（impersonal standpoint）。内格尔认为，从这种观点出发，你就可能难以把自己理解为某个具体的、立足了的东西。

> 我假设自己从无人知晓的地方出发，把世界思虑为一个整体。而在这个时空的海洋里，我，托马斯·内格尔不过是无数人中的一个。由于我采用了非切身观点，于是我就产生了一种从自身中超脱出来的意义……作为一个思考整个无中心宇宙的人，我却又是如此这般特殊和具体：在这样一个微小的时空领域上存在着的微不足道的、无意义的生物。这如何可能呢？……

> 如果自我并不能成为任何具体的东西，那么自我就不是从世界之中的视角来理解世界的，而是立足于世界之外去理解世界。

> （Nagel 1989，p. 61）

内格尔所描述的本质上是缺乏立足性主体自我意识的人的立场。立足性主体自我意识包含着把自我看作一种具体事物的意义，且这种事物与其它具体事物之间存在着某种关系，即便我并不知道我究竟是哪个具体事物。那些持有内格尔的"非切身观点"的人之所以没有自我意识,确切地说,是因为他"并不能成为任何具体的东西",并因此不能认识到自己是处于某个地方的某个事物。

非切身观点的概念解释了休梅克的下述评论:"每个人把他自己作为锚定指称体系的原点。"考虑一个指示性从物指称的一般例子。我正看到一只猫在我的院子里,于是我在思考中对自己说"那只猫侵入我的院子了"。这就是关于那只具体的猫的从物思想。重要的是,我的思想之所以把握到了那只具体的猫,完全是基于那只猫相对于我的关系:也就是说,它是那只我现在正看到的猫。更一般地说,在关于某个对象的从物思想中,认识者相对于该对象的关系是指称关系的重要保证。(在休梅克的文章发表十年之后,哲学家们发展出了一种指称理论,把这种有关从物思想的观点形式化了。参见 Perry 1979;D. Lewis 1979。)

这就是我们所了解的主体立足论。这种理论主张基本自我意识就是把自我作为具体的立足了的东西的意识。我们是立足了的主体,并因此处于与其它对象的特定关系之中,这是我们对这些对象具备从物思想的必要条件。在这个意义上,自我的确是每个人指称体系的"锚定点"。

但我们仍然面对着安斯康姆的挑战。如果不以对性质的意识为中介,那么如何能够获得自我意识呢?休梅克的回答如下。获得自我意识的能力——亦即把自我看作某个立足了的主体的能力——就隐含在我们对指称体系的使用之中。

> 这些其它类型的指称(把自我指称为对象,以及对其他事物的指示性指称)之所以可能,乃是因为这种自我指称是可能的——而这种自我指称包含着"作为主体"的"主我"用法。
>
> (Shoemaker ibid. , p. 567)

　　我能指称猫,指称那个作为人类动物的布里·格特勒*(这个例子借鉴自安斯康姆),表明我能够指称作为主体的自我。为了支持这一论断,休梅克论证说,任何人如果指示性地指称了某个对象,那么"表明他潜在地也能够对相应的谓词作自我归因"(Shoemaker ibid., p. 566)。通过把我正看到的猫指称为"那只猫",我表明自己有能力把"感知到一只猫"这个性质归之于自己。把握了我对猫的感知——或者甚至只是我看起来感知到一只猫——都包含着自我意识。更进一步地,它所包含的是主体自我意识。毕竟,我就是那个具有知觉意识的事物,而在这个例子中,意识的对象是猫而非我自己。所以,如果我能思考"猫正侵入我的院子",那么我就能思考"我正感知到一只猫"。

　　重要的是,这里并不是说,自我意识是通过对"感知到一只猫"这个性质的意识获得的;而是说,那种把握"我感知到一只猫"的能力隐含在对猫的从物指称之中,并因此该指称也包含着把自我作为立足了的主体的隐性意识——或者至少也包含着获得这种自我意识的能力。这种把"感知到一只猫"作为自我性质的能力来源于某个先在的意识;基本自我意识并不是从对这些性质的理解中获得的。

　　因此,按照休梅克的观点,主体自我意识的能力就蕴涵在对任一对象的指示性指称之中。并且,这里所隐含的那种自我意识——例如在理解"我感知到一只猫"中——就是把自我作为某个具体事物的意识,该自我相对于其他具体事物(例如猫)而立足。所以,立足性主体自我意识正是那种在内格尔的非切身观点上难以理解的那种自我意识。

　　主体立足论观点包容了 7.3 节描述的自我意识的两个特征。把自我意识为立足了的主体,这显然是索引性的:实际上,自我作为

* 译者注:即作者本人

指称体系之锚定点的意义就在于,我的时空位置就是我所使用的任何索引词或指示词("这里","明天","到那里"等)的基础。正是基于我在时空中的位置,所以我关于今天的思想指的就是周四,我关于这里的思想指的就是某个确定的地点,如此等等。并且,立足性主体自我意识本质上就是索引性的,因为它不能完全从非索引性的信息中推论出来。那个持内格尔非切身观点的人可能具备关于宇宙的全部非索引性信息,但他仍然不能把自己理解为某个具体的、立足了的主体。(持这一观点上的人可能不具备从物的思想。)

按照主体立足论观点,类似"我感知到一只猫"的判断免于误认的错误,这仅仅是因为在作出这些判断时,主体根本没有确认自我。这就是"主我"判断基于这一观点的独特性之所在:它们并不依赖于任何自我确认的方式。休梅克把这一点表述为自我指称是免于确认的(Shoemaker ibid.)。这种观点与前面引述的康德思想的第一条线索紧密关联。"通过把'主我'附随到我们的思想之上,我们就指认了主体……但却没有在其中标明任何性质"(Kant 1781/1787/1997,A355)。我们将会在下面的7.8.1节回到自我指称免于确认的概念,因为这一概念也在埃文斯的感觉论观点中发挥了重要作用。

根据主体立足论观点,我们用自己的位置标识出一个具体的对象——或者可能只是标识出一个地点,如同对"我在哪儿?"或"这是哪里?"之类问题的回答;我们也就因此能够认识到自己是一个立足了的主体。主体立足论主张基本自我意识并不存在于把自我作为具有特定属性的事物的意识,在这一点上它反对内省论观点。它坚持认为有可能存在真正的主体自我意识,在这一点上它反对安斯康姆的紧缩论观点。如果我们把自己看作指称体系的锚定点——作为指称活动的主体,那么我们就是把自己理解为认识者,而不仅仅是认识对象。按照主体立足论,把自我当作立足了的主体是一项基本的自我意识能力。既然它是对任何对象的从物意识的前提条

件,那么它也就比客体自我意识更为基础。最后,值得注意的是,主
体立足论并非一种理性主义观点,因为它并没有把基本自我意识看
作包含了慎思合理性或能力的意识。

7.7　理性能动论

康德的自我意识思想的第二条线索是关于他称之为"自我的活
动"的意识(Kant 1781/1787/1997, B68;转引自 Brook 2006, p.
98)。这里所说的活动确切地就是指理性思维。布鲁克对康德观点
的这个方面作如下描述:

> 如果我们通过认知的与知觉的行为意识到自我,那么我们
> 所意识到的就是一个自发的、理性的、为自己立法的和自由的
> 自我——作为那些行为的行动者,而非只是被动地接受表征内
> 容"我是作为理智而实存的,这理智仅仅意识到自己的联结能
> 力"*(B158－159),"自我的活动"(B68)的能力。
> (Brook 2006, p.98;其中的引用出自 Kant 1781/1787/1997)

基本自我意识存在于把自我作为能动的理性思想者的意识。
这一观点与自我知识的理性主义理论紧密相关。像伯奇和莫兰这
样的哲学家批评说,正如自我知识的观察性理论忽视了关键的规范
性和能动性维度一样,自我意识的内省论理论也忽视了下述事实:
自我并不仅仅拥有思想和态度,而且它还形成了这些思想态度,并
对它们承担责任。按照这种观点,最基本和重要的自我意识就是主
体自我意识;在这种自我意识中,主体对相关的思想具有能动作用。

---

* 译者注:译文引自《纯粹理性批判》(邓晓芒 译,杨祖陶 校),北京:人民出版社,
2004,第105页。

正如我们在6.4节看到的,伯奇和莫兰都主张,我们在认识论上有权假设自己能合理地控制思想,并因此把自我看作是理性的能动者。引人注意的是,两位哲学家都认为这种认识论权利来自于康德主义的基础。莫兰认为,这一基础就是"某种类似于理性思想的先验前提的东西,如同它在康德主义和后康德主义哲学中所表现的那样"(Moran 2003, p. 406)。伯奇则把这种认识论权利的论证描述为"一种有些类似于康德意义上的演绎"(Burge 2003, p. 509 n6)。

他们的论证可以粗略地概述如下。我们必须也试图去遵从某些合理的思维规范,例如避免明显的逻辑矛盾,使我们的信念与证据保持一致,等等。但我们有义务遵从这些规范的前提是我们有能力对自己的思想发挥合理的能动作用。因此我们就"有权利去假定"(Moran ibid., p. 405)我们是理性的能动者。

评价这一论证是否成功会是一件困难的事情。这一论证立足于一个有争议的观念,即我们对自己的态度承担规范性的关系,且这些关系是"我们人之为人的核心"(Burge 1996, p. 113)。[10]休谟否认我们对自己态度的理性控制是必要的;他认为信念主要源自于经验和习惯,因而信念"更恰当地说是感性的活动,而非我们本性中的认知部分"(Hume 1739/1975, p. 183, I. iv. 1)。如果没有对信念概念的详细考察,我们就不可能恰当地评价这一论证。所以我在这里就不对此作进一步的讨论了。(我会在最后一章中回到这些问题。)

在任何情况下,上述论证虽然能够表明我们在认识论上有权把自己看作理性的能动者,但是这并不能解释这一概念在日常情况下是如何获得的。通常它并不是经由上述先验推理而获得的。先验推理的作用不是促使人们理解自己是理性的能动者,而是表明我们有一种把自我看作理性能动者的先行(或许是隐性的)把握,且这种先行把握本身也是正当的——更为重要的是,我们从认识论上有权持有某些信念,而这些信念需要满足我们作为理性能动者的义务。所以,即便先验论证成功地表明我们是理性能动者,并因此拥有某些认识论权利,但问题仍然存在:这种自我意识究竟是如何达到的?

奥布莱恩(Lucy O'Brien)最近提出了一种新颖的观点,用以解释我们如何开始知道自己是理性能动者。奥布莱恩的观点与理性能动论最相关的地方在于,如同在慎思基础上形成信念一样,理性行动也能产生把自我作为理性能动者的意识。[11]

> 下面这一点看来是合理的:假设某人立足于其个人层面主动地评价行动可能性,那么这也就是他获得了关于正在做的事情的原初自我意识。
>
> (O'Brien 2007, p. 121)

> 对主体而言,从事对所做事情的评价也就是去决定他应该做什么事情。因此,我建议持如下观点:任何基于能动者的主动评价而直接产生的行动就是能动者意识到是属于他自己的行动。
>
> (Ibid., p. 117)

按照奥布莱恩的观点,慎思意味着把我的理由看作让我以特定方式行动的理由,例如作出某个具体的判断。基于这些理由作出某个判断,我就意识到这个判断的行为是我所做的事情:我对行动的意识同时就是把自我作为能动者的意识。奥布莱恩把这种意识的结果称之为"能动者意识"。能动者意识就是把自我作为能动者的意识,它是由行为所保证的。

奥布莱恩主张,我们思想的能动者意识比任何观察性(或"被动的")意识更基本,是思想或感觉的观察性意识的前提条件。

> 我猜想,就我们对自己思想的意识而言,其被动性的情况

依赖于主动性的情况;如果主体对其心智生活没有任何理性控制或责任,那么他对自己的思想也根本没有任何意识。

(Ibid., p. 93)[12]

在强调能动性意义的前提下,奥布兰恩的观点似乎非常适合伯奇和莫兰的理性主义理论。这会是对他们的观点的有益补充,因为不论是伯奇还是莫兰都没有对"我们如何意识到自己的理性能动性"这一问题,给出有说服力的解释。但是,伯奇和莫兰是否会接受奥布莱恩的能动者意识观点,仍然是有待确定的话题。

即便我们不考虑奥布莱恩的观点是否会被伯奇与莫兰接受,但可以肯定的是,这一观点有可能获得其他人的支持,因为"基本自我意识是能动性意识"这一观念会博得不少人的同情。这种观点特别有吸引力的地方在于,它似乎为能动者自我意识提供了一种基础,且这是一种非观察性的认识论基础。按照这一观点,我并没有通过观察自我来确定自己是理性能动者,而只是参与到慎思之中,并因而把某些观念看作是与我的行动相关的思考。这可能就为理性能动者的自我意识提供了可靠主义意义上的保障:它产生于我们基于自己的理由作出判断之时,而理性能动性不过就是这种基于自己的理由作出判断的能力。因此,以其理由评判行动的就会是理性能动者。或许这个过程也会产生对理性能动者自我意识的内部论辩护。既然我的理由呈现为关于我以这种或那种方式行动的理由,那么,对这些理由的反思就可能会提供某些可以获得的证据,以证明我是一个理性的能动者。

但是,奥布莱恩的观点也面临诸多挑战。她自己也承认的最大的担心在于,对可能行动的合理评价或许已经预设了对自己理性能动性的意识,因此这种评价本身并不能产生这种自我意识。现在假设,在慎思中我把理由理解为使我作出某个特定判断的理由,这就意味着慎思能够产生某种自我意识,即把自我看作能够根据理由而作出判断的人。因而慎思就产生了作为理性能动者的自我意识。但是,仍然不清楚的一点是,这种自我意识是否是通过慎思的过程获得的? 或许实际的情况是,只有那些把自己看作能动者的人才会评价行动的理由。在这种情况下,对自己理性能动性的意识将会成为从事慎思的前提条件。(应该特别指出的是,这种担心并没有直接危及奥布莱恩的理论框架。[13])

尽管如此,对于解释我们如何获得作为理性能动者的自我意识来说,奥布莱恩的理论仍然是最有希望的选择。如果奥布莱恩是正确的,那么能动者在尚未把自己看作理性能动者之前,就能够开始评价行动的理由。因而,慎思的过程就会产生"关于他正在做的事情的原初自我意识"(亦即是慎思活动),这又进而促使他把自己理解为理性的能动者。尽管慎思过程对奥布莱恩的理论而言是一个经验要素,但那个理论却无疑是与理性主义观点相融贯的。具体说来,它是与下述论断相容的:我们持有某些信念的权利,包括我们对自己作为理性能动者的信念,都得到了先验的保证。

奥布莱恩的理论似乎也包容了前面提到的自我意识的两个特征。在对能动者自我意识的解释中,慎思的核心就是第一人称索引性,因为慎思的理由就是对我而言去行动的理由。并且这种索引性成分具有本质意义:假如理由是针对那个"在六楼第五个过道上的人"去行动的理由,那么慎思者就不会受到这样的理由影响。我正慎思的那个判断构成了我"关于自己正在做的事情的原初自我意识",也是免于误认的错误的判断。我经由慎思获得了这个判断,并且在慎思中我所能直接影响的只是我的态度,它们只能被我的理由所改变和造就。所以,在慎思过程中产生的关于"我是理性能动者"的判断,就会免于误认的错误。更一般地说,利用这种自我概念的"主我"判断就会免于误认的错误。

7.8 感觉论理论

感觉论理论是我们所要考察的最后一种观点,是由加雷思·埃文斯(Evans 1982)和乔斯·贝穆德斯(Bermúdez 1998)所发展的。埃文斯和贝穆德斯都批评说,内省论理论忽视了感觉信息对自我意识的一个关键贡献,而理性主义理论则忽视了把自我看作对象的重要意义。

7.8.1 埃文斯的感觉论理论

我们从埃文斯开始。埃文斯认为真正的自我意识要求把自我理解为众多对象之中的一个对象,而到目前为止所考察的各种理论都没有给出解释。按照埃文斯的意见,主体立足论和理性能动论都失败了,因为它们都把基本自我意识限制在主体自我意识上。内省论不存在这个问题,承认基本自我意识可以存在于把自我当作心智对象的意识——该对象正是所内省的属性的拥有者。但是,埃文斯论证说,由于内省被相应地理解为私人性的东西,这就使得内省论并不能解释把自我作为众多对象之一的意识,即不能解释把自我作为公共对象的意识。

7.8.1.1 埃文斯对其它理论的批评

自我意识要求把自我看作众多对象之一的意识,埃文斯从一种思想的限制条件——他称之为"罗素原则"——中推得了这一论断。罗素原则是说,为了考虑某个具体的东西,例如自我,我们就必须知道自己所考虑的究竟是哪个东西;也就是说,我们必须对所考虑的东西具有识别性的知识,以使我们能够把它从其他东西中分辨出来。[14]

罗素原则直接表现了自我意识的主体立足论和理性能动论的困难。按照主体立足论的观点,自我意识蕴涵于下述事实:每个人都是其关于其他具体事物的意识的"锚定点"：对于自我以外的其他事物，我们通过它们与自我之间的关系来作出分辨。（我所看到的猫就是那只猫。）但自我意识本身并非以此方式被确定。具有自我意识的主体必须知道他是一个具体的立足了的主体，但他并不需要知道自己是哪个具体的主体，或是立足于何处。确切地说，这是因为自我指称并不包含关于自我的识别性知识，正如休梅克所描述的那样，自我指称是"免于确认的"。

理性能动论也承认没有识别性知识的自我意识。按照这一观点，自我意识存在于把我看作理性能动者的意识，即需要对自己的思想承担责任。但把自我理解为理性能动者，并不意味着我要具备能够识别自我的知识，因为有其他理性能动者的存在是当然的事情。埃文斯主张自我意识需要把自我区别于其它对象的能力，这意味着真正的自我意识既非主体立足论的自我意识，也非理性能动者的自我意识。

相反地，内省论理论看起来非常适合于罗素原则。内省论者主张，可以从下述事实来把自我与其他事物区别开来：我是唯一具有这个思想的存在物。

但埃文斯指出，罗素原则不可能以如此简单的方式得以满足。内省论者提出，我的"主我"思想之所以满足了罗素原则，是因为我能把自我识别为"那个拥有这个疼痛的东西"。为了使这个建议能够成立，我就必须有某种方式使这个疼痛区别于其它疼痛，否则我就不能用"这个疼痛"来识别自我。埃文斯论证说，既然他人也可能具有精确类似的疼痛，那么能够将这个疼痛区别于其他疼痛的唯一方式，就是利用这个疼痛相对于"客我"的关系：把它思考为我的疼痛，或作为我当下所内省的疼痛。但这样一来，为了知道我所想到的究竟是哪个疼痛，我就必须利用它对我的关系，因此我就不能再用这个疼痛来识别自我，并进而满足罗素原则。这里把疼痛替换为任何其它的心理事件，同样可得到相似的结论。

通过参照发生心理事件的个人的独特性,那些心理事件才彼此区别开来,也区别于任何其他事物。……某个主体可以集中起全部的注意力向内关照,向他自己重复地呈现"这个疼痛"、"那个疼痛",把他的注意力全部集中于其疼痛上。只有当这一过程促使我们把这个疼痛确认为某个客观秩序的组分——即作为客观秩序中的这个或那个个人的疼痛时,主体才能知道他所内省的疼痛究竟是哪个。

(Evans 1982, p. 253)

实际上,埃文斯发现所有先前的理论都存在同样的缺陷。"主我"思想是关于某个具体事物的思想。这个事实有一个非常重要的后果,却被所有这些理论忽略了:即考虑"主我"思想需要知道所考虑的究竟是哪个人。主体自我意识竟是如此之纯粹——超脱了任何经验的偶发性——甚至获得这种自我意识都不会促使我们把自己从他人中分辨出来。内省论者把自我意识关联到"私人性的"思想或感觉上,这种私人的思想和感觉被理解为内省注意力的对象。但我们能够把这些思想确认出来,本身已经预设了自我意识,因而对这些思想的确认并不能解释自我意识是如何获得的。

7.8.1.2 埃文斯的选择

埃文斯指出基本自我意识("人们对自我的观念")有两个要素。

人们对自我的观念……第一个要素是思想对特定信息的敏感性,另一个要素则是思想在行动中得以呈现的方式。

(Ibid., p. 207)

按照埃文斯的理论,自我意识要求我们的"主我"判断由特定的信息来源所直接控制,直接根据那些来源所透露的信息来行动。我们的讨论将围绕"思想对特定信息的敏感性",因为埃文斯观点的新意就在于从这一要素引发出来的客体自我意识。

但是,首先,我们需要对第二个要素"思想在行动中得以呈现的方式"作一简要评论。尽管埃文斯同意,自我意识要求客体自我意识,但他仍然承认主体自我意识对于行动而言非常重要。

> "主我"思想是思想和行动的主体对其自我的思想——也就是对思想和动的主体的思想。我表现出自我意识的思想,并非在对行动对象的认识中,而是在行动本身之中。(我并不移动自我;是我自己在动。)
>
> (Ibid.)

所以埃文斯并没有否认自我意识需要主体自我意识,他所反对的只是主体自我意识能够穷尽自我意识。

现在让我们回到"思想对特定信息的敏感性"。根据埃文斯的观点自我意识部分地存在于下述倾向之中:把某些特定的信息来源认定为有关自我的信息来源。内省就是其中的一种来源。如果我具有自我意识,那么我会把由内省透露出来的信息看作是关于自我的信息。在我内省到某个疼痛时,我会倾向于判断说"我处于疼痛之中"。更进一步说,我会倾向于直接作出这个判断,而不需要做其它任何事情,以确定这个被内省到的疼痛是否实际上是我的。我相信这个被内省到的疼痛是我的,这并不基于任何确认自我的方式——例如,并不依赖于我把自己确认为所内省状态的拥有者。因此,埃文斯同意休梅克的观点,认为基本自我意识中的"主我"判断是免于确认的:作出这些判断完全不需要确认自我是什么。

尽管承认自我意识是免于确认的,但埃文斯毕竟主张基本自我意识包含着把自我作为对象的意识。因此埃文斯就挑战了休梅克的一项非常根本的预设。休梅克主张免于确认的自我意识仅限于把自我作为主体的意识。埃文斯拒斥了这个假设。他以"主我"判断为例,认为这些判断也组成了同样是免于确认的客体自我意识。

> 如果下面这些表述中的第一个分句表达了恰当的知识,那么这些表述就看起来毫无意义:"有人翘着二郎腿,但是我在翘着二郎腿吗?";"有人身上又热又粘,但是我自己身上又热又粘吗?";"有人被推了一把,但是我自己被推了一把吗?"如果主体以恰当的方式获得了信息(或看起来获得了信息),知道了一个性质 F 的实例,如果他拥有信息(或看起来拥有信息)说他就有 F 性质,那么这两方面之间看起来并没有任何鸿沟,实际上是一回事情。
>
> (Ibid. , p. 220 –221)

这标志着与休梅克观点的一个重要的分歧。按照休梅克的观点,把自我当作对象的判断——例如"我翘着二郎腿"——不是免于确认的判断。对任何这种判断来说,我对该判断的证据都可能表明某些其它对象具有该属性。这并非不可能。假设我的本体感觉通过莱肯的所谓"未来形态的特殊接线手段"连结到他人身体的位置上,那就会出现这种情况。而在这种情况下,某些看起来是"我翘着二郎腿"的证据实际上表明其他人翘着二郎腿。

埃文斯承认这种可能性,但他也主张像这样的"反常情况""肯定太过复杂,不可能作为我们所关心的正常判断情况的要素来考虑"(ibid. , p. 221)。但是,休梅克并不是说我们会主动地怀疑自己感觉的来源,而是说我们可以融贯地作出怀疑。他认为,把自我当作对象的意识依赖于观察,而对于任何我所观察到的性质,我都能融贯地怀疑我自己是否拥有该性质。因此,把自我作为对象的意识至少潜在地要求假设我就是观察对象,因此它不能免于确认。(休梅克认为即便是内省判断也依赖于隐性的自我确认,即把自我认定为所内省状态的拥有者。)

埃文斯之所以必须拒斥像"接线手段"这样的虚幻的可能性，乃是因为他坚持认为，表达客体自我意识的"主我"判断能够免于确认。他以前面阐述的两条主张来表明这一观点。第一，基本自我意识必定包含客体自我意识；第二，基本自我意识必定是免于确认的。他对第二条主张的论证类似于休梅克的论证（参见前面7.4.1节中所引的段落）。埃文斯指出，"对'φ是F'的理解，与对'我是F'的理解之间，总是存在着一个鸿沟"。(ibid., p. 255)例如，一方面是某个翘着二郎腿的事物以其身体位置产生了我的本体感觉，另一方面是我翘着二郎腿，这两个方面之间就总是存在着鸿沟。如果我对我翘着二郎腿的意识乃是基于前一个方面，即把自己确认为那个以身体位置导致我的本体感觉的事物，那么它就还要依赖于某个在先的自我意识（作为那个拥有这些感觉的事物）。所以基本自我意识必定是免于确认的。尽管休梅克是用这一论证表明基本自我意识必定是纯粹的主体自我意识，但埃文斯却依然主张基本自我意识包含客体自我意识。埃文斯让这一观点与下述观念相调和，即在"某物具有该性质"与"我具有该性质"之间总是存在着一个"鸿沟"。由此，埃文斯也否认自我确认能够用来跨越这个鸿沟。这促使他主张客体自我意识也能够免于确认。

埃文斯的立场有一个很有意思的结论。它意味着判断可以免于确认，但不必全然免于误认的错误。按照埃文斯的观点，"我翘着二郎腿"（基于我的本体感觉）是免于确认的，但却并不能完全免于误认的错误。因为在"反常情况"中，我的本体感觉乃是与他人的身体相联系的，于是我可能是错误地认为自己是那个翘着二郎腿的人。[15]

因此，在埃文斯的理论中，基本自我意识部分地存在于"思想对特定信息的敏感性"，即那种把自我作为特定信息来源的倾向。内省是这种特定的信息来源之一；正如我们所看到的，本体感觉也是这样的来源之一。埃文斯论证说,外感觉也能够提供免于确认的"主我"判断:例如,"主体可以仅仅通过对房子的知觉而知道他在房子前面"(ibid., p. 232)。按照这种观点,自我意识的关键部分,就是基于身体性和知觉性信息来源而直接形成"主我"判断的倾向。因此,基本自我意识——即埃文斯称之为"拥有'主我'观念"——就包含着把自我当作处于时空之中的物理存在的意识。

> 那些把我们作为空间性物理存在的知识,我们有某些特定的方式去获得。而有这些方式所得到的判断就免于误认的错误。……与"主我"思想相关的信息既不依赖于任何论证,也不立足于任何确认,而它本身就是我们拥有"主我"观念的组成部分。
>
> (Ibid., p. 220)

埃文斯进而主张,自我意识包含着把自我作为某种在时间中持存的东西的意识。因为,确认某人的空间位置需要对他当下的知觉与过去的位置有所理解。更进一步地,他认为,记忆能够提供免于确认的自我意识:如果我基于记忆而作出判断"我昨夜曾看到一棵树着火了",那么我并不必把自己确认为那个拥有这些记忆经验的人(ibid., p. 241)。因此,埃文斯认为基本自我意识不仅需要把自我当作立足了的主体和能动者,而且也要把自我当作在空间中定位、在时间中持存的物理对象。

埃文斯的理论可以概述如下。自我意识存在于下述倾向之中:我们倾向于持有受某些信息来源恰当控制的"主我"判断,倾向于根据从这些来源透露出来的信息而行动。那些控制"主我"判断的来源包括内省、本体感觉、外部知觉和记忆。从这些来源中透露出来的信息构成了客体自我意识,即是基本自我意识的一部分;并且这些信息促使我们把自我与其它事物区别开来,因此具有了真正的

"主我"思想(这也就是满足了罗素原则的思想)。基本自我意识也要求有主体自我意识,这就是直接根据那些来源的信息而行动的能力。

因此,埃文斯就把基本自我意识看作是包含了客体自我意识与主体自我意识。实际上,他认为这两种自我意识不可分开,因为他很怀疑那种通常被人们所接受的主观与客观的对立。具体说了,他在对内格尔的批评中表达了这种怀疑。"我认为在'主观'与'客观'思维模式之间的鸿沟是很可疑的,而这恰恰是内格尔所试图去确立的东西。因为在'主观'和'客观'之间的任何一方都不能与对方相分离。"(ibid. , p. 212)

按照埃文斯的观点,这两种自我意识都与信息的使用相关联。考虑一下他对痒觉的刻画:

> 我们这样就可以看到,如果主体感觉到痒,那么他就是以某种方式感知(或看上去感知)其身体的一部分。这种感知方式使他非常想去抓挠……
>
> (Ibid. , p. 230 - 231)

埃文斯把痒的感觉部分地理解为获取关于身体的信息。因此,意识到痒意味着把自我当作某个对象的意识。但这种意识与能动性"不可分割",因为想要去抓挠与痒觉本身不可分离。(这种愿望并不仅仅是由独立的感觉所导致,更重要的是,痒的感觉本身就包含了想要抓挠的愿望,或者说是抓挠的倾向。)

埃文斯所提供的图景能够解释自我意识为什么在本质上是索引性的。自我意识要求我们倾向于以来源于自我的方式使用信息。如果我具有自我意识,那么我会把所感到的痒觉当作自己的东西——"我把它看作是我自己的东西"这一事实,体现在我有抓挠它的倾向。如果我只把痒觉当作属于布里·格特勒(译注:作者的名字)的东西,那么我就不会以如此特定的方式直接地作出行动:毕竟,我们知道某人感觉到痒通常并不会引起我们去抓挠的动作。

而对埃文斯来说,免于误认的错误就要更加麻烦一些。他的理论可以处理下述事实,即我们的"主我"判断在通常情况下是免于误认的错误的;但是,基于某些前面概述出来的理由,他必须否认这是某种绝对的免疫力。有些人会把这一点看作是其理论的代价。

7.8.2　贝穆德斯的感觉论理论

贝穆德斯同意埃文斯的意见,认为自我意识包含着把自我当作空间中移动的持存性物理对象的意识。他也同意说各种感觉经验从根本上构成了自我意识。但他的观点在一些重要的方面区别于埃文斯的理论。

7.8.2.1　贝穆德斯对其他理论的批评

贝穆德斯对内省论的质疑主要是由于,这一理论使用了有关自我和个人同一性的"私人性"证据。他拒斥主体立足论和理性能动论,因为他怀疑主体自我意识并非内在融贯的概念。由于贝穆德斯的观点与埃文斯的观点在某些方面有所重合,所以我们的讨论将主要围绕贝穆德斯对埃文斯的批评——在我们的讨论中,贝穆德斯对其它理论的批评和反驳也将一一呈现。

贝穆德斯认为,埃文斯的理论存在两个成问题的推论:第一,自我意识部分地存在于对私人信息来源的使用;第二,不能熟练使用概念的生物就不能达到自我意识。

贝穆德斯论证说,如果埃文斯是正确的,那么没有人能够以我思考自己的方式来思考我,并在这个意义上,我的自我概念就是私人的。埃文斯认为我的自我概念部分地由我的下述倾向所构成:基于纯然第一人称性质的信息来源——例如 内省和本体感觉,我倾向于形成"主我"判断。贝穆德斯指出,由于其他人都不可能基于这些信息来源形成关于客我的判断,所以,如果这种倾向是我的自我概念的组成部分之一,那么也就意味着除了我自己之外,没有任何人能够以我思考自己的方式来思考我。但他认为,他人可能以我思考自己的方式来思考我。例如,我用说"我痒"来表达的思想,就可能与你说"你痒"所表达的思想具有完全相同的内容——你甚至可以反对我,说"你并不痒"。

> 我在某个特定语境中用"主我"所表达的思想正是你用"你"在相同的语境中(或是在某个与之恰当关联的语境中)所表达的思想。因此,当你理解我说"我是 F"时,乃是通过假定你说"你是 F"所表达的思想来实现理解的。……埃文斯对第一人称意义的观点并没有满足这一限制。既然他认为第一人称意义是私人性的,那么我的"主我"话语就不可能与你的"你"话语具有同样的意义。
>
> (Bermúdez 2005, p. 185)

这种对埃文斯的反驳看起来令人吃惊。毕竟,埃文斯的观点与先前理论之间最根本的差异就是,它否认纯粹由私人性要素构成的自我概念是充分的。这些私人性要素包括对自己思想的内省,确定某个不可由他人分享的指称体系,或是用全然第一人称的意识把某人理解为理性的能动者。埃文斯反对这些观点,他主张真正的自我意识乃是包含着公共性要素的自我概念。这些公共性要素包括个人的物理性质和时空位置等等。

贝穆德斯认识到,埃文斯转换了自我意识的场所:从私人的领域转向了公共性的领域。他的批评则声称,埃文斯的观点实际上仍然保留了私人性的痕迹,因为这一观点仍然把自我意识部分地理解为由下述倾向所构成的:基于像内省这样的纯粹第一人称性质的信息来源,我们倾向于形成"主我"判断。贝穆德斯批评说,这种与私人性信息来源的联系会合乎情理地产生一个后果,即"主我"具有

(部分的)私人性意义,即他人不可能完全理解的含义。

贝穆德斯还批评说,埃文斯的观点并不能证明他自己的主张,即从根本上说,我们每个人都把自己看作众多对象之中的一个对象。他的论证如下:如果基本自我意识包含着把自我当作某个对象的意识,那么它应该要求把握那些关于自我的确认信息,也就是说它就不应该免于确认。毕竟,我们之所以知道其它对象,也的确是因为把握了有关它们的确认信息。因此,尽管贝穆德斯也承认某些"主我"判断免于确认,但他仍认为基本自我意识并不是免于确认的。

由于贝穆德斯否认免于确认的指称关系是基本自我意识的组成部分,因而他也对免于误认的错误这一点的重要性大打折扣。这标志着他与休梅克的观点之间存在着很深的分歧。在休梅克看来,免于误认的错误是很重要的自我意识特征,这恰是因为它能促使自我意识是免于确认的。在前面7.4.1节引述的论证(埃文斯对此作出了回应)中,休梅克主张基本自我意识必须免于确认。由此他才主张,免于确认的主体自我意识,较之于需要确认的客体自我意识,要更为根本。

与此相反,贝穆德斯则对主体自我意识的概念持怀疑态度。他反对主体自我意识的例子源于这样一种观点:表达了这种自我意识的判断通常被假设为绝对免于误认的错误。而最有希望具有这种绝对的免疫力的东西,莫过于人们对具体思想或感觉的内省性判断。然而,贝穆德斯论证说,关于感觉的判断所担保的只是客体自我意识。而关于态度的判断也并没有形成任何对自我的把握,因为它们并非产生于对自我的"内部观察"。[16]在这里他主张,"我相信p"的判断并没有形成主体自我意识。

> 我们想知道的是,这里哪儿有什么把自我作为主体的意识呢?这里除了对事态p——或是对可能的事态p的意识之外,

没有任何关于其它什么东西的意识。再强调一遍,这里没有什么把自我作为主体的意识。

(Bermúdez 1999)

贝穆德斯对主体自我意识的怀疑呼应了我们先前曾碰到的某些疑虑。这些疑虑包括:詹姆斯主张自我有"两面性",我们不能把同一个东西在同一时刻既看作认识对象,又看作认识者。赖尔也把自我当作它自己所不能知道的东西,认为它"逃避着那种要把它安置于追寻者身体之中的企图"(Ryle 1949/1984, p. 186)。

贝穆德斯还指出了埃文斯暗示了另一个成问题的推论:只有那些能够熟练使用概念的生物才能获得自我意识。对埃文斯来说,自我意识部分地被定义为那种形成概念上清晰的"主我"判断的倾向。贝穆德斯(Bermúdez 1998)论证说,这将会导致一个"自我意识的悖论"。我们只有理解了如何使用第一人称代词"主我",才能获得具有概念复杂性的自我意识;但是我们如果不能理解具有概念复杂性的自我意识,又不能知道如何使用"主我"代词。因此,如果像埃文斯所坚持的那样,具有概念复杂性的自我意识是基本自我意识,那么我们就不能解释,人们如何能发展基本的自我意识,或者人们如何学会正确地使用"主我"代词。

贝穆德斯的结论是,具有概念复杂性的自我意识绝不会是基本自我意识。所有具有概念复杂性的自我意识和对"主我"的理解,都必须来源于某个更为原初的自我意识。这一结论为他构建自己的理论开辟了道路。

7.8.2.2 贝穆德斯的选择

贝穆德斯的自我意识理论旨在弥补他在其他理论中所发现的那些弊端。但它也面临着一个特殊的限制条件,即是由刚刚所描述的"自我意识的悖论"所规定的限制。这个理论必须能够合乎情理地解释,具有概念复杂性的自我意识是如何从原初自我意识——连不会使用概念的婴儿和动物都具备的自我意识——中产生出来的。

因此,在转向贝穆德斯的观点之前,我们有必要简要考察一下他的原初自我意识图景。他的主要观点是,原初自我意识可以从婴儿和动物所经历的外感觉和内感觉经验中建构起来。利用吉布森(J. J. Gibson)在生态光学方面的工作,贝穆德斯论证说日常视觉经验从多个方面产生了"自我特化的信息"(self - specifying information)。例如,视域的边界提供了有关头部位置的信息,对环境的视觉经验提供了关于自己移动的信息。或许最有趣的一点是,外感官的经验从"可供给性"(affordance)的方面刻画了环境——环境的可供给性就是相对于该生物的能力,环境所给予的作出行动与反应的机会。一个光滑的水平面被感知为"可行走于其上的"东西,而一片沼泽则被感知为"可陷入于其中的"东西(Gibson 1979, p. 127;转引自 Bermúdez 1998, p. 112)。对外部实在的知觉总以这种或那种方式提供了有关自我的信息。

内感官的来源也提供了"自我特化的信息":例如,本体感觉提供了关于肢体位置的信息,而前庭系统则提供了有关身体平衡的信息。综合起来说,外感官与内感官的来源产生了有关自我的各种各样的信息——包括有关身体及其位置的信息,有关身体移动的信息,以及有关个人能力的信息(例如,我们能在哪个表面上行走,我们能够接触到哪个对象)。(参见 Bermúdez 1998,第6章)

贝穆德斯主张,原初的自我意识可以从这种自我特化的信息中构建起来。因为这种信息可以指导某些行为,而又恰是这些行为通常最好用自我意识来解释。为了解释婴儿对听到自己哭泣的反应为何不同于它听到其他婴儿哭泣的反应,我们就必须承认,在某种意义上,这个婴儿意识到了它所听到的哭泣是自己发出的,但显然它不具备那些能够清晰阐释这一思想的概念。[17]随着人们在这个世界上的阅历的增长、对空间与自己在时空中的轨迹的理解加深,原初自我意识也在不断地发展。与他人的交往促使我们意识到心理学性质,例如,贝穆德斯考察了一种特殊的自我理解:自我被理解为从某种联合视觉注意(joint visual attention)的经验中生发出来的感知者。但这种自我意识也并不需要具备知觉的概念。

原初自我意识能够产生什么样的概念上复杂的自我意识? 最近贝穆德斯提出了如下观点。

> 沿着埃文斯理论中的一条线索所提出的观点是,思想者把自我思考为空间中沿着某一条轨迹运动的唯一对象。但以这种方式对自我的思考究竟意味着什么呢? 这种思考自我的方式应该被理解为一种实践的能力。这是一种把自我安置于某个对世界的认知地图之中的能力——正是这种能力,把人们以自我为中心的空间理解叠加到关于世界空间结构的非自我中心表征之上。按照自我中心的空间理解,空间指向是相对于人们的行为能力而得以确定的,且更一般地说,乃是由人们对世界的实践参与来确定的。

(Bermúdez, forthcoming)

贝穆德斯的这个建议把下述两个观点结合了起来:一方面是我们刚刚描述的观念,即自我意识自然地生成于经验与环境的互动;另一方面是埃文斯的主张,即基本自我意识包含着把自我理解为众多对象之一的意识。

"自我中心"的空间理解直接来源于刚刚所描述的原初自我意识。对任何一个在空间中移动的生物而言,外感觉和内感觉经验都提供了空间对其自我的意义:"这里"与"那里"的区分。这种空间的意义与该生物在空间中移动的实践能力密切联系在一起,因为它对"那里"(或许是某个看似有食物的地方)的理解关联着它对如何移动到那个位置的理解。更复杂的自我意识要求把"我的"空间理解为并非"那个"空间;也就是说,"这里"所指出的位置只与我当下的位置相关,而并非与某个绝对的词项相关。按照贝穆德斯的建议,全面的自我意识要求持有一种以自我为中心的空间理解,这使我们能够利用有关自己位置的信息;但同时这种理解也需要与非自我中心的空间理解结合起来,即还需要把我们的位置理解为只是非自我中心的空间中的另外一个位置。

具有自我意识的个人必须理解自我中心的空间与非自我中心的空间之间的关系。这一要求赋予"主我"以适当的公共性意义。你和我都能够以同样的方式理解我的"主我"话语,因为我们共享某些定位其指称物——即客我——的实践能力。因此,当我说"我痒"而你说"你不痒"的时候,就存在着一种真正的分歧,是关于那个处于特定位置上的个人(在实际的词项中得以确定)是否感到痒的分歧。而我"在空间中的位置独一无二"这一点则使你和我的下述思考都满足罗素原则:你和我都知道我唯一的空间位置,并因此拥有能够识别我的知识。

通过把这些思想关联到刚刚所描述的实践能力上,贝穆德斯的观点就也能够容纳"主我"思想的索引性本质。"我痒"并不等同于任何非索引性思想,因为它引导我去行动的方式不同于任何非索引性思想的方式。然而,与先前的理论一样,这个观点能否容纳"免于误认的错误"依然是个棘手的问题。贝穆德斯与埃文斯都认为,对误认错误的免疫力并不是绝对的。[18]但与埃文斯相反,他否认免于误认的错误会直接与自我意识相关。这一立场出自他对信息来源之"私人性"的焦虑。那些免于误认错误的判断都依赖于纯粹的第一人称性质的信息来源,因此也都依赖于私人性的信息来源。在贝穆德斯看来,基于这些来源的自我概念将不可能被分享。所以,如果这就是我用"主我"所表达的自我概念,那么我对"我痒"的断定与你说"你不痒"的断定就根本不可能相互矛盾。

贝穆德斯也承认,像"我痒"和"我正想到馅饼"这样的判断是免于误认的错误的。但他否认这种免疫力解释了"主我"的意义,而是把这种免疫力归之于所用到的谓词。

> 内省性基础是人们将谓词应用于自我的立足点。假如我们不能把内省性基础与那些将谓词应用于他人的立足点区分开,那么就很难以理解,我们作为语言使用者如何能可靠地理解二元谓词"某某正想到某某"。
>
> (Bermúdez forthcoming)

贝穆德斯与先前理论的分野较之于埃文斯所作出的差异可谓有过之而无不及。他的观点植根于埃文斯的观念,即任何充分的自我概念都会包含把自我作为众多对象之一的意识。但他发展出来了新的规定性,认为即便是婴儿和动物的经验也能够有机地发展出一种自我概念。这促使他非常强调自我概念与我们的社会环境和物理环境之间的关联。他认为,由于这些环境的关系,我们的自我概念不可能全然立足于第一人称性质的信息来源,而我们必须把自己理解为在时空中运动着的物理存在。

7.9   这些理论存在真正的分歧吗?

鉴于自我意识在日常生活中的普遍性,自我意识理论的多样性可能让人吃惊。或许会有一种理论努力要把这些观点上的分歧归结为所讨论的是不同类型的自我意识。基于这一点,不同的理论之间可能最终能够达成某种调和。例如,我们或许可以说,内省论对于作为思想拥有者的自我意识而言可能是最好的理论;而把自我纯粹当作主体的意识则最好由主体立足论观点来解释;理性能动论解释了理性能动性的自我意识;而把自我当作物理对象的意识则要求一种感觉论观点。

几乎所有这些观点都承认我们拥有多种多样的自我概念。也就是说,我们把自我既看作思想的拥有者,也当作指称体系的定位点,既当作对我们的态度负责的理性能动者,也当作某些性质的承担者——基于某些特定的信息来源,我们才知道这些性质,以及在时空局域中拥有某条特殊轨迹的物理存在。(但是也有某些例外:例如,某些内省论观点会否认我们把自我看作处于时空之中的物理对象。)

然而,这种旨在达成调和性立场的理论努力注定是要失败的。因为这些理论观点之间在某些相对确定的议题上发生分歧。例如,在"主我"判断是否绝对免于误认的错误这一问题上,不同的理论就存在着不小的分歧。更重要的是,这些理论产生的不同的基本自我意识图景在相互竞争。这些不同的自我意识图景之间的分歧在于,哪个自我概念对于"主我"的理解来说是必要条件(或最小的充分条件)。

关键的问题包括,自我作为立足了的主体的意义,或者作为心智性质拥有者的意义,是否是自我概念的充分条件;基本的自我概念是否要求把自我理解为主体,或是理解为对象,理解为担负着自我态度的责任,理解为拥有某些在特定信息来源中揭示出来的性质,理解为在时空中运动的事物。

小 结

自我意识理论旨在揭示基本的自我理解:使"主我"区别于其它事物的理解究竟包含着什么。在这些理论之中,一个主要的划分界限是有关基本自我意识究竟是包含作为对象的自我意识还是作为主体的自我意识(抑或是两者都有)。所有理论都试图论证自我指称本质上是索引性的。某些关于自我的判断免于误认的错误,这一观念尽管被广泛接受,但仍存在着诸多争议。

内省论理论认为基本自我意识来源于对心智状态的内省性把

握。按照这种观点，我们把自我理解为这个思想或感觉的拥有者，而"这个"就指称某个具体的心智状态，我们在内省中关注到这个状态。这一理论利用了在自我知识的亲知理论中描述的内省性指称图景。由于它认为自我意识乃是从对心智状态的观察中得到的，所以这似乎就把基本自我意识限制在把自我作为某个对象的意识上。某些批评者认为这是这一理论的弱点。另一些人则认为，由于某些概念上的理由，不可能存在主体自我意识：既然任何对自我的理解都是把它当作认识对象，那么我们就不能把自己理解为认识者。

按照紧缩论观点，我们不可能有真正的自我意识——至少我们不会以任何有意义或稳健的方式拥有自我意识。这一观点是对下述两种观念的综合：一方面是主体自我意识从概念上不可能存在的观点，另一方面则是对内省性知识的怀疑。结果就是，紧缩论观点主张在自我意识与其他人对我的意识之间不存在任何实质的差异。由于这一观点走向了深层直觉的反面，所以大多数人把这种观点当作最后才有可能转向的选择。

主体立足论则以相对素朴的术语来解释基本自我意识：它就是把自我理解为某个具体定位了的东西，它是我们对其它所有事物的意识的出发点。这也算作主体自我意识，因为我们把自我理解为意识到其他事物的主体，而非被意识到的对象。这种观点否认自我意识是通过对自我的观察而得到的。它把自我意识的能力看作对其他东西的意识的先决条件。对这一理论的反驳来自于对主体自我意识之概念连贯性的疑虑，以及与之相关的断定：对任何具体事物的意识都必须是观察性的。

理性慎思在理性能动论中扮演了重要的角色。这一理论认为，基本自我意识就是把自我作为对思想施加理性能动性的思想者的意识。这种自我意识乃是从慎思中生发出来的。我们在慎思中把理由当作行动的理由——也就是说，当作形成态度或作出决定的理由。因此，我们获得了能动者的自我意识，即有能力基于这些理由而行动。对这一观点的主要疑虑在于,它过高估计了自我意识的内容,它比主体立足论观点赋予基本自我意识以更多的内容;它忽略了把自我作为对象的意义;它不能满足罗素原则,等等。

感觉论观点主张,我们基本上把自己当作公共的对象,当作处于空间之中的、以其物理存在感知周围环境的对象。埃文斯的感觉论观点认为基本自我意识既要求客体自我意识,也要求主体自我意识。按照他的看法,我们把自我看作是以某种方式认识的对象(这是客体自我意识的部分),但也看作是某些行动可能性的拥有者(这是主体自我意识的部分)。贝穆德斯的感觉论认为,基本自我意识反映了我们在环境中活动、与环境互动的实践能力。他主张基本自我意识全然是把自我作为对象的意识,因为他怀疑主体自我意识的融贯性。

拓展阅读

Nagel(1974)是比较容易获得的对自我意识问题的导论。这本书把这一问题与有关知识和心智的众多问题相联系。这里所引述的那些有潜力的工作都收录于 Brook and DeVidi(2001),其中还包括了很多有关自我意识的新近论文。Gallagher and Shear(1999)提出了众多理解自我意识的进路,包括哲学上的、现象学的、心理学的与认知科学的进路。Roessler and Eilan(2003)是一本论文集,主要收录了哲学家和心理学家有关能动者自我意识问题方面的论文,这里所探讨的对象也包括作为心理行为的能动者的自我意识。Cassam(1997)发展了一种理论,认为基本自我意识就是自我作为物理对象的意识与自我作为经验主体的意识的结合。在这一点上,这种观点对休谟的下述断定提出了挑战,即内省不可能提供对实质性自我的理解。De Gaynesford(2006)对"主我"代词及其指称方式作了细致的考察。

8

经验论与理性主义的论争：一种分析

8.1 导论

我们有两条解释自我知识和自我意识的基本进路：经验论进路与理性主义进路。当然，这两大阵营中都有各种各样不同的观点，并且这些不同的理论之间也有其它方面的分野，由此也能产生其他可能的分类。但是，经验论与理性主义之间的界限仍然标识出了某种特别深刻的差异。在自我知识和自我意识问题上，这两条进路展现了完全不同的基本立场。

由于理性主义者也承认，经验论理论在某些类型的自我知识上是正确的，因而理性主义者就担负了一项特殊的辩证任务：他必须表明，为什么另一种自我知识——批判性自我知识是经验论理论所不能解释的。在这一章中，我会对这方面主要的理性主义论证作出评价。既然这些论证之一就利用了自我意识的理性能动论观点，因此我也会讨论自我意识方面的理性主义（参见前面的 7.7 节）。我的结论是，这些论证并没有证明经验论观点的不充分性。基于理性主义的特殊辩证任务，我得出的结论是，这种辩证情境也有利于自我知识的经验论理论（或许也有利于自我意识的经验论理论）。

但我也要特别地表明自己并无意拒斥理性主义。事实上，也许根本没有什么理性主义者会对我的主张感到为难或难以接受。我的目标非常温和：我试图表明，那些就自我知识本身的思考并没有支持理性主义。它所具有的合理性乃是来源于其他的方面，也就是对个人与推理本质的理性主义（广义上的康德主义）观点，包括自我意识的理性主义观点。如果我的分析是正确的，那么自我知识的理性主义理论并没有证明理性主义观点，或延伸来说，没有证明这一问题上的理性主义进路。从这一观点出发，我们的讨论将主要围绕着检验理性主义所蕴涵的关于自我知识的结论。

我首先阐释经验论与理性主义之间的分野。第 8.3 节大致勾画了理性主义所担负的任务：需要表明自我知识的经验论理论的不充分性。第 8.4 节通过考察通透性现象是否支持理性主义，来对理性主义作出评价。我主张只有一小部分态度具有通透性，经验论理论也能包容这种现象。第 8.5 节考察了下述主张：经验论理论不能证明批判性自我知识与理性思想之间的概念联系。我则表明经验论者能够承认这里存在着概念上的联系。第 8.4 和 8.5 节的讨论表明理性主义从根本上依赖于基本自我概念的论断。这一论断在第 8.6 节中得到了应用，评价了那种试图从自我意识的理性能动论中推论出理性主义理论的努力。这种理性主义论证主张，批判性自我知识由认识者的不可还原的规范性自我概念提供认识论保证。这种自我概念就包含着把自我理解为有义务遵循理性规范。我描述了对理性规范的另一种解释，这种解释是经验论者可以接受的。我的结论是，这些理性主义论证并没有危及自我知识的经验论进路。

8.2　经验论与理性主义的界限

到目前为止，在我们所有的讨论中，我都把理论划分为经验论的或理性主义的。现在让我们就这两大进路作一些讨论。

我们先来说经验论。经验论理论主张,在自我知识的典型范例中,我们观察或探测自己心智状态的过程就为自我归因提供了辩护。经验论者在自我知识的认识论上又划分为几种观点。按照认识论上的内部论观点,例如亲知理论,经验过程通过提供自我处于该心智状态的证据,来为自我归因作辩护。而按照认识论上的外部论观点,例如内感觉理论,自我归因之所以得到辩护(或保障)乃是由于相关经验过程或对目标状态的因果联系具有可靠性。亲知理论和内感觉理论都把导致自我知识的经验过程理解为内省。但某些经验论者认为,自我知识是通过非内省的经验过程而得到的,在这些过程中我们只能间接地探测到自我归因的状态——例如,总有某种外部事实来表征自我归因,或恰当地与自我归因共变。对这种事实的知觉把握就能间接地探测自我归因。在自我知识方面,非内省的经验论理论包括移位知觉论(第5.7节)和通透性方法的经验论解释(第6.4.3节)。

理性主义理论认为,一种特殊类型的自我知识能力——对自己态度的批判性自我知识的能力是理性思想的前提。批判性自我知识本质上是规范性的,因为它包含着个人认识论权利的使用。这种认识论权利不能从任何经验过程中得到。因此,尽管经验过程可以用来确认个人的态度,也会对自我归因提供某些支持,但对批判性自我知识而言,纯粹的经验来源对于提供辩护来说是远远不够的。认识论权利对批判性自我知识是不可或缺的,这种权利也会随着我们作为理性能动者的地位,以及我们通过慎思来形成自己态度的能力而增长。我们作为理性能动者的地位具有规范性的涵义:这表明我们有义务遵循理性规范。这种义务保证了批判性自我知识的规范性基础,也就是作出自我归因的认识论权利。理性主义与经验论明确地区分开来,乃是由于它主张,自我知识的基本类型的认识论基础是理性能动性的规范性维度。

经验论与理性主义还在范围上有所差异。经验论理论有着广泛的应用范围，可以用来解释任何（据称是）第一人称优先性通路领域中的心智状态。但理性主义理论只适用于那些蕴涵于理性思维之中的心智状态：信念、愿望、意图，与其它命题态度。

理性主义者认识到他们的理论并不适用于对感觉的解释，因为感觉只有通过观察才能把握。所以他们就承诺一种自我知识的混合理论。这种混合理论在对感觉及其它"被动"状态的知识方面采取经验论立场，而在信念与其它"主动"状态的知识方面采取理性主义立场。正如我们在第6章中所看到的，伯奇和莫兰明确地主张，全面的自我知识理论必然是一种混合理论。

> 我认为，感觉的知识需要与思想和态度的知识分开来作处理。
>
> （Burge 1996, p. 107）
>
> 我会相对较少地谈论感觉，因为我相信这方面所提出的自我知识问题会非常不同于其他类型的态度方面的自我知识问题。
>
> （Moran 2001, p. 9–10）

最近，阿伦·齐默尔曼（Aaron Zimmerman）和马修·博伊尔（Matthew Boyle）都为这种经验论与理性主义的混合理论作辩护。

> 尽管……理性主义者在关于我们的思想和信念的知识方面大都是正确的，……但是，当代经验论者仍然为关于我们的感觉经验的知识提供了更好的理论。
>
> （Zimmerman 2008, p. 3）
>
> 一种自我知识理论要能令人满意，就必须至少识别出两种根本不同类型的自我知识：一种是主动的自我知识，使我们获

知自己的判断；另一种是被动的自我知识，给予我们感觉的知识。

（Boyle 2009，p. 133）

既然理性主义者也同意说，全面的自我知识理论必须包含经验论的部分，因此，使理性主义区别于经验论的地方就在于，是否承认存在某些自我知识只能由理性主义理论来解释。理性主义者为了论证的确有某些自我知识是只能由自己来解释的，就必须证明，作为理性主义之核心的规范性要素是某些现象的必不可少的组成部分——而这些现象恰又是自我知识理论真正要去解释的对象。

我会论证说，理性主义者不能做到这一点，但首先我需要确切地给出理性主义者面临的任务。

8.3　理性主义者的任务

理性主义者必须表明，经验论理论并不能充分地解释自我知识。尽管理性主义者认识到这个要求，他们有时却低估了满足这个要求所需要做的事情。因为他们对经验论理论的批评通常围绕于某些特定的据称是缺陷的地方，但实际上这些缺陷与经验论理论的充分性与否并不严格相关。即便经验论接受那些理性主义者所主张的限制，它也仍然可能是充分解释自我知识的理论。

具体说来，经验论者也能承认我们是批判的思想者，我们对自己的态度施加理性的能动性。他们可以同意说，我们对自己的态度具有责任与权威的规范性关系。他们也可以认识到，"批判性推理是我们人之为人的核心"（Burge ibid.，p. 113）。并且，他们还可能承认，我们能够对自己的态度采用莫兰所谓的"慎思性态度"，即把它们作为批判性评价的对象；我们并不总是被限制在"观察者态度"，即把我们的态度看作纯粹有待于观察的静态特征。

　　我将表明，经验论者甚至可以接受下述观点：我们对自己态度的能动性从认识论上构成了自我知识。为了挑战经验论理论，理性主义者必须证明，理性能动性构成了自我知识中一种特殊类型的认识论成分，即具有不可还原的规范性。

　　理性主义者认识到，他们担负着一项特殊的辩证任务。观察与探测的关系处于经验论理论的核心，它们可以被确认为具有认识论意义。与此相反，我们对自己态度的能动性处于理性主义理论的核心，却似乎与知识无关，至少初看起来是这样（参见 6.4 节）。因此理性主义者必须表明，一种并非明显是认识论的关系也可以是自我知识的组成部分。

　　第 6.3 节中的一个观点值得在这里重复一下：尽管理性主义者认为自我知识最显著的特征并非在认识论方面，但是理性主义却仍然旨在成为一种认识论理论，成为对自我知识之认识论基础的解释。这一观点有时并不那么清晰——例如，莫兰对经验论理论的主要批评就是，这些理论过于关注知识的认识论方面。理性主义者还在理性主义与经验论之间找出了一项关键的认识论差异，即理性主义从认识论权利的层面为自我知识奠基。（伯奇也强调了这一点。）更重要的是，正是这项差异才使理性主义成为经验论的真正对手。尽管理性主义主张，我们对自己态度的能动性关系较之于对它们的认识论关系更为重要，但这也丝毫不能对理性主义构成威胁，因为经验论者也可能同意这一评价。（试比较：如果有人发展了一项有关个人形而上学地位的理论，则他也可能赞同有关个人伦理学地位的问题比形而上学问题更重要。）理性主义之所以是经验论的真正对手，乃是因为它主张这种能动性关系是自我知识的关键的认识论部分。

　　理性主义对经验论的挑战面临着一种基于规范性本质的限制条件。规范性要素处于自我知识的本质地位。只有规范性要素不能还原为经验论者所主张的认识论要素，理性主义的批评才能够成立。如果在一项理论中,规范性要素可以无损失地还原为非规范性要素(或被非规范性要素所替代),那么这种理论就并非持真正的理性主义观点。我们已经看到一种试图中立化理性主义的尝试。正如伯恩(Byrne 2005)和费尔南德斯(Fernández 2003)对通透性方法所作的注释那样,通透性方法的认识论效力仅在于下述事实:(一般来说)由它产生的自我归因非常有可能为真。[1] 由这种方法所提供的辩护就不包括认识论权利。伯恩和费尔南德斯由此消解了通透性方法的特殊的理性主义因素(6.4.3 节)。

利用刚刚所提到的限制条件,我们就能阐释理性主义的特征论断。

> 理性主义:(1)理性能动性的规范性特征构成了自己态度的关键的认识论部分;(2)这种规范性特征不可还原为经验论所支持的认识论要素(例如证据、可靠性,等等)。

我将对论证这一论断的主要理性主义理论作出评价。这些理论利用了通透性现象,关于认识论权利本质的主张,信念与相信者的理性主义概念,以及自我意识的理性能动论。

8.4 合理性与通透性

有一种理性主义论证乃是围绕通透性现象展开的,这就是莫兰的通透性论旨:

> 在我把自我当作理性的能动者时,……我对自己信念的报告必须遵从通透性条件:我可能通过思考(且仅思考)X 本身就报告了我的关于 X 的信念。

> (Moran ibid., p. 84)

莫兰认为,像意图这样的其他态度也展现了通透性。我会论证说,只有在考虑非常小部分的态度时,我们才能满足通透性的条件。

8.4.1 两种类型的态度

为了评价理性主义理论,我们必须重新考察在第3章中曾经简要提到的一个区分,即在两种类型的态度——持存性(或倾向性)态度与发生性态度(参见3.3.3节)的区分。

设想你有一些地理学上的信念。你可能相信上海是中国的一个城市,相信格陵兰岛远在意大利北边,相信巴西在南美洲。在读到最后一个句子前,你或许根本没有想到这些地方。这些地理学信念只是持存性信念,也就是说,你虽然拥有这些信念,但它们却并没有展现在当下的时刻中。倘若你被问到相关的问题,你会毫无困难地肯定上海是中国的一个城市——你甚至都没必要参考一下地图集——因为你拥有这个持存性信念。现在当你考虑上海的方位时,你关于"上海是中国的一个城市"的信念就成为发生性信念。

一般而言,发生性态度就是当下所展现出来的态度。在刚刚给出的例子中,你具有"上海是中国的一个城市"这个发生性信念。你可能也有想要造访上海的发生性愿望,如果你正感到有某种迫切的心情想去那里的话。但如果你现在决定明年去上海,那么你就具备了确定要这么做的发生性意图。[2]

发生性态度相对是短命的。它们只在你展现其内容时才存在。只要你的心思还游离于关于上海的思考之外,你就不会有关于上海的发生性态度。而持存性态度则相对来说是常存的,因为即便它们的内容没有展现出来,这些持存性态度也仍然在那里。"上海是中国的一个城市",这可能是在你一生中的绝大部分时间都具有的持存性信念。你也可能(几乎)终生都有想去那座城市的愿望。发生性态度与持存性态度有许多结合的可能性。你可能拥有一个内容与持存性态度相同的发生性态度:想到"上海是中国的一个城市"并没有消除相应的持存性态度。你也可能具有持存性态度而没有相应的发生性态度，抑或是相反。上面所提到的地理学信念在你还没打开这本书时，只是纯粹的持存性信念。而想要造访上海的思想也许只产生了飞逝而过的刺激，并没有发展出相应的持存性愿望。

8.4.2 通透性的限制

莫兰似乎首要关注的是持存性态度的知识。他指出，自己的目的在于解释那些有关"各种持存性态度——例如信念、情绪态度和意图"的自我知识（Moran Ibid., p. 9）。尚不清楚他是否也意图用他的理论来解释发生性态度，他把那些持存性态度与"感觉和闪过的思想这样的发生性状态"相对比，而非与发生性态度相对比。所谓"闪过的思想"，莫兰似乎是指某些非态度的状态，例如幻想或沉思。

这种对持存性态度的强调在某种意义上是令人惊异的。正如我们在第3.3.3节所看到的，持存性态度至少部分地是由倾向性词项定义的，但一般认为，我们并没有特殊的方法来找出自己的倾向。在任何情况下，我都认为持存性态度对理由并不是通透的。我的论证意味着，我们只能在发生性态度——并且实际上只是在有限范围内满足莫兰的通透性条件。

莫兰的通透性论旨是说，如果我是一个理性的能动者，我就会满足通透性条件："我可能通过思考（且仅思考）X本身就报告了我的关于 X 的信念。"（Moran ibid., p. 84）所以，如果我是理性的，我的信念就会对理由是通透的——也就是说，我关于 X 的理由就能形成我关于 X 的信念。因此，我可以通过直接思考 X 而把握我对 X 的信念，从而调动我关于 X 的理由。我的信念因而也是通透的：我通过"看穿"信念直达理由来把握自己的信念。这种通透性意味着我可以知道信念而无需观察信念，所得到的自我知识因而就是非观察性的。

为了评价通透性论旨，设想以下的例子。你在一个没有窗户的房间里被一本引人入胜的小说所吸引，不知道时间过去了多久。有人打断你的阅读并且问："你知道太阳已经落山了吗？"你对这一问题的回答就是用通透性方法：你直接考虑太阳是否已经落山。这使你回忆起你是在下午的晚些时候坐下来阅读的，而且你已经读了好几个小时了。在这个基础上，你判断太阳已经落山了，于是你报告说"我相信太阳已经落山了"。这似乎就是通透性方法的典型应用。

现在来考虑你的报告"我相信太阳已经落山了"。这个陈述作为你当下的发生性信念为真，因为在当下的时刻，你的表述是自己展现了"太阳已经落山"这一判断。（因此你的表述就是莫兰所谓的"誓言"。）这一陈述在你说出的那一刻，也作为你所拥有的持存性态度为真，因为你的判断"太阳已经落山了"也可能是固定的倾向，表达持存性信念对这一效应的特征。几分钟之后，当你的思想转向其它事情，你仍然具有肯定太阳已经落山的准备，你不用带太阳镜就毫不迟疑地走到房间外面去，等等。

然而，你对通透性方法的使用模糊了下述事实：在你被问到"是否相信太阳已经落山"时，你对这一问题既没有持存性信念也没有发生性信念。通透性方法的作用正是把你引向一个判断，即形成一个你可以作出誓言的发生性信念。但这个过程特别地掩饰了这一事实：在你被提问的那个时刻，你没有对太阳是否落山的问题作出任何承诺。因而通透性方法并不能用于回答"你现在相信 p 吗？"这样的问题，因为"现在"所指示的是提问的那个时刻。在刚刚所描述的情况中，正确的回答应该是："不，我对太阳是否落山没有任何信念。"

通透性方法不止没有使人认识到自己对某个议题没有任何信念；它还能在应用中替换人们先前拥有的信念。我沉浸在阅读之中，完全没有注意到时间已经过了多久，因为我一直坐着看书。但我却有一个持存性信念是太阳还没有落山。毕竟,我一般会在太阳落山之前出去遛狗;所以既然我还愿意继续坐在椅子里看书,这本身就表明我(倾向性地)相信外面时间还早。现在我被一个问题打断了思绪:"你相信太阳已经落山了吗?"一开始我可能会想说"当然不相信"——也就是我先前的持存性信念变成了发生性信念。但通透性方法的应用却消解了那个信念。我现在意识到自己已经坐在这里读书好几个小时了,我判断太阳已经落山了,于是我报告说"我相信太阳已经落山了"。正如前面的例子一样,这个报告为真,一方面是作为由慎思产生的发生性信念,另一方面又是作为我新形成的持存性信念。但在采用通透性方法之前,我已经有持存性信念"太阳还没有落山"——并且在刹那之间它还曾成为发生性信念。通透性方法通过产生新的判断而隐藏了人们先前的态度,而不必反思在应用这一方法之前人们持有什么信念。

在上述每一个情况中,思想者的推理都没有什么问题。所以即便是对理性的能动者而言,通透性方法也不能揭示在被提问"是否相信 p"的时刻所持有的发生性信念或持存性信念。这一方法并不能揭示人们当下就该议题所持有的任何信念,不管这个信念究竟是什么。

尽管通透性方法并没有揭示我们在应用这一方法之前的信念,但它仍然产生了发生性信念(或其他态度),并似乎也产生了关于这些信念和态度的知识。那么它也能产生并揭示持存性态度吗?

这个问题有点复杂。一方面理性主义者一般承认,只有发生性态度才对理由是直接通透的。莫兰之所以认为通透性方法重要,是因为它促使我们誓言某种态度,亦即是基于我们的理由作出承诺。誓言也是行动:只有当我们基于理由而主动地承诺"太阳已经落山"的信念时,我们才能誓言这个承诺,即加上"我相信……"这样的前缀来表达。(对莫兰来说,一项誓言可能但不必包含这种前缀:我们可以仅仅断言"太阳落山了"来誓言这个信念。)这意味着人们不能誓言一个纯粹的持存性信念，即如同"上海是中国的一个城市"这样的信念。尽管你可能具有对这一持存性信念适当的倾向，誓言"我相信上海是中国的一个城市"表达的只是你当下对该论断的赞同。只有发生性态度才能是誓言的对象。

然而，理性主义者可能同意说，通透性方法只是间接地揭示持存性态度。正如我们在前面看到的，你认识到太阳已经落山了就导致了一个持存性信念。因此，尽管只有发生性态度才是誓言的对象，誓言却可以指示持存性态度——至少指示了那些来源于发生性态度的持存性态度，而作为源头的发生性态度正是通透性方法所产生的。"（我相信）太阳落山了"可以反映你的持存性信念，尽管它直接表达的只能是你的发生性信念。

对上述建议的直接疑虑是，基于慎思的判断并非总是产生相应的持存性信念。最显著的这类例子包括信念忠诚（参见 5.5.2 节）："那种坚持原初信念的倾向，甚至在收到新的信息，与该信念的基础相矛盾或根本否定之后，也仍然坚持的倾向。"（Anderson 2007，p. 109）某些类型的信念很有可能在反例面前仍得到坚持。这其中包括迷信的信念、情绪上责备的信念（例如有关配偶的忠诚度或孩子是否无辜的信念）、宗教信念、某些固定种族或性别偏见的信念（参见 Greenwald and Banaji 1995），以及内在有说服力的常识信念。[3]

对这一疑虑的一个回应是，那些对理由不敏感的态度——例如刚刚描述的那些情况——都并不是真正的信念（Gendler 2008）。[4]然而，理性主义者一般承认有时需要在反驳面前坚持信念。他们承认，坚持信念及其他未得到辩护的态度，只能通过观察而知道它们，因为认知者并没有使其态度与理由相一致。（伯奇与莫兰两个人都提到，心理治疗的首要目标就是把态度与理由结合起来，而这里所使用的就是对态度的观察性知识。）

更好的策略是关注自我作为相信者的内涵和意义。这里的观念是，尽管我们可能具有某些坚定的信念，但既然我知道自己有能力相信这些,我也就应该使自己的信念与理由相一致。这就是我作为理性能动者的基本自我概念。莫兰之所以认为这是我们的自我概念的一部分,乃是由于他认为通透性条件是"我把自我设想为理性能动者的东西"。但这一策略在理性主义那里采取了与本节的论证所不同的路径:它引发了理性主义的自我概念以表明我们有权利使用通透性方法。(我们会在下面的8.6节讨论这个策略。)而我们当下所关注的问题是,通透性现象是否可以用来确立理性主义的观点。

在任何情况下,持存性态度看起来都不是通透的。基于莫兰对通透性条件的理解,这一点或许是可以预期到的。莫兰把这一条件作为理性能动性的要求,是通过慎思而形成发生性态度的行为能力。发生性态度作为理性能动性的直接表达通常都会产生持存性态度:判断慢慢灌输到持存性信念中,决定产生了持存性的意图,等等。但即便不考虑发生性态度产生持存性态度的过程是否合理,合理性也并没有支撑持存性态度。人们往往直接依赖持存性信念和意图,而并不再反过来对这些信念和意图给予慎思。就这一点看,人们并没有对它们施加能动性。这并不是说它们是非理性的:在我关于上海是中国的一个城市的信念中,没有什么东西是非理性的。但是,由于持存性态度是倾向性的,所以他们并没有表示出任何能动性,也没有任何理性能动性。或许最清楚地揭示这一点的是下述事实,我们也曾在前面关注过:能动者不可能誓言其持存性态度。一项誓言就是赞同的行为,它只有在人们正考虑所赞同的对象时才能实现。

我们来作一回顾。我已经主张,真正通透的态度只能是由通透性方法所产生的发生性态度。这一方法的使用也隐藏了人们先前的态度。并且尽管这一方法可能间接地产生持存性态度,也仍然有大量的证据表明,主体的持存性态度通常与理由不一致。

如果我这里所说的都是对的,那么我们只有很少一部分态度在莫兰的意义上是通透的。我们现在就来考察，通透性现象如何从认识论上构成了通透性态度的自我知识。

8.4.3　解释通透性

通透性方法在下述方面是可靠的。使用这一方法的理性能动者会报告——我们假设是自我归因——某项态度，当且仅当该方法实际地产生了这个态度。所以由这一方法所产生的自我归因就一般为真。

这个结果也适用于信念之外的其它态度。如果我想知道自己是不是有意去上海，我会直接考虑造访上海是否是一个好主意——例如，它是否会推进我的某些更大的目标，等等。如果我认为这是个好主意，那么我就会把造访上海的意图归因于自我，并且我仅凭考虑态度的对象"造访上海"就得到了自我归因。正如在信念的情况中那样，所产生的态度是一种发生性的意图。它可能并不反映任何先前的意图（或许我以前从没有考虑过造访上海），它也可能不会产生某个持存性的意图（可能它只是转瞬间的闪念）。尽管通透性方式是有限制的，但在其限制之中它似乎仍然具有认识论上的效力：它产生了一般为真的自我归因。因此，合理地说，使用这一方法就产生了知识。

然而，理性主义者不应当满足于这个事实。因为该方法产生知识的方式仍然独立于那些作为理性主义之根本的规范性要素。

在第6章中，我们已经看到，对于通透性方法如何产生知识的问题，经验论者已经提供了一种很有前途的解释（可以从伯恩和费尔南德斯的理论中不严格地得出）。基本观点是说，该方法的可靠性不必参考责任或权威这样的规范性要素而得以解释。这种理论的可能性为通透性方法成功的经验论解释铺平了道路。如果该方法是凭着其可靠性而产生知识的，且它的可靠性又能够从经验要素上得到解释（例如，信念 p 与某人对信念 p 的自我归因有着相同的原因),那么通透性现象就并不能威胁自我知识的经验论理论。[5] 因此,以上述方式描述的通透性论旨就并没有支持理性主义。

理性主义者会论证说,通透性方法的认识论效力并不仅在于可靠性。因为像可靠性这样的非规范性特征并不能为该方法所产生的知识——亦即批判性的自我知识——提供认识论基础。为了拒斥对通透性方法何以成功的经验论解释,理性主义者必须确立两个观点。第一,对于由通透性方法所产生的那种知识而言,态度与理由之间的规范性联系从认识论上起了至关重要的构成作用。第二,这种构成具有不可还原的规范性意义:它不能还原为像因果关系或可靠性这样的非规范性要素,也不能由这样的要素来解释。

但是,按照我们的构成,这恰恰是定义理性主义论旨的观点。

> 理性主义:(1)理性能动性的规范性特征构成了自己态度的关键的认识论部分;(2)这种规范性特征不可还原为经验论所支持的认识论要素(例如证据、可靠性,等等)。

因此,我们需要理性主义论旨来拒斥对通透性方法之认识论效力的经验论解释。这也就意味着理性主义观点本身不能从通透性现象推论得到。

理性主义论旨必须更直接地得到支持。它可以表明,批判性自我知识作为真正的自我知识,乃是从认识论上依赖于规范性要素。我们会在下一节来检验这个论证。

在本节中,我已经主张,只有很少一部分态度对理由是通透的。而在这一部分中,态度的通透性与通透性方法相应的成功,也能够以经验词项来解释。所以通透性现象并没有为理性主义提供辩护。理性主义者可能提出两种回应。第一种在前一小节中已经提到过了,就是认为我过小地估计了通透性态度的范围,因为我们的基本自我概念保证了我们的态度一般是对理由通透的。我们将在 8.6

节检验这个回应。除此之外,理性主义者还可能主张,对通透性方法成功的经验论解释并不是充分的,因为它不能解释由该方法产生的那种自我知识——亦即批判性自我知识的特殊认识论特征。我们现在就转向考察这种回应。

8.5　合理性与权利

批判性自我知识的规范性维度在伯奇的理性主义认识论中居于核心的地位;他为这一观点提供了有根据的辩护,主张批判性自我知识乃是基于我们的认识论权利。(莫兰对认识论权利作了相对简要的讨论,但也表明他在这一问题上的观点也在广义上接近于伯奇的观点。)

伯奇并没有赞同通透性方法。实际上,他并没有试图解释我们获得关于自己态度的知识的过程。他的理性主义的核心观点是,批判性自我知识有一种特殊的认识论基础,也就是某种类型的权利。按照我对伯奇"认识论权利"概念的理解,它有两个维度:可靠性与可许可性(参见 6.4.1 节)。可靠性是经验论的和认识论外部论的维度:按照他的观点,"素朴的"可靠性对观察性自我知识来说已经足够了,这能够经得起经验论理论的检验。但批判性自我知识则进一步要求可许可性,这从根本上说是不可还原的规范性。批判性自我知识只有在自我归因具有认识论上的可许可性的条件下才能获得——这就是说,认识者只有在其认识论权利之中才能获得批判性自我知识。

伯奇直接辩护了形成其核心观点的认识论论断,由此发展了理性主义。其核心观点是:批判性自我知识与理性能动性有着概念上的联系,因此批判性自我知识也具有不可还原的规范性基础。在本节中,我主张仅凭理性能动性与批判性自我知识的概念联系并不能确立上述论断。我的结论是,理性主义者至多只能希望借助于自我意识的理性能动论。(这一理论将在第8.6节作出评价。)

8.5.1 批判性自我知识的认识论特质

在下一段中,伯奇刻画了观察性自我知识与批判性自我知识的区别。

> 如果我们把自己态度只是作为经验对象来认知,……那么我们应用理由(那些基于观察性知识观点的理由)的能力就必须承认对态度的理性控制的偶发性。这就意味着我们不得不面临这样一个问题:一方面是自我知识和合理评价的观点,另一方面则是通过观察而获知的态度。如果这两方面之间只是偶发性的关系,那么这些理由如何能有效呢? 这就又不是批判性推理了。在批判性推理中根本不会出现这些路径与控制的问题,因为我们对所获知的态度直接就是合理性的关系:它们本就是反思性视角的一部分。
>
> (Burge 1996, p. 113)

伯奇坚持认为,如果仅仅记录下某人拥有某个态度,而没有反思其理由,则就是把该态度看作是属于另一个视角的东西。(但他并没有支持莫兰的观点,即人们必须仅凭反思理由就能够理解自己的态度。)因而这至多只能是观察性的知识。与之相反地,批判性自我知识包含着基于理由而对态度作出的评价。如果我对未加辩护的信念有批判性自我知识,且我意识到它是未加辩护的,那么这就会直接对该信念施加理性的压力。并且,由于这种压力是直接的,因而在批判性推理中"根本不会出现这些路径与控制的问题"。

在伯奇看来,这种理性的直接性构成了批判性自我知识与观察性自我知识之间的根本差异。他把批判性自我知识定义为"那些准备在所获知的态度上施加理性压力的知识"。我们所关心的问题是,在观察性自我知识与批判性自我知识之间,理性直接性方面的差异究竟能否构成一种认识论差异？为了回答这个问题,我们就需要考察,对某个给定的态度来说,纯粹的观察性自我知识如何转变为批判性自我知识。

我们的例子假设了一个叫尼克的普通人。尼克曾相信撒漏出来的盐会带来坏运气,而在撒盐之后,扭转恶运的唯一途径就是扔一小撮盐到肩膀上。现在尼克已经是一个成年人了,他也意识到这种迷信毫无根据。但每当他撒盐的时候,他还是会在第一时间产生恶运的感觉,并禁不住地想要施行那个扭转恶运的仪式。

如果尼克被问到他是否相信撒盐会带来坏运气,那么他不会反思那些关于盐的神奇魔力的证据,而是会直接在想象中练习。他想象有些盐从他手中的筛子里落下,当他在想象中看到那些颗粒落到地板上的时候,他感到某种强烈的凶兆,并产生了某种近乎不可遏止的冲动想要撒些盐到他的肩上。[6] 他向自己承认（也向别人报告说）他相信撒出的盐会带来坏运气。因此尼克就获得了关于其迷信信念的观察性自我知识。

现在假设尼克从纯粹的观察性自我知识推进到批判性自我知识,即认识到他所具有的是未加辩护的信念。由于尼克意识到他的信念并未得到辩护,所以该信念受到了直接的理性压力。伯奇指出信念一般不可能在这种理性压力下还能常存。

> 如果不能从观点的持有者角度来理解其中的关联,那么这就是合理性的失败。而这一点就是合理性观点的组成部分之一。

(Ibid., p. 114)

假设尼克有理智且没有"合理性的失败",那么只要他认识到信念是无根据的,这就会消解他的信念。尼克就因此获得了批判性自我知识。

批判性自我知识显然要比纯粹的观察性自我知识更优越,因为以这种方式理解的态度对理由敏感,所以那些获得了批判性自我知识的人满足了某些合理性规范。但是,在作为对态度的知识方面,批判性自我知识也在认识论上优越于观察性自我知识吗?

从观察性自我知识向批判性自我知识的转变改善了尼克的认识论处境。迷信信念的消除既增加了其信念总体中真信念的比例,又增加了其信念总体的内在一致性。(仍然不够清楚的是,这一转变是否把"撒掉的盐无害"添加到他的知识总体上——基于某种对其处境的解释,他已经获得了这种知识。[7])

但是,向批判性自我知识的转变并没有增加尼克对自己态度的知识。这种转变就在于对某个信念施加了理性的压力,并足以消除这个信念。而这个转变乃是通过修正某个信念得到的,且这种对信念的修正与尼克本人无关。他在转变后的认识论处境中更胜一筹,乃是因为他抛弃了那种未加辩护的关于盐的神奇魔力的信念。——这表明他在面对盐的认识论处境得到了改善,而非面对自己态度的认识论处境被提升。(他也已经知道,在这种转变之前自己关于盐的态度是什么。)所以,向批判性自我知识的进展并没有拓展我们对自己态度的知识。

理性主义者也承认,那些我们通过批判性自我知识把握的态度,也可以通过其他的方式——例如观察性的方式来把握。批判性自我知识在认识论上的特殊性在于,它立足于一种不可还原的规范性的认识论权利,有我们的理性能动性来保证。以下是伯奇所表述的与观察性自我知识的差异。

简单的观察性模型的基本主张在于,我们对自我知识的认识论保证总是部分地依赖于这样一种关系模式的存在:它是真实而又素朴的、偶发性的、非理性的关系——合理地说,它就是主题(所考察的态度)与关于态度的判断之间的因果关系。

(Burge ibid., p. 105)

这一段意味着,如果关于态度的判断构成了批判性自我知识,那么它对态度的关系就不是(或不仅仅是)"素朴的、偶发性的和非理性的"。观察性自我知识的认识论基础是素朴的,因为它存在于主体的视域之外。(这里伯奇想到的是认识论上的外部论观点——假设是当代的内感觉理论。)与此相反,我们在认识论上有权利作自我归因这一事实,可以表现在对我们自己的理性能动性的反思中。我们在6.4.1节勾画了这种先验推理。与观察性关系的偶发性相比,按照理性主义的观点,判断对态度施加的理性压力却是具有必然性的。[8] 而与观察性关系的非理性特征相反,我们的理性能动性保证了作出自我归因的认识论权利。

伯奇在这里的论证广义上与休梅克的论证很相似。休梅克主张,我们的理性本质保证了我们能够合理地修正自己的态度,而这又进而保证了我们能达到批判性自我知识(或某种类似于此的东西)。

简单地说,这种观点认为理性生物的本质就是对信念—愿望体系的内容如此敏感,以至于能给予新经验来修正和更新内容,能消除该内容中的不一致性与不连贯性。……假如这种生物不能内省自己的信念与愿望,那么它就不具备合理修正这些信念与愿望的资源,也就不会有正常的人类理性。

(Shoemaker 1994, p. 285–286)

在第5章中,我从内感觉理论家的角度勾画了对休梅克论证的回应。我论证说,内感觉理论家会承认合理性保证了自我知识的能力,也因此否认自我蒙蔽的可能性。(回顾一下:自我蒙蔽的生物是指它们是理性的,也拥有恰当的心理概念,但没有自我知识。)这种承认并不与内感觉理论关于如何获得自我知识的观点相矛盾。如果这里所使用的是一种恰当稳健的合理性概念,那么内感觉理论家就会同意说合理性蕴涵着自我知识的能力,但仍然坚持认为内省是一种偶发性的因果过程。

我认为类似的策略就能够化解当下这种对经验论的挑战。这种挑战的核心观念是,理性能动性(作为一个批判的思想者)从概念上保证了批判性自我知识的能力。主张这一观念可以根据下述理由:合理性部分地存在于把握态度的能力,以及使态度与理由相一致的能力——这也就是批判性自我知识的能力。但是,承认合理性部分地存在于这些能力之中并不意味着承诺某种理性主义理论,以解释批判性自我知识是如何获得的。具体说来,它排除了全然为经验性认识论基础的可能性——例如,有一种可能性是,因果关系、可靠性与内省性观察的结合促使其发生,也是自我知识得到辩护的基础。

所以,即便批判性自我知识的基础是经验性的,它也仍可能具有对合理性的概念联系。这种概念联系乃是由合理性概念所提供的:理性生物的概念蕴涵了态度对理由具有适当的敏感性。这种概念联系并没有表明理性能动性从认识论上构成了自我知识的关键部分,即某种不可还原为经验论要素的组成部分。所以它并没有论证理性主义的观点。

伯奇会拒斥这个反驳。他把批判性自我知识定义为一种从认识论上对态度施加直接的理性压力的知识。而且他把"理性压力"理解为具有合理性的本质——它不能还原为任何纯粹的经验效力,比如因果控制这样的东西。所以真正的批判性自我知识就从定义上拒斥任何经验论解释。

现在,如果批判性自我知识被定义为具有不可还原的规范性基础,那么说经验论理论无法解释这种知识,就只是琐屑的真理。但

是从定义上规定批判性自我知识具有不可还原的规范性，只是重新
表述了经验论与理性主义的分歧。这一分歧就在于我们实际上是
否拥有批判性自我知识。

我所理解的批判性自我知识从定义上与这样一种能力相关：通
过对态度施加理性压力，使我们的态度与理由相一致的能力。以这
种批判性自我知识的理解为前提，且"压力"的定义就是不可还原的
规范性的话，那么只有我们先已假设了能够获得批判性自我知识，
我们才能表述出理性主义与经验论的分歧。但理性主义与经验论
的分歧也恰恰是在这个问题上：关于我们态度的知识究竟是否会在
认识论上依赖于不可还原的规范性要素？

本节我论证了经验论者可以承认，理性能动性与批判性自我知
识的能力之间具有概念关联。因为理性能动性可能部分地存在于
使态度与理由相一致的能力，等等。但是这并不意味着任何有关如
何获得自我知识的观点：具体说来，它不能排除下述可能性：只有彻
底的经验论理论才是正确的自我知识认识论。

这把我们引向了最后一个也是最有希望的理性主义论证。前
面的论证试图确立理性主义的前提都可以从经验论视角重新解释：
例如态度有时对理由是通透的，拥有理性意味着有能力根据理由规
约态度，等等。最后的理性主义论证则避免了这种情况，它主张我
们通过对自己理性能动性的意识，能够直接把握批判性自我知识的
规范性认识论基础。

8.6 自我意识的理性能动论

理性主义者会主张，我基于经验论立场的答复忽略了自我归因
的一个关键特征：在对某个态度作自我归因时，我们实际上展示了
某种不可还原的规范性的自我概念。理性主义者主张自我归因通
常包括把自我当作理性的能动者，能够合理地控制自己的态度。按

照他们的观点,这种自我概念从认识论上构成了自我知识的本质(不可还原的规范性)。

从前两节的论述中生发出了这样一种可能性:利用理性主义所主张的不可还原的规范性自我概念,拒斥经验论者对论证前提的重新解释,以此来为理性主义提供支持。更进一步地,伯奇和莫兰似乎认为,适当的自我概念要求把自我看作理性的能动者。[9]所以他们两位都接受自我意识的理性能动论。

理性能动论可以用来支持自我知识的理性主义观点。按照这一理论,基本自我意识存在于把自我作为理性能动者的意识:这就是说,认为自我有能力根据理由来规约态度,并对这种规约负责。这意味着如果把某个具体的态度看作我的态度,就是把它作为处于我的理性控制与责任的范围之内。所以在态度的自我归因中,我记录了我对态度的责任——用莫兰的说法就是,我对自己作出了承诺。因此,自我归因具有不可还原的规范性意义。自我归因的这种规范性维度对其作为知识的状态起了关键的作用,因为对某个态度负责就是把它理解为我的态度的必要条件。

博伊尔把这一观点表述如下。

> 某一表述"A"是第一人称形式,仅当某个理解它的主体认为,在说出"A 是 F"的时候,他是把"是 F"的属性归于他自己。……他必须认识到,他称之为"A"的那个人正是具有他自己的心智的那个人。
>
> (Boyle 2009, p. 153)

这一进路认为,批判性自我知识的规范性维度来源于我们的自我概念固有的规范性。(博伊尔认为它来源于我们的信念概念——但正如我们一会儿将要看到的,这紧密地与当下的理论相联系。)它是否成功地确立了理性主义观点,有赖于以下两点:第一,自我意识的理性能动论是否正确；第二，如果这一理论是正确的，那么这种自我概念是否从认识论上构成了自我知识中不可还原的规范性部分。

现在我们来讨论第一点，即自我意识的理性能动论正确与否。我们把自己当作从属于某些合理性规范，这似乎是合理的，例如"人们必须根据自己的理由来规约信念"。因此我们认为自己能够满足——或至少近似地满足——这些规范，也会是合乎情理的观点。

理性主义论证如果要成功，那么以这种方式所把握的自我就不能仅仅是一种广泛的(甚或是普遍的)事实。能动性与责任必须作为我们的自我概念的本质——至少它必须构成了具有信念能力的理性思想者的自我概念。

但是，经验论者可以拒绝这个观点。他可以利用某些被广泛接受的人类目标和信念，来解释为什么我们把自己当作必须遵从合理规范的人，就像"人们应该根据自己的理由规约信念"。例如，人们一般努力发现真理，避免错误，这或许是因为他们把真理和避免错误视作有工具性价值的东西。大多数人都认识到，基于理由规约信念就导向了发现真理与避免错误。之所以"人们应该根据自己的理由规约信念"，或许是由于相信者共同的目标与如何实现这些目标的一般观点所致。但这些目标和观点并不必是基本自我概念的一部分。因此在这个意义上，我们应该规约信念的涵义也不在基本自我概念之中。

这里可以作一个比较。"人们应该保持良好的个人卫生"具有规范效力，乃是由于它出自人类的共同目标与一般观点：例如，人们通常都有保持健康的目标，而且一般都相信良好的卫生会增进健康。但这些目标和观点并不在我们的基本自我概念之中。这个规范也是经验性地得出其效力的，也就是从认识者实际的目标和观点上获得规范效力的。

同样的论证可以用于某些稍微不同的理性主义情境。在这些情境中，满足合理规范的义务被认为是信念概念的一部分。经验论者可以解释为什么人们普遍认为"信念应该受理由的规约",他们注意到我们用这种实践来尽可能扩大真信念的领域(尽可能缩小假信念的范围),因而这种规范有助于我们达到其他的目的。

此外,信念忠诚与其他"合理性的失败"是完全融贯的。这意味着只有某些特殊信念才满足合理性规范。理性主义者会主张我们的基本信念概念就关联到这种特殊类型上:某个坚定不移的信念之所以还是信念,正是由于它是应该归属于这一类的态度,即应该具有对理由的敏感性。但经验论者可以把这种"应该"的效力归之于广泛接受的目标和观点,因此也能否认我们的信念概念(或与之相关的相信者的概念)会有根本不可还原的规范性部分。

我从经验论者的角度已经提出,合理规范的效力可以不必归之于我们的基本自我概念(或基本的信念概念)而得到解释。理性主义者会主张,任何这种经验论解释都不能证明我们实际的自我概念。他会认为合理规范的效力来源于基本的自我概念,而自我概念就具有内在的规范性意义。

理性主义主张自我概念具有内在的规范性,而经验论者认为所考察的规范性不过是某些广泛接受的目标和观点的产物。我们如何能够决定这两种观点孰对孰错呢?

这里的分歧在于我们的基本自我概念(就我们把自我当作有能力的信念主体而言)究竟包含哪些内容。所以它可以被分析为有关下述图景之可设想性的分歧。某个主体认为他有能力作出信念,但却怀疑他是否能够展现某种理性能动性,以便遵从合理规范。

在我看来,这一图景完全是可以设想的。尽管我认识到某些规范,例如"人们应该根据理由规约信念",但我在心理学上仍然无法阻止某些毫无合理基础的信念——也就是无法阻止凭空的幻想,这对我来说是完全可能的。同样地,我在心理学上也无法接受某些有充分证据的信念——所以我也就否定了很多议题,这似乎也是可设想的。我是否能使信念与理由相一致,以及达到何种程度上的一致,这在我看来完全是一种与具体心理能力有关的经验事实。而认识到这一事实并不意味着否认我的信念主体的地位。

理性主义者还可能论证说,只有先假设某人的态度在自己的理性控制之下,他才有可能作出慎思。但经验论者也可以把这一点理解为心理学上的必然性,而非对某种本质的自我概念的反思。认识者如果怀疑自己的理性能动性,那么他会认识到在心理学上有必要作出这个假定。实际上,他会把这一点看作某种积极的幻觉:它是未加辩护的且可能为假,但具有工具上的价值。(这种工具性价值可能就在于它提升了某种控制的意义。)

我们很难怀疑自己的理性能动性,从心理学上看,我们有理性能动性这一点恐怕是无可辩驳的。但这并不意味着理性能动性就是自我概念的内在本质。对理性能动性的怀疑至多只是一种怀疑论,通常尽管怀疑论的前提都是可设想的,但却难以在任何时候实现。笛卡尔在怀疑我们能否控制自己的信念时就看到了这种困难。他认为坚持这一怀疑(也是更宽泛的邪恶精灵的怀疑论的一部分)"是一项艰苦的工作,而一种懒惰促使我回到正常的生活"(Descartes 1641/1984, p. 15)。这种怀疑的努力在心理学上很困难,但它至少表明了一种真正可设想的可能性。

以上简要的勾画并不是要给出拒斥理性主义的结论。它只是表明经验论者如何能拒绝强理性主义的信念主体和信念概念。这些概念恰是处于这最后的理性主义论证的核心。

我的目标只是说明这些理性主义论证并没有证明,存在某种类型的自我知识,就其认识论地位来说,本质上依赖于不可还原的规范性要素。它们依赖于某个先在的理性主义观点。这个观点处于经验论和理性主义的基本分歧的核心。我现在要为这个分歧提供一个简单的分析,以此来结束本章。

8.7　分析经验论与理性主义的论争

理性主义对经验论自我知识理论的挑战依赖于下述主张:某种不可还原的规范性要素——包括理性能动性、责任与权威——从认识论上构成了自我知识的本质部分。我已经说明,经验论者可以承认合理性与批判性自我知识之间有概念上的联系,而否认不可还原的规范性要素构成了自我知识中重要的认识论部分。

我想以对经验论和理性主义论争的简短分析来结束本章。在我看来,这里的分歧是关于如何正确理解下面的陈述。

(A)必然地,理性的认识者把自己当作理性的能动者。

按照我的分析,理性主义者把这里的必然性理解为从物的必然性。而站在经验论者的立场上,我对理性主义论证的回应就是把这种必然性理解为从言的必然性。

为了理解这两种解释的差异,考虑一下下面这个陈述。

(B)必然地,所有单身汉都是未婚的。

当这里是从言的必然性时,这一陈述为真。在这种情况下,它说的是这样一个事实:如果某物是单身汉,那么可以推论出该物是未婚的。但如果按从物的必然性理解,这一陈述就为假,因为那样的话它说的是:"未婚"的属性就是所有单身汉的本质属性。这就是假的,因为任何单身汉都可能通过结婚而失去这个性质。

按照我的理解,理性主义者正是在从物的解释中接受(A)为真,这也就是说,把自我当作理性能动者乃是理性认识者的本质属性:理性认识者必然具有该属性。(相反地,单身汉只是偶发地具有未婚的属性。）这种自我概念使我们有权利相信我们的态度乃是形成于理由，且我们能够获得批判性自我知识。因此我们就有权利通过反思理由而确认自己的态度（至少根据莫兰的观点是这样的）；并且更一般地说，就是通过反思理由而对态度作自我归因。

在本章以及在第 5 章对休梅克批评的回应中，我对经验论的辩护都利用了对这一陈述的从言解释；对相应的通透性和批判性自我知识的主张也采用了从言的解读。我主张经验论者可以接受，在合理性与通透性方法的可靠性之间，在合理性与批判性知识的可能性之间，的确存在着概念上的联系。但这种概念关联只是理性认识者的一个属性。正如一个人结婚就失去了作为单身汉的属性一样，我主张，如果一个人失去了（或根本没有）"从理由中形成态度"的属性，那么他也就失去了作为理性的认识者的属性——至少对于那些态度而言他不再是理性的认识者。并且，通透性现象和批判性自我知识都要求态度形成于理由。

如果这种对辩证处境的解读是正确的，那么经验论与理性主义的分歧就在于我们基本的自我概念：具体说来，就是陈述（A）在从物必然性的解释下是否表达了真理。理性主义的前提是把自我看作理性的能动者，认为这是我们的基本自我概念的本质。如果我们假设某人不能以这种方式来看待自己，那么在深层的意义上，这种假设是内在不一致的。经验论者则可以承认有人不能把自己看作理性的能动者，并因此他也算不上是理性的认识者；这样也能解释为什么很难以这种另外的方式来看待自我，因为把自我当作理性的能动者乃是心理学上一个几乎无法辩驳的事实。

但是，理性能动者究竟是否为自我概念的绝对本质——这个问题也就是以从物必然性解释的陈述（A）是否为真——不能由对自我知识的反思来决定。这个问题属于另一场有关自我意识的争论——并且更一般地说，这是关于个人与推理的根本本性的争论。

小 结

我已经论证了自我知识的经验论立场能够经受住理性主义的挑战。理性主义的论证虽然从有关自我知识的考虑开始,例如,有关通透性现象或我们获得批判性自我知识的能力入手,但实际上它潜在地依赖于一幅自我概念的强理性主义图景。这幅图景形成了有关个人和推理的基本理性主义观点,形成了自我知识的理性主义理论。因此有关自我知识的考虑并不能证明理性主义理论。

我以一种对理性主义的广泛的担心来结束本章的讨论。这一担心在本书好多处地方已经体现出来。理性主义者认为,包含在自我知识之中的合理性是一种非常严格的类型,由此拒斥了自我知识的经验论解释。但这种严格的合理性概念是要付出代价的:它促使我们怀疑理性主义者所主张的理论是否能解释人们实际的认识成就,因为我们实际上所获得的认识成就不可避免地存在着缺陷和认知上的限制。恐怕它所讨论的并不是我们真实地面临着的问题,而是另外一个新问题:它所关心的自我知识来源乃是某个理想化的超智慧生物才能获得的东西;而我们真实面临着的问题则是我们如何实际地获得自我知识。

拓展阅读

Zimmerman(2008)为经验论与理性主义的论争提供了富有洞见的分析;他也强烈主张为理性主义的自我知识理论辩护。Boyle(2009)在精神上与Moran(2001)一脉相承,提供了强版本的理性主义观点的例子。Reed(2010)强调了通透性方法的局限,试图证明理性能动性有时也要求观察性的自我知识。

术 语 表

誓言(avowal)：

我们用来对某个信念或态度作出承诺的口头表述。某些像"我相信外面在下雨"这样的誓言是态度的报告，而另一些誓言，例如"外面在下雨"，则只是对态度的描述。

信念忠诚(belief perseverance)：

在这种现象中，即便某个信念被认为没有什么证据的支持，甚或有些很强的反面证据，它也仍然得到坚持。

我思论证(cogito argument)：

勒内·笛卡尔在其第二个沉思中给出的一个论证。在这一论证中，沉思者利用对自己思想的意识来证明自己的存在。（拉丁词"cogito"意味着"我思"。）这个论证的关键是，我们之所以能非常确定地知道自己存在，乃是基于对自己正在思考（拥有思想）这一事实的反思。笛卡尔坚持认为，即便在最坏的知识境况中——某个邪恶精灵控制了人们的思想，我们也仍然可以由我思来确立自己的存在。

从物判断 vs. 从言判断(de re vs. de dicto judgments)：

从物判断是关于某个具体事物的判断，它指出某个事物而无需参考找出该事物的方式。例如，从物判断"那是红的"就指向了某只具体的红雀，就是关于那一只鸟的判断——而不考虑作出该判断的人是否认识到它是红雀。相反地，从言判断则关心属性之间的关系——这些判断只是在所关心的属性获得实例的意义上才涉及到具体事物。按照从言判断的理解，"红雀是红色的"意味着所有是红雀的东西都是红色的。

倾向性态度（dispositional attitude）：

这种态度的内容并没有在当下得以展现。例如，有人可能相信上海是中国的一个城市，即便他此时并没有想到上海——甚至即便在他睡着的时候，他也仍然可以具有此信念。在这个意义上，该信念就是倾向性的。倾向性态度的其它例子包括常存的愿望和意图，其内容也没有在当下得以展现。（也被称作持存性态度或非发生性态度。）也参见发生性态度。

经验知识（empirical knowledge）：

是指从经验中获得认识论辩护的知识，或是其辩护本质上依赖于经验的知识。知觉、记忆与内省都是标准的经验知识来源。

经验论（empiricism）：

这种观点主张，对于特殊范围内的知识，经验在对该范围内的信念的认识论辩护中发挥了关键性的（或许是主要的）作用。

认识论的（epistemic）：

是指与知识相关。

认识论的外部论（epistemic externalism）：

这一观点主张信念的认识论特征可能是信念主体所无法达及的东西（因此外在于主体）。这些认识论特征包括那些与知识相关的、促使信念得到辩护或保障的特征。这意味着我们可以知道 p 却没有任何支持信念 p 的可能理由或证据。许多认识论的外部论观点把辩护性要素理解为所关心的事实的联系：例如，"外面在下雪"的信念是正当的，当且仅当该信念恰当地由下雪的事实所导致，或是可靠地指示了下雪的事实，等等。

认识论的基础主义（epistemic foundationalism）：

这是有关知识结构的观点，主张某些信念是由信念之外的东西——通常是经验——来辩护的。这些基础性的（或基本的）信念就是知识结构的基础，它们有助于支持某些"更高的"、非基础性的信念。

认识论的内部论(epistemic internalism)：

这种观点认为,信念的认识论特征必须是信念主体可以达及的东西(因而内在于主体)。这些认识论特征就是以知识所要求的方式辩护信念的东西。这意味着,如果我们对信念 p 没有任何可能的理由或证据来支持,那么我们就不能知道 p。认识论的内部论的一种非标准形式是,知识要求信念的理由内在于信念主体,就是要求这些理由存在于他的心智中。

索引性本质(essential indexicality)：

某些判断或陈述是索引性的,不可还原为任何非索引性的判断或陈述,也不可以从任何非索引性的判断和陈述中推论出来。(参见索引词。)"主我"判断一般被认为具有索引性本质。

功能主义(functionalism)：

这种观点认为,心智状态乃是由它们典型的原因和结果来定义的。这里有一个非常简化的例子:某个具体状态之所以疼痛,乃是由于它是这样一种类型的状态,这种状态常常由组织损伤引起,且导致了(或通常倾向于导致)主体喊"啊!",等等。

当且仅当(if and only if)：

"p 当且仅当 q"的意思是,p 是 q 的充分必要条件。

免于(第一人称代词)误认的错误(immunity to error through misidentification (of the first‐person pronoun))：

是"主我"判断的一个性质。例如"我正感到疼痛"这个判断,给定判断的基础,作出判断的人不可能在弄错了谁在疼痛的前提下,仍然还正确地判断有人在疼痛。

索引词(indexical)：

指某个词项或概念的指称物随说话者或认识者的语境而变化。这样的例子包括"我","今天","这儿"和"明年"。

不可怀疑的(indubitable)：

不可能怀疑。某个信念 p 对处于特定情境中的特定主体是不可怀疑的,仅当在那个情境下的主体不可能怀疑 p。

不可错的(infallible):

不可能出错。如果某个主体对某一类信念而言是不可错的,那么主体具有某一个此类信念就意味着该信念为真。例如,我们对自己的心智状态是不可错的,当且仅当我们对自己处于某个心智状态的信念意味着我们就处于该状态之中。

知识论证(Knowledge Argument):

由弗兰克·杰克逊(Jackson 1982)提出的非常有名的心身二元论论证。这一论证推出二元论的前提是,我们可以知道所有属于某个具体经验——比如看见红色的经验——的物理事实,但却仍然不能把握关于这一经验的现象事实——例如不能理解"看见红色"究竟显现为什么。

形而上学的(metaphysical):

指与实在的基本结构相关。

心身二元论(mind – body dualism):

这一观点认为心智的事物或属性不同于也不可还原为物理的事物或属性。

摩尔悖论陈述(Moore – paradoxical statement):

是指这样一种陈述,它同时既表达了某个态度又否认持有这个态度。例如,"外面在下雨但我并不相信外面在下雨。"以 G. E. 摩尔的名字命名,是因为他从哲学上关注了这种类型的陈述。(Moore 1942)

规范性的(normative):

评价性的,包含某种价值、标准或规范,与我们应该如何行动或推理有关。

客体自我意识(object self – awareness):

把自我当作某个正想到的事物(自己思考的对象)的意识,通常通过对自己性质的观察而获得这种意识。(用威廉·詹姆斯的说法,客体自我意识就是把自我作为认识对象而非认识者的意识。)也参见主体自我意识。

发生性态度(occurrent attitude):

这种态度的内容就是当下所展现的东西。例如,在你判断外面下雨的时刻,你关于外面在下雨的信念就是发生性的。当你停止思考有关下雨的事情,你就不再发生性地相信外面在下雨了,尽管你仍然可能保留了关于外面在下雨的倾向性信念。(参见倾向性态度。)

全知的(omniscient):

拥有关于某类真理的全部穷尽了的知识。如果某个主体对于某一类真理而言是全知的,那么只要有什么属于该类范畴的东西,这个主体就肯定知道它。例如,我们对自己的心智状态是全知的,当且仅当,我们处于某个具体心智状态就意味着我们知道自己处于该状态。

本体论的(ontological):

指与存在物或存在的基本范畴有关。

现象状态(phenomenal state):

是指感觉或其他质性的心智状态。某个状态是现象状态,当且仅当,存在着某个看起来像是处于该状态的事物。

优先性通路(privileged access):

是指对某种特定范围事实的认识能力——通常是指与那些自我心智状态相关的事实——它使用某种他人不可能获得的方法,或对该范围的事实的知识达到了特别的确定性。

命题态度(propositional attitude):

指针对某个(非真即假的)命题的态度,例如信念、愿望、意图、怀疑或希望。又例如,对于命题"我会赢得彩票",人们可以有如下几种态度:人们可能相信、愿望、意图、怀疑或希望自己会赢得彩票。

（也参见倾向性态度，发生性态度。）

理性主义（rationalism）：

这种观点认为，对某个具体范围的知识而言，理由（合理性）的应用在该范围的信念的认识论辩护中发挥了关键的作用——或者说，理由是辩护的唯一来源。

自我蒙蔽（self‑blindness）：

是指拥有相关心理概念的理性生物不能把握它自己的心智状态。休梅克生造了这个说法，他否认自我蒙蔽的可能性。

唯我论（solipsism）：

相信世界上只有一个人——也就是自我——存在的信念。

持存性态度（standing attitude）：

参见倾向性态度。

主体自我意识（subject self‑awareness）：

是指把自我作为有意识的认识者的意识。（用威廉·詹姆斯的说法，主体自我意识就是把自我作为认识者而非认识对象的意识。）也参见客体自我意识。

基质性自我（substantial self）：

是指某个真正的实体拥有我们所观察到的特征——例如我们所内省到的思想——但又不只是这些特征的堆积。这个概念与休谟有关，他否认基质性自我的存在。

白板说（tabula rasa）：

该拉丁词组通常译作"白板"。按照洛克的观点，我们生来没有任何固有观念，也就是说心智如同白板，仅从经验中获得观念。

通透性（transparency）：

据称是某些心智状态所具有的特征，它允许主体仅通过考察心智状态的对象，而非该状态本身，就能够把握这个状态。例如，如果信念是通透的，那么你就能仅凭"看穿"这个通透的信念，并直接反思该信念的对象，例如下雨，就能够把握自己关于"外面正在下雨"

的信念。

使真者（truthmaker）：

是指那些使某个陈述或命题为真,或者将会使陈述或命题为真的事实或事态。"外面正在下雪"的使真者就是外面实际上正在下雪这个事实。假陈述也有使真者:例如,"雪是紫色的"的使真者就是雪是紫的。

注　释

第 1 章

1. 把自我知识理论分类为"经验论"与"理性主义"两大阵营，是非常自然的。很多人也以这种方式来分类（例如 Zimmerman 2008）。但我需要指出的是，这里的术语是在非常专门的意义上使用的。具体来说，在自我知识和自我意识方面的理性主义的核心观点，与那些认识论上的理性主义之间的联系是非常勉强的。而"理性主义"这个术语的传统含义却是在认识论的理性主义的层面上。（想要了解更多的有关经验论与理性主义传统分野的内容，参见 Mackie 2008。）

2. 严格说来，理性主义区别于亲知理论和内感觉理论的地方在于，它把自我知识理解为由特定类型的规范性所保证的东西。这种规范性与理性的能动性相联系，不适宜作为经验分析的对象。（参见第 6、8 章）但经验论与自我知识的认识论规范性观点是能够相容的，前提条件是其认识论规范性特征能够以经验词项来解释。并且，由于所涉及的经验论完全仅关心自我知识的认识论，所以它对自我知识的其它规范性特征——例如其伦理学意义——就完全持一种中立的态度。

3. 根据这里所讨论的亲知理论，在认知者与其心智状态之间，或是不同的心智状态之间，存在着形而上学上直接的关系。例如，在第二种意义上，就是在我对痒的意识和痒觉本身之间存在着直接的关系。

4. 有些人用"保障"（warrant）一词来表达我称之为"认识论辩

护"的要素。

5. 如果我没有任何特殊的方式来确定自己的信念是否与事实相联系，那么在这个意义上它就是不可通达的。在这种情况下，任何我所能用到的确定方法都可以同等地被其他人所用到。

6. 按照某些内感觉理论的观点，这种因果关系是间接的：痒觉引发了内省经验，而内省经验才进一步产生了内省的信念。

7. 此外，内感觉理论家会主张，限制知识的并非因果关系本身，而是从这种关系引发出来的有关可靠性的事实。

8. 这一要求有时可以表述如下：相关的要素必须"可通达于主体的内省或反思"（Audi 1998, p. 227）。但在这些情况下，"内省"通常并不作为某种特殊的第一人称方法。（对奥蒂和普兰廷加观点的引用参见 Conee and Feldman 2004, p. 54。）

9. 但是，作为一名主要的理性主义者，伯奇用他的"认识论权利"概念解释了自我知识与知觉知识的认识论基础。

第 2 章

1. 苏格拉底认为，那种在"自知其无知"之上的明智就是"高于人类的智慧"；但这种描述可能仅旨在批评狂妄自大的智者和政治家，因为他们总是宣称自己拥有了这种智慧。这里有一个很有意思的两难困境。"人类智慧"这个词似乎表明，知道自己的无知是我们所能达到的最大的智慧。但在这种情况下，我们就并不清楚"人类智慧"究竟还有什么价值。毕竟，只有作为摆脱无知的途径，认识到自己的无知才是有价值的。如果我们能够获得某种更实质的智慧，那么我们也就能够达到"高于人类的智慧"——但这就意味着与前面所说的内容相矛盾。对这种两难困境的一种解决是，把苏格拉底的话解读为相信人类有能力正确地运用理性获得实质的智慧，正是由于我们是理性的，所以我们才分享了神性。这种解读得到了苏格拉底下述观点的支持。他主张说，那些从事哲学的人在死后的灵魂

"会走向某个不可见的领域,这个不可见的领域同灵魂一样,具有神性,是明智和不朽的。……灵魂将会与诸神常存在一起"(Plato 2002, p. 119; 81a)。

2. 尽管是对某些对内在性的当代支持者而言的,参见 Carruthers et al. (2005)中的文章。

3. 这里立刻就产生了一种担心。在《第一哲学的沉思》的开头,我们并没有确立一种鉴别真与假的方法。因此,我们如何能确定自己的哪些信念是假的呢?这里的回答是,尽管我们不可能达到确定性,但如果信念之间在表面上已属不一致,那么这足以促使我们寻求形成信念的更好方法。这一观点已在斯特劳德(Barry Stroud)那里获得了清晰的表述。

> ……我在许多年以前就接受了很多关于一般感冒的观念。我总是被告知,如果把脚弄湿,或者在风口上坐着,或是在出门接受寒冷空气之前没有弄干头发,都可能会感冒。我也了解到,一般感冒就是某种病毒从已经感染了的人身上散发出来而产生的效应。并且我也相信,如果我们过度疲劳、压力过大,或是处于某种其它亚健康的状态,我们就更容易感冒。在我的反思中,其中的某些观念与另外一些信念是不一致的;我知道很有可能这些观念并不都是真的。也许它们都为真,但我也认识到自己有很多尚未理解的地方。

> (Stroud 1984, p. 2)

4. 很多人也提出疑问说,笛卡尔的沉思者是否可以是女性?我考察了有关这一疑问的重要理由,并最终决定放弃这种疑问。参见 Gertler 2002。

5. 通常也会有人认为,笛卡尔也主张我们拥有内在的感觉观念。按照这个观点,对味道、颜色等的感觉观念并不对应于物体的属性,因此它们不能从我们与物体的互动中推论出来。所以这些观念只能是内在的,尽管感觉刺激是激发这些观念的必要条件。

6. 某个理由是可通达的并不意味着它就在心智之中,除非是我们已经把通路的概念限制在内省性通路上。只有在假设我们对自己的心智状态是全知的前提下——或者至少也需要假定相关的心智状态(信念的构成性理由)类别是可通达的,存在于心智之中的理由才蕴涵着可通达性。

7. 笛卡尔是认识论上的内部论者,或者至少也接受某种彻底的内部论,这是被广泛接受的观点。对这种观点的质疑,参见 Sosa 1997；Della Rocca 2005。

8. 值得注意的是,笛卡尔认为,知识大厦的基础之一是对自己思想的意识,但也有人提出拒斥这种解读的理由。笛卡尔有时也提出,清晰的、不可怀疑的知识(即科学,区别于那些要求更弱的、更一般的知识类型即认知)之所以可能,一个必要条件是认识到上帝的存在。

> 因此,我一般地认识到,所有知识(科学)的确定性和真理唯一的依赖于我对那个真实上帝的意识,在这个意义上,除非我意识到上帝的存在,否则我就不能获得关于任何其它存在的完美知识。
>
> (1641/1984；p. 49)

正是上帝保证了仅当我们"清晰明确地感知到"p 时,信念 p 才不会出错。更进一步地,p 作为不可怀疑的知识不仅要求上帝的存在,也要求主体意识到上帝的存在。这后一个要求就是笛卡尔的认识论的内部论观点,要求知识的认识者意识到(或能够意识到)那些证明其信念的要素。

9. 尽管我这里并不是学术性的意图,但我也应该指出,有些人否认我旨在确立某个基础的信念。回想一下,按照笛卡尔的认识论的内部论观点,我们只有理解了(或能够理解)证明信念的依据,我们才能获得那种称之为科学的知识类型。关于"我存在"的信念部分地由沉思者理性能力的可靠性来辩护。所以,如果"我存在"的信念算得上是科学,那么沉思者就必须首先处于某个特定的位置,以确定其理性能力的可靠性,至少也是在适当条件下——例如,在对所涉及主题的反思中充分地小心谨慎——的可靠性。由于理性能力的可靠性对证明基础信念有如此重要的意义,因而关于可靠性的判断也必须满足笛卡尔的内部论标准。但现在我们有一个问题。因为,任何关于理性可靠性的判断都肯定会用到推理能力,而我们就面临着陷入循环论证的危险。具体说来,沉思者只有理解了(或能够理解)理性能力的可靠性——这种理性能力对信念负责——那种对这一可靠性的信任才算得上是科学。索萨(Ernest Sosa)展现了这个困难(Sosa 1997),并且论证说,这表明笛卡尔并非彻底的基础主义者。相反地,他认为,笛卡尔在其认识论构架的关键点上,承认信念可以以下述方式得到辩护:符合于认识者的某个更大的信念体系,也就是认识者"对自我与世界的认识论观点"(ibid., p. 238)。所以按照这个观点,笛卡尔以某种有限度的融贯论批驳了彻底的基础主义。然而,与笛卡尔相关的认识论观点对当代自我知识理论的影响显然是基础主义的。索萨在他的结论中也承认这一点:"在认识论的这些基本主题上,笛卡尔并不是笛卡尔主义者"(ibid., p. 229)。

10. 某些哲学家用"不可错性"和"全知性"来表达某个较弱的主张,即在适当的条件下,我们不会在自己的自我归因中出错,或者说不会对自己的思想全无意识。也许笛卡尔的确主张这种观点,尽管即便是这种较弱的全知性观点也似乎并不合理。但更常见的情况是,不可错性论断与全知性论断的较强的主张通常遭到驳斥。以下是来自于本奈特(Jonathan Bennett)的一个例子。

例如,考虑一下笛卡尔的主张:任何心智对于自己当下的活动都是不可错的和全知的。假如这种自我知识是某种内省——一种向内的看——它就会需要某种心理的装置或机制;就会有一个与之相关的"怎么样"的问题;就会存在机制运转失灵的可能性,心智也就有可能对当下正在经历的事情具有错误的认识,或是根本没有意识。

(Bennett 2001, p. 109)

这段话的后半部分表明,本奈特把笛卡尔解读为不可错性与全知性论断强主张的辩护者。因此,他认为笛卡尔的自我知识理论"不可辩护"(ibid., p. 110)也就丝毫不令人奇怪了。但正如我们已经看到的,笛卡尔认识到心智可能"对当下正在经历的事情具有错误的认识,或是根本没有意识"。

11. 更具体地说,笛卡尔似乎承认,纯粹第一人称方法的结果,包括"我存在"在内,并不需要任何经验的证实。但他的确认为,如果我们认识到上帝不是个骗子,而也正是上帝促使沉思者认识到自己清晰明确的知觉可靠性,那么这的确可以从认识论上增强这些判断。

12. 假设我关于"下雪"的思想的基本概念是非内省性的:或许对下雪的思考从概念上与看到雪花相联系,或者与儿时雪橇冒险相联系。在这个情况下,我能想象这些行为能够为思想提供证据,更胜于那些内省的证据。既然我们假定第一人称报告免于第三人称视角的挑战,那么这些第三人称要素就不能作为我关于下雪的思想的基本概念。

13. 根据赖特的观点,如果依赖他人的决定提供了某个"心理学图景",且比其他的图景"更明白无误",那么与默认性权威相联系的语言游戏就会成功。"这进而依赖于下面这种偶发性:我们每个人都不断地、潜意识地转向那些与我们的意向状态相关的观点——

正是它们有利于我们能够得到他人的理解。"(Wright ibid.)

第 3 章

1. 这里我受惠于费尔南德斯(Jordi Fernández)的论述。

2. 某些哲学家进一步限制了不可错性的领域。例如,Frank Jackson(1973)把他所规定的不可错性领域限制在当下现象状态的主张。

3. 承认亲知的形而上学关系就是自我知识之认识论特征的基础,这是否意味着,亲知理论家会否认自我知识的根本特殊性在于其认识论特征?也就是说他是否会承诺陈述(3)?我认为不会。假定认识论差异并非原初性,这似乎合乎情理:这也就是说,如果两种获得知识的方法在认识论上区别开来,那么这是由于它们在其他方面有差异。在这一假定下,陈述(2)——自我知识可以通过某种特殊的认识论方法而获得——也就意味着,获得自我知识的方法也在某些非认识论的方面区别于其它方法。亲知理论家会很容易承诺这个论断。但陈述(3)走得更远,它意味着自我知识的非认识论上的特殊性较之于认识论特殊性更重要,因此,它认为对自我知识之认识论特征的传统关注是误置了焦点。亲知理论家并没有承诺这个观点,因为这将大大降低自我知识的认识论特征的意义。

4. 维格纳和威特利还进一步认为,有意识的思想从没有真正地解释行动。按照他们的观点,"作为行为之基础的因果机制从没有在意识中呈现"(ibid., p. 490)。这是个很强的论断。既然我们这里关心的只是认识论方面而非形而上学方面,所以我们就能对有意识的思想是否引起行动的问题保持中立。我们的问题仅在于,我们是否对这种因果关系具有特殊的通路。

5. 我所批评的是哲学家们对这些研究的使用,他们试图借以表明我们通常对自己的心智状态没有优先性通路。而从事这些研究的心理学家却没有由此得出这种结论。

6. 这是过于简单化的论述,因为肯定有某种程度的感觉与愤怒相伴而生。但我们可以忽略这种复杂性。

7. 施威茨戈贝尔对专属性现象的讨论表明,他用"情感经验"意指现象状态而非倾向性状态,但这一点尚不完全清晰。

8. 施威茨戈贝尔拒斥了这个解释而没有给出任何论证。在文本中直接跟随所引段落的论述中,他说:"或者你是否认为,每当我们错误地认识了自己的情感,这种情感必须是无意识的、倾向性的,而非真正被感受到的情感? 或者说,虽然它被感受到了且从现象上完全理解了,但却又被赋予了错误的名称? 我难道不能更直接地犯错吗?"(ibid.)

9. 这个情况的细节表明,关于他错误地理解自己的愤怒这一点,也可以有另外的解释。像愤怒这样的情绪化反应可以干扰所有类型的认知行为:愤怒可以让训练有素的数学家在简单的计算面前畏缩不前,也会让成就卓著的体操运动员从平衡木上掉下来。所以,我们也可以很自然地预期愤怒也会损害我们内省的能力。或许更相关的一点是,施威茨戈贝尔可能有某些无意识的理由忽略掉所描述的情境中的愤怒,例如,在把他自己看作享受家务劳动的愿望的情况中。尽管这种无意识理由有时会对我们遮蔽自己的现象学,但这仅仅会对相对较强的不可错性观点造成威胁;它与代表优先性通路的温和观点是相容的。

第 4 章

1. 有些当代亲知理论者并不使用"亲知"一词。我有时在其他地方称之为"无中介观察"(Gertler 2008)。

2. 拒斥心智的物理主义在这里也不起作用,因为很难理解一个非物理的心智状态如何能够是棕色的和长方形的,而非表征了棕色性和长方形性。之后罗素主张说,感觉材料占据一个特殊的"现象空间"(Russell 1927),但这种主张会引发而不是回答更多问题。

3. 这并不意味着你的感觉就是绿色的。正如在上文所见,认为心智实体具有颜色和形状的属性这种观点是很有问题的。

4. 并非所有命题态度都是这种意义上的命题状态。比如,一个世界和平的愿望是一个命题态度——它是对于某个命题(世界是和平的)的一种态度(愿望),而这一命题可以是真的或假的。但我对世界和平的愿望本身不能是真的或假的。

5. 这是因为罗素将意识看作非命题的,他否认亲知知识是"真的知识"。亲知知识就在于对某一感觉材料的意识,但这种意识是一个非命题事件。塞拉斯(Wilfrid Sallars 1956/1997)批评了罗素的这方面观点,论证道事件不能是辩护者。戴维森的立场与塞拉斯有些相似。

6. 在有些亲知理论中,(i)的要求在于,我的两种状态——意识和疼痛——之间具有某种关系;在另一些亲知理论中,其要求在于我和疼痛之间的关系。另外,有些理论将亲知对象限制在状态或属性,有些则认为我们可以亲知事实。

7. 条件(ii)和(iii)要求我们能够亲知判断,但这并不蕴含我们以知道某疼痛同样的方式知道某个判断。这样的知识要求一个二阶判断,即某某判断在场,并且大概还要求对这个二阶判断和一阶判断之间的符合关系的把握。然而,多数亲知理论者的确相信我们有时亲知地知道我们所思考的,或者所判断的。

8. 电影《雨人》中那位白痴天才能够只瞥一眼就分辨出地面上有246根牙签。如果他把注意力从牙签上转移到他对牙签的视觉印象上,可以推测,他就能直接地意识到他正拥有一个246根牙签的视觉经验,甚至可能直接地意识到我正拥有一个246根牙签的视觉经验这一判断符合这一经验。对我们大多数人来说,这种程度的复杂性超出了我们的分辨能力。

9. 我不在这里提及对我自己的知觉关系。知觉的对象实在不构成知觉显现这一观点是有些争议的;知觉析取论否认这一点(参看 McDowell 1982）。

10. 凯特·莱尔（Keith Lehrer）捍卫了一种大体相似的观点，根据这一观点，具体的感觉作为范型（exemplar）来帮助形成概念。"范型化的感觉成为了一类感觉的总体表征。因此，具体感觉成为概念的，并作为其中一个成员表征了一类具体感。"觉（Lehrer 2002，p. 423）

第 5 章

1. 尼可尔斯和斯蒂奇（Nichols and Stich 2003）似乎认为内省会直接得出信念，而不是通过产生内省状态（它们不是信念）。我不是很确定古尔德曼（2006）采取了怎样的立场。古尔德曼认为内省过程最终会得出信念。但我不是完全清楚他将"表征"——它形成了内省过程的输出——看作信念，抑或看作类似知觉的状态并引起信念。

2. 罗素肯定认为亲知一个感觉材料会得出对其固有特性的把握，并且与关于外部对象的知觉知识有着鲜明的差别。"就有关这颜色本身的知识而言，与关于它的真的知识相反，当我看见这颜色时，我就完美而彻底地知道了它，并且没有对于它本身的任何进一步的知识在理论上是可能的。……相反我们所有关于桌子的知识都是真的知识，而作为实实在在的东西的桌子，严格来讲根本不被任何人知道。"（Russell 1912，p. 73 – 74）

3. 阿姆斯特朗否认有一个内省的器官的理由如下。"当我们觉察到我们心智内发生的事时，没有什么东西是我们用来觉察的。（如果有一个相关的器官，那么它的运作就会在我们意志的直接控制之下。这反过来会要求某种力量来获得对这个'内省器官'不同状态的直接觉察。在某个时刻一定有某一种直接觉察是不包含任何器官的使用的。）"（Armstrong 1968/1993，p. 325）

4. "在我看来，内感觉的产物是感觉的，这是由于它们的使用，即使不是由于它们的来源。它们真正是各种外感觉系统本身的状态，而不是一个独特的内部能力的状态。"(Lormand 1996)

5. 如我们在上文(5.2.1节)所见，阿姆斯特朗用行动倾向来确认心智状态。但莱肯是一个表征主义者："心智没有什么特殊属性是不被它的表征属性——连同或结合其组成部分的功能组织——穷尽的。"(Lycan 1996, p. 11)不过，这两种观点有重要的相似点。比如，阿姆斯特朗接受表征主义的核心论题，即所有感觉都其表征作用。这两种观点都认为一个状态的功能角色对其心智内容来说是最重要的。

6. 莱肯诉诸他的现象性质的表征主义观点。根据这种观点，现象的红，就是某人的经验将某一对象(如番茄)表征为具有的该属性。这解释了为什么知觉包含一种独特的现象学而内省没有：知觉对象被表征为具有这样的属性，而内省对象则不是。

7. 我在格特勒(Gertler 2000a)中给出了这一情形的具体例子，推进了这一反驳。

8. 这种知觉与内省的对比给进一步的讨论留下了依据。阿姆斯特朗曾主张，可能有一个知觉图像的内省等价物(Armstrong 1968/1993, p. 329 - 330)。一个内省图像有可能为那种怀疑提供立足点。也并不清楚阿姆斯特朗和莱肯是否会接受这样的观点，即怀疑我面前是否真的有番茄，包含了质疑感觉性质的在场的因果来源。

9. 休梅克论证说，自我蒙蔽的不可能性，不仅关于身体感觉如疼痛和命题状态如信念，还关于知觉状态。他主张，某人环境的"正常知觉通路"要求此人对事物如何向他显现是敏感的，以至于他能够识别出非标准知觉状况等等，并相应修正其感觉判断。

10. 在休梅克看来，因果关系不是偶然的，而是必然的。但这是一个极富争议的立场，并且他对内感觉理论的反驳也不要求这一观点。

11. 认为一个心智过程的因果概念能够容纳这种概念必然性，这是一个很熟悉的观点。大卫·刘易斯(David Lewis)通过在相关心智状态类型上加上限定，解释了一个因果理论如何能够容纳内省的不可错性。

> 假设在常识心理学的陈词滥调中有这么一句大致是说内省很可靠，"某人疼痛的信念不会出现，除非疼痛出现"，或者一句类似的话。……内省必然的不可错性于是得到了保证。两个状态不可能分别是疼痛和某人疼痛的信念(在给定的个体或物种的事例中)，如果后者在任何前者未出现的时候出现了。
>
> (D. Lewis 1972, p. 258)

12. 在一个相关讨论中，休梅克主张，实用的考虑将会促使某人的行动，以一种表明他觉察到了他的信念的方式。与他人合作，要求某人向他们表达自己的信念，而做到这一点是通过行为——行为既能够表明某人具有某个特定信念，又表明某人觉察到这些信念(Shoemaker ibid., p. 283)。他的结论就是，一个理性主体的行为将会向观察者表明，他是有自我觉察的。

13. 莱肯主张，自我蒙蔽在形而上学意义上是可能的。如果他是在休梅克的意义上使用"自我蒙蔽"，专门运用到理性生物上，那么莱肯显然拒斥休梅克的理性概念。重要的是，这一概念与内感觉理论本身是相容的。

14. 当然，这个解释过于简单，但原则是清楚的。摩尔悖论中究竟什么出了问题，并没有明确的共识。参看格林和威廉姆斯(Green and Williams 2007)中的论文。

第6章

1. 感觉的原因在某个意义上也是"理由"，例如，吃太多糖会是肚子疼的原因。但这是一种说明性的理由,而理性主义者所关心的乃是辩护性理由。

2. 只有在记忆中我们才可能通达过去的态度,即便我们是采用某种类似通透性方法的东西做到的。例如,通过努力回忆我是否先已认识到给花园浇水的益处,我就会尝试表明我在当下的慎思之前的意图。而记忆似乎是一种观察性方法。

3. 伯奇驳斥了这最后一点。他论证说,"储藏的记忆"包容对过去态度的非观察性知识。(Burge 1996, p. 114 – 115)

4. 伯奇在其 1996 年的文章中并没有表明他的论证是先验的。但他把知觉性权利的论证描述为"某种类似康德意义上的演绎"(Burge 2003, p. 509n6)。莫兰把自己的论证描述为先验的,而且还把它与康德的推理相比较。"……我认为,简单的通透性条件有着意想不到的后果。它把我们带向了理性思维的先验假定,正如它在康德主义与后康德主义哲学中所表现的那样,既耳熟能详、源远流长,又带有几分暧昧与晦涩。"(Moran 2003, p. 406)

5. 就一般的知识论而言,某个获得辩护的信念之所以算得上是知识,乃是因为它的辩护恰当地与信念之真相联系(以便排除盖梯尔问题)。同样地,伯奇坚持认为,认识者有权作出的判断构成了知识,仅当其权利恰当地与知识之真相联系。

6. 在"应该蕴涵可能"背后的直观观点是,人们不能对那些超越自己能力范围之外的事情尽义务。假如三吨载重的卡车压倒了人,即便唯一拯救受害者生命的方法就是把卡车从人身上移开,我也仍然没有道德上的义务从受害者身上举起这三吨重的卡车,仅仅是由于下述理由:我在物理上做不到这一点。

7. 在一个脚注中,伯奇承认这些判断的基础是某个因果过程。尽管他强调这种过程的可靠性并没有构成权利,他并没有说这种过程的可靠性是否以我所描述的方式推动了权利。"在我的观点与相对立的自我知识的观察性观点之间,下述立场是共同具有的:在许多争论性情况中,态度与关于态度的判断之间存在着连结它们的因果机制。而争论的焦点其实是对这些判断的认识论权利的本性,而非某个心理学机制的存在。"(Burge 1996, p. 103n12)

8. M. G. F. 马丁先前表述了通透性方法的类似困境。考虑到埃文斯对这一方法的推崇,他追问道:"为什么主体所拥有的关于世界是如何的证据应该与具体个人的信念相联系?"(Martin 1998, p. 110)

9. 本小节利用了 Gertler(2000b)的论述。

10. 休梅克所勾画的第一个可能性是,心智状态导致了我们对这些状态的意识。这种图景符合功能主义的标准观点;然而,它并没有阻塞自我蒙蔽的可能性。我们在 5.5.4 节中描述了这种可能性。只要这些只是因果联系(即便它是特定心智状态的基本因果作用的一部分,且这些状态通常也会使主体意识到它们),那么对于内感觉理论家来说,自我蒙蔽之所以不可能,可以是仅仅由于合理性的要求,而不是低阶心智状态与自我意识之间的某种特别紧密的联系。这里的情况比较复杂,因为休梅克持一种非正统的观点,认为因果关系具有形而上学的必然性。因此,他与内感觉理论家的争论其实只关心了边缘性的论题,即因果作用的模态性。毕竟,在文本中所讨论的可能性似乎是更有希望的。

11. "有可能具备一阶信念而没有二阶信念,这是因为有可能具有一阶信念,而没有一定程度的合理性、理智与概念能力——这可能是某些低等动物的情况。"(Shoemaker 1994, p. 288)

第 7 章

1. 按照他的观点,亲知必须是所有真理知识的固定点,包括像"我正亲知到一项感觉资料"的知识。在罗素看来,这表明这种知识除了要求亲知感觉资料以及亲知本身的关系之外,还要求对"我"的亲知。

2. 佩里之所以选择林根斯作例子,也是源于对弗雷格(Gottlob Frege)的借鉴,因为弗雷格在对索引词的探讨中也引入了这个人物(Frege 1918/1988)。

3. 斯蒂芬斯和格拉姆(Stephens and Graham 2000)论证说,在精神分裂症患者那里,某些思想被经验为异己的或"植入性的"。就所知觉到的是现象学差异而言,可以假定某个邪恶精灵使异己的思想被经验为自己的思想。

4. 比尔·克林顿(Bill Clinton)在 1992 年的总统选举中,当他要表达对那些处于经济困境的人的同情时,他说:"我感觉到你们的痛苦。"

5. 正如4.5.2 节中表达的这一观念,现象性质的认识论表象可以由该性质本身构成,且能被用来在判断中解释那个性质。

6. 他可能通过注意到图书馆的品红色房间——整个房间都包裹着品红色的丝绸——被占用而获得这个信息,占用这个房间的是某个睁着眼睛且有着正常视觉系统的人。但他没有意识到正是他本人是这个品红色房间的占用者。他有着品红色的视觉经验,但却没有把它看作是品红色。

7. 需要注意的是,这个解释避免了把免于误认的错误当作不足道的东西来解释。在当前的观点中,"我存在"等同于"具有这个思想的东西存在"。但这并不像"最矮的间谍"那个例子,因为对那个具体思想的内省性通路允许我的判断成为关于具体个人的判断,也就是关于具有该思想的个人的判断。这个例子类似于我指着某个人并且说那个人是最矮的间谍。在这两个情况中,我的判断都是从物判断。

8. "下述观点显然是荒谬的:认为经验可以是其自身的主体,或认为经验对象不论多么小、多么贫乏,都与主体所经历的经验之间没有任何差异。"(Unger 2006, p. 57)

9. 存在某些理由认为休梅克对自我指称的评论能够适用于自

我意识。首先,休梅克明确地把这些现象看作紧密联系着的东西:例如,所引段落中表达的"主我"用法的"神秘"本质,直接对应于"下述难题,即我们所关注的那种自我意识并不包含把自我看作某个对象"(1968, p. 563)。其次,他没有区分如何解释自我指称与如何解释自我意识的问题——实际上,他似乎把这二者看作可替换的。第三,尽管他的大部分讨论都明确地针对自我指称,但他文章的题目("自我指称与自我意识")却表明,它也同样关心自我意识的问题。最后,在休梅克写这些评论的时候,假定指称中包含着对指称物的意识,这是很普遍的观念,因为指称的因果理论在那时还没有出现。

10. 伯奇在一个脚注中解释了自我意识所包含的内容,但并没有说明这是如何得到的。

> 我认为,为了具有完全的第一人称概念或命题态度概念,我们必须能够作批判性推理。为了在相当丰富的意义上把握命题态度概念,我们必须能够体会这些态度的理由的力量和意义,这就意味着能够对这些理由和推理作批判性的考察。为了把握第一人称概念,我们必须具备命题态度概念。
>
> (Burge 1996, p. 98n3)

11. 对奥布莱恩而言,行动本质上是心理学的。某些行动,例如慎思,就是纯粹心理学的行动。但总是心理学因素决定了某个事件究竟是否是行动:例如,心理学因素把踢腿(一项行动)区别于纯粹的身体运动,例如在锤子敲击膝盖时作出的膝跳反应。

12. 博伊尔(Matthew Boyle)支持一种类似的观点,他把这种观点归之于康德。"只有我对自己的思想和判断具备(至少潜在地具备)显著活跃的意识,我才能思考那些作为内感觉对象的心智状态——感觉、欲望及其他类型的心理'反应'。"(Boyle 2009, p.

160)我在最后一章(8.6 节)讨论了博伊尔的自我意识的理性主义理论。

13. 这里所讨论的论断是,合理评价行动可能性的过程解释了我们如何认识到自己的理性能动性。而奥布莱恩对能动者意识的现象有更大的用途,对于这种更大的用途而言上述论断并不重要。奥布莱恩的主要目标是表明,存在着一种比自我指称所要求的自我意识更为原初的自我意识。为了实现这一点,她只需要论证,即便缺乏指称自我的概念途径的生物也能够达到能动者意识,而这就蕴涵着自我意识。

14. 埃文斯拒绝以罗素的方式来满足这个原则,也就是主张我们思考任何对象的能力完全依赖于亲知:或者是对对象的亲知,或者是对属性的亲知,都用来把某个对象区别于其它对象。参见前面的 4.2 节。

15. 免于确认的判断误认主体的可能性实际上蕴涵在埃文斯的另一个论断,即"一般性限制"(the Generality Constraint)之中(参见 Evans ibid., p. 100 - 105)。内省是自我信息的唯一来源,所提供的判断绝对地免于误认的错误。(我不能设想我在内省中关注的思想——那个思想——居然属于别人。)在埃文斯看来,内省的这种特征对内省论理论造成了麻烦。如果一般性限制是正当的,那么我不能设想"这个思想"属于别人,也就意味着从内省中透露出来的信息并不能穷尽我的自我概念。所以我只有把某些非内省的信息来源当作自我信息的来源,才能获得自我意识。既然每当我们使用非内省的信息来源时,误认的可能性就会显现,所以那些构成了基本自我意识的判断,虽然免于确认,但却并不完全免于误认的错误。

16. 在这个语境中,贝穆德斯引述了休梅克的构成论论旨(参见 6.5.2 节):"相信某人具有信念 p,也就是相信 p 再加上具有某种程度的理智、合理性以及诸如此类的东西。"(Shoemaker 1994, p. 289)

17. 更进一步地,某些本体感觉支持了对身体的意识——例如关于某人失去平衡的意识——免于误认的错误。(与埃文斯一样,贝穆德斯也认为这种免疫力并不是绝对的。)贝穆德斯还论证说,婴儿和动物把感觉和身体经验的信息当作关于他们自己的信息,因为他们都倾向于根据这些信念来直接地行动。并且这些经验构成了自己的身体与周遭世界之间的差别意义——我们身体的限制在本体感觉中被经验到,而在对身体移动的感觉中我们把自己的身体理解为世界的一部分,是能够直接回应意志作用的世界部分。

18. 这个立场与他的下述论断相联系:概念上复杂的自我意识必定能合理地基于某种更为原初的自我意识形式。"如果自我意识完全决定于某些有关人类身体的偶然事实,那么期望这种形式的自我意识有逻辑必然性,似乎是不合情理的。"(Bermúdez 1999)

第 8 章

1. 费尔南德斯用广义的可靠主义术语来解释,而伯恩(借助于 Sosa 1999 和 Williamson 2000)把它描述为安全性问题(Byrne 2005, p. 96)。

2. 我在第 3 章中提到,某些哲学家否认发生性态度的存在,把"信念"、"愿望"和"意图"这样的词项留给持存性态度。但正如我们即将看到的,理性主义的图景预设了发生性态度的存在。而许多反对理性主义的哲学家也接受发生性态度的存在——例如,邦茹把他的亲知理论应用于发生性信念上(参见 4.6 节)。权衡再三,我认为有充足的理由支持发生性态度。这些理由将会在我们的论述过程中变得越来越清晰。

3. 这就是为什么很难支持各种哲学怀疑论——关于自由意志、物理对象、他心和道德真理等——的原因,即便是我们认为自己有肯定的理由支持相关的怀疑论观点。休谟的一个著名观点是,即便我们获得了(被认作是)决定性的证据表明某个归纳信念是不正当的，我们也仍然可以坚持这一信念。

4. 甘德勒将这些态度称为"非信念"。但她并没有特别为自我知识的理性主义作论证。

5. 刚刚描述的经验论图景是认识论的外部论立场：它用通透性方法的可靠性来论证所产生的自我归因。但通透性方法的内部论分析也是与经验论相容的。按照一种内部论的分析，"看见伯格西在院子里"就为下述自我归因提供了证据支持："我相信伯格西在院子里。"而它之所以能具备这种证据性的作用，只是因为我一般认为（或能够认为）我的理由提供了态度的证据。如果这要成为一种经验论理论，那么这种理解本身就需要具备经验论的基础。但这种要求也可以通过多种方式来满足。或许证据与态度之间的关系是可以内省的——这会使得出的理论部分地成为内省论理论。又或者我能够通过考察通透性方法以往的成功，来确定这种方法是可靠的。

6. 展开这种想象也就等同于基于第一人称视角的模拟仿真（参见 Gordon 1986），证明自己能够有效地揭示命题态度。例如，舒尔西斯和布伦斯坦（Schultheiss and Brunstein 1999）的研究表明，"人们能够通过生动地想象某个外来的情境，关注该情境给予他们的感受，来探测其无意识的倾向性和动机"（Wilson and Dunn 2004，p. 507）。

7. 按照对这个情境的一种分析，即便在转变之前，尼克也知道撒掉盐是无害的。因此他有两个直接相互冲突的信念：他的迷信观念不仅与证据不一致，而且也与相对立的信念不一致。这种分析也可以应用于伯奇原来的例子：主体尽管认识到有很强的理由怀疑嫌疑人的罪行，他也还是仍然保持嫌疑人有罪的信念。在那个例子中，我们或许可以说认识者怀疑嫌疑人是否有罪，但同时又相信（以某种较强的信心）该嫌疑人是有罪的。这是一种对这种情境的争议性分析；并且文本中的例子也并不依赖于它。我在 Gertler（forth-

coming)中考察了拥有直接冲突的信念的可能性。

8. 当代的亲知理论在以下方面是观察性理论：尽管它们都认为，我们对自己心智状态的理解具有形而上学的直接性，但我们对自己心智状态的通路却可能只是偶然的。例如，通过亲知获得内省性知识要求有某种注意力，而我们能施行这种注意力，这可能就只是一项偶然的事实。

9. 例如，伯奇说，对于"全部反思的合理性"而言，"从概念上把自我作为具有某种控制力和能动性的思想者，这种自我意识的能力……是重要的"（Burge ibid. , p. 99n5）。

参考文献

Alston, William (1971) "Varieties of Privileged Access." *American Philosophical Quarterly* 8:233 –241.

Alter, Torin and Howell, Robert (2009) *A Dialogue on Consciousness*. New York: Oxford University Press.

Alter, Torin and Walter, Sven (2006) *Phenomenal Concepts and Phenomenal Knowledge: New Essays on Consciousness and Physicalism*. New York: Oxford University Press.

Anderson, C. A. (2007) "Belief Perseverance." In R. F. Baumeister and K. D. Vohs (eds), *Encyclopedia of Social Psychology*. Thousand Oaks, CA: Sage, 109 –110.

Anscombe, Elizabeth (1963) *Intention*, 2nd edn. Oxford: Blackwell.

—— (1975) "The First Person" In Samuel Guttenplan (ed.), *Mind and Language*. Oxford: Clarendon Press, 45 –65.

Aristotle (1962) *Nicomachean Ethics*, trans. Martin Ostwald. New York: Macmillan.

Armstrong, D. M. (1968/1933) *A Materialist Theory of the Mind*. London: Routledge.

Audi, Robert (1998) *Epistemology: A Contemporary Introduction to the Theory of Knowledge*. New York: Routledge.

Aydede, Murat (2003) "Is Introspection Inferential?" In Gertler 2003, 55 –64.

Ayer, A. J. (1940) *The Foundations of Empirical Knowledge*. London: Macmillan.

Balog, Katalin (forthcoming) "Acquaintance and the Mind – Body Problem." In C. Hill and S. Gozzano (eds), *Identity Theory*. Cambridge: Cambridge University Press.

Bar – On, Dorit (2004) *Speaking My Mind: Expression and Self – knowledge*. Oxford: Oxford University Press.

Bennett, Jonathan (2001) *Leaning from Six Philosophers: Descartes, Spinoza, Leibniz, Locke, Berkeley, Hume*. Oxford: Oxford University Press.

Berker, Selim (2008) "Luminosity Regained." *Philosophers' Imprint* 8: 1 – 22.

Bermúdez, José Luis (1996) "Locke, Property Dualism and Metaphysical Dualism." *British Journal for the History of Philosophy* 4: 233 – 245.

—— (1998) *The Paradox of Self – consciousness*. Cambridge, MA: MIT Press.

—— (1999) "Self – as – Subject and Self – as – Object: Reply to Brook." *The Field Guide to the Philosophy of Mind* (symposium on Bermúdez, 1998). Available at < http:// host. uniroma3. it/progetti/kant/field/bermudezsymp_replytobrook. htm >.

—— (2005) "Evans and the Sense of 'I' ." In José Luis Bermúdez (ed.), *Thought, Reference, and Experience: Themes from the Philosophy of Gareth Evans*. Oxford: Clarendon Press.

—— (forthcoming) "Self – knowledge and the Sense of 'I' " In Hatzimoysis forthcoming. forthcoming.

Bilgrami, Akeel (2006) *Self – Knowledge and Resentment*. Cambridge, MA: Harvard University Press.

Boghossian, Paul (1989) "Content and Self – knowledge." *Philosophical Topics* 17: 5 – 26. Reprinted in Gertler 2003, 65 – 82.

BonJour, Laurence (2003a) "Back to Foundationalism." In BonJour and Sosa 2003, 60 – 76.

——(2003b) "Reply to Sosa." In BonJour and Sosa 2003, 173 – 200.

BonJour, Laurence and Sosa, Ernest (2003) *Epistemic Justification: Internalism vs. Externalism, Foundations vs. Virtues.* Malden, MA: Blackwell.

—— (2009) "Epistemological Problems of Perception." In Edward N. Zalta (ed.), *The Stanford Encyclopedia of Philosophy* (*Spring* 2009 *Edition*). Available at < http://plato. stanford. edu /archives/spr2009/entries/perception – episprob/ >.

Boyle, Matthew (2009) "Two Kinds of Self – Knowledge." *Philosophy and Phenomenological Research* 78: 133 – 164.

Brook, Andrew (1994) *Kant and the Mind.* Cambridge: Cambridge University Press.

—— (2006) "Kant: A Unified Representational Base for all Consciousness." In U. Kriegel and K. Williford (eds), *Self – representational Approaches to Consciousness.* Cambridge, MA and London: MIT Press (Bradford).

——(2008) "Kant's View of the Mind and Consciousness of Self." In Edward N. Zalta (ed.), *The Stanford Encyclopedia of Philosophy* (*Winter* 2008 *Edition*). Available at < http:// plato. stanford. edu/ archives/ win2008/ entries/ kant – mind/ >.

Brook, Andrew and Devidi, Richard C. (2001) *Self – reference and Self – awareness.* Amsterdam: John Benjamins Publishing.

Burge, Tyler (1979) "Individualism and the Mental." *Midwest*

Studies in Philosophy 4 : 73 – 122.

——(1988) "Individualism and Self – Knowledge." *Journal of Philosophy* 85 : 649 – 663.

——(1993) "Content Preservation ." *Philosophical Review* 102 : 457 – 488

——(1996) "Our Entitlement to Self – Knowledge ." Pt 1. *Proceeding of the Aristotelian Society* 96 : 91 – 116.

——(2003) "Perceptual Entitlement." *Philosophy and Phenomenological Research* 67 : 503 – 548.

Byrne, Alex (2005) "Introspection." *Philosophical Topics* 33 : 79 – 104.

Carruthers, Peter (2009) "Higher – Order Theories of Consciousness." In Edward N. Zalta (ed.), *The Stanford Encyclopedia of Philosophy (Fall* 2009 *Edition)* . Available at < http : //plato. stanford. edu / archives / fall2009/enries / consciousness – higher / > .

——(2010) "Introspection : Divided and Partly Eliminated." *Philosophy and Phenomenological Research* 80 : 76 – 111.

Carruthers, Peter, Laurence, Stephen, and Stich, Stephen (eds) (2005) *The Innate Mind : Structure and Contents.* Oxford : Oxford University Press.

Cassam, Quassim (1997) *Self and World.* Oxford : Oxford University Press.

Casullo, Albert (2007) "What Is Entitlement?" *Acta Analytica* 22 : 267 – 279.

Chalmers, David J. (1996) *The Conscious Mind.* New York : Oxford University Press.

——(2003) "The Content and Epistemology of Phenomenal Belief." In Q. Smith and A. Jokic (eds), *Consciousness : New Philosoph-*

ical Perspectives. Oxford: Oxford University Press.

Chisholm, Roderick (1942) "The Problem of the Speckled Hen. " *Mind* 51: 368 – 373.

——(1969) "On the Observability of the Self. " *Philosophy and Phenomenological Research* 30: 7 – 21.

——(1976) *Person and Object*. LaSalle, IL: Open Court.

——(1982) *The Foundations of Knowing*. Minneapolis: University of Minnesota Press.

Conee, Earl (1994) " Phenomenal Knowledge. " *Australasian Journal of Philosophy* 72: 136 – 150.

Conee, Earl and Feldman, Richard (2004) *Evidentialism*. New York: Oxford University Press.

Davidson, Donald (1983/2001) "A Coherence Theory of Truth and Knowledge. " Reprinted in *Subjective*, *Intersubjective*, *Objective*, vol. 3 of Philosophical Essays. Oxford: Oxford University Press.

De Gaynesford, Maximilian (2006) *I: The Meaning of the First – Person Term*. Oxford: Oxford University Press.

Della Rocca, Michael (2005) "Descartes, the Cartesian Circle, and Epistemology without God. " *Philosophy and Phenomenological Research* 70: 1 – 33.

Dennett, Daniel (1991) *Consciousness Explained*. Boston: Little, Brown & Co.

——(2003) "Who's on First ? Heterophenomenology Explained. " *Journal of Consciousness Studies* 10: 19 – 30.

Descartes, René (1641/1984) *Meditations on First Philosophy*. In *The Philosophical Writings of Descartes*, vol. 2, trans. John Cottingham, Robert Stoothoff, and Dugald Murdoch. Cambridge: Cambridge University Press.

Donnellan, Keith S. (1966) "Reference and Definite Descriotions." *Philosophical Review* 75: 281 –304.

Dretske, Fred (1994) "Introspection." *Proceeding of the Aristotelian Society* 94: 263 –278.

——(1995) *Naturalizing the Mind*. Cambridge, MA: MIT Press.

——(2003) "How Do You Know You Are Not a Zombie?" In Gertler 2003, 1 –13.

Evans, Gareth (1982) *The Varieties of Reference*, edited by J. McDowell. Oxford: Oxford University Press.

Fales, Evan (1996) *A Defense of the Given*. Lanham, MD: Rowman & Littlefield.

Fantl, Jeremy and Howell, Robert (2003) "Sensations, Swatches, and Speckled Hens." *Pacific Philosophical Quarterly* 84: 371 –383.

Feldman, Richard (2004) "Foudational Justification." In J. Greco (ed.), *Ernest Sosa and His Critics*. Malden, MA: Blackwell, 42 –58.

——(2006) "BonJour and Sosa on Internalism, Externalism, and Basic Beliefs." *Philosophical Studies* 131: 713 –728.

Fernández, Jordi(2003) "Privileged Access Naturalized." *Philosophical Quarterly* 53: 352 –372.

Ferrero, Luca (2003) "An Elusive Challenge to the Authorship Account: Commentary on Lawlor's 'Elusive Reasons'." *Philosophical Psychology* 16: 565 –577.

Finkelstein, David H. (2003) *Expression and the Inner*. Carmbridge, MA: Harvard University Press.

Frege, Gottlob (1918/1988) "Thoughts." In Nathan Salmon and Scott Soames (eds), *Propositions and Attitudes*. Oxford: Oxford University Press.

Fumerton, Richard (1995) *Metaepistemology and Skepticism*. Lanham, MD: Rowman & Littlefield.

——(2005) "Speckled Hens and Objects of Acquaintance." *Philosophical Perspectives* 19, no. 1: 121 –138.

Gallagher, Shaun and Shear, Jonathan (eds) (1999) *Models of the Self*. Exeter, UK: Imprint Academic.

Gallois, André (1996) *The Mind within, the World Without*. Cambridge: Cambridge University Press.

Gazzaniga, Michael and LeDoux, Joseph (1978) *The Integrated Mind*. New York: Plenum.

Gendler, Tamar Szabó (2008) "Alief and Belief." *Journal of Philosophy* 105: 634 –663.

Gertler, Brie (2000a) "The Mechanics of Self – knowledge." *Philosophical Topics* 28: 125 – 146.

——(2000b) Review of The Mind within, the World Without, by A. Gallois. *Philosophy and Phenomenological Research* 61: 235 –238.

——(2001) "Introspecting Phenomental States." *Philosophy and Phenomenological Research* 63: 305 – 328.

——(2002) "Can Feminists Be Cartesians?" *Dialogue: Canadian Philosophical Review* 41: 91 – 112.

——(ed.) (2003) *Privileged Access: Philosophical Accounts of Self – knowledge*. Aldershot: Ashgate.

——(2008) "Self – knowledge." In Edward N. Zalta (ed.) *The Stanford Encyclopedia of Philosophy* (*Winter* 2008 *Edition*). Available at < http://plato. stanford. edu/archives/win2008/entries/ self – knowledge/ >.

——(forthcoming) "Self – Konwledge and the Transparency of

Belief. " In Hatzimoysis forthcoming.

Gibson, J. J. (1979) *The Ecological Approach to Visual Perception*. Boston: Houghton Mifflin.

Gilbert, Daniel (2006) *Stumbling on Happiness*. New York: Knopf.

Goldman, Alvin (2004) "Epistemology and the Evidential Status of Introspective Reports. " *Journal of Consciousness Studies* 1: 1 – 16.

——(2006) *Simulating Minds*. New York: Oxford University Press.

Gordon, Robert (1986) "Folk Psychology as Simulation. " *Mind & Language* 1: 158 – 171.

Green, Mitchell and Williams, John (2007) *Moore's Paradox: New Essays on Belief, Rationality, and the First Person*. Oxford: Oxford University Press.

Greenwald, Anthony G. and Banaji, Mahzarin R. (1995) "Implicit Social Cognition: Attitudes, Self – esteem, and Stereotypes. " *Psychological Review* 102: 4 – 27.

Griswold, Charles L. (1986) Self – knowledge in Plato's Phaedrus. University Park, PA: Pennsylvania State University Press.

Hatfield, Gary (2002) *Descartes and the Meditations*. London: Routledge.

Hatzimoysis, Anthony (ed.) (forthcoming) *Self – knowledge*. Oxford: Oxford University Press.

Heil, John (1988) "Privileged Access. " Mind 97: 238 – 251.

Hetherington, Stephen (2007) *Self – knowledge: Beginning Philosophy Right Here and Now*. Peterborough, ON: Broadview Press.

Hill, Christopher (1991) *Sensations: A Defense of Type Materialism*. Cambridge: Cambridge University Press.

——（2009） *Consciousness*. Cambridge：Cambridge University Press.

Holton，Richard（2004）*Review of The Illusion of Conscious Will*, by Daniel Wegner. *Mind* 113：218 – 221.

Howell，Robert（2006）"Self – knowledge and Self – reference." *Philosophy and Phenomenological Research* 72：44 – 70.

Hume，David（1739/1975）*A Treatise of Human Nature*, edited by L. A. Selby – Bigge, 2nd edn, revised by P. H. Nidditch. Oxford：Clarendon Press. （Cited by bk, pt, sec. , e. g. V. iv. 2. ）

——（1772/2001）*An Enquiry Concerning Human Understanding*, edited by Tom Beauchamp. Oxford：Clarendon Press.

Hurlburt，R. and Schwitzgebel，E. （2007）*Describing Inner Experience*？ *Proponent Meets Skeptic*. Cambridge，MA：MIT Press（Bradford）.

Jack，Anthony and Shallice，Tim（2001）"Introspective Physicalism as an Approach to the Science of Consciousness. " *Cognition* 79：161 – 196.

Jackson，Frank（1973）"Is There a Good Argument against the Incorrigibility Thesis?" *Australasian Journal of Philosophy* 51：51 – 62.

——（1982） "Epiphenomenal Qualia. " *Philosophical Quarterly* 32：127 – 136.

Jacobsen，Rockney（1996）"Wittgenstein on Self – knowledge and Self – expression. " *Philosophical Quarterly* 46：12 – 30.

James，William（1884）"On Some Omissions of Introspective Psychology. " *Mind* 33：1 – 11.

——（1890/1981）*Principles of Psychology*. Cambridge，MA：Harvard University Press.

——（1892）*Textbook of Psychology*. London：Macmillan.

Kant, Immanuel (1781/1787/1997) *Critique of Pure Reason*, trans. P. Guyer and A. Woods. Cambridge: Cambridge University Press. (Cites by page of A, 1781, or B, 1787 edn.)

——(1789/1974) *Anthropology from a Pragmatic Point of View* (Akademie edn, vol. 7), trans. Mary McGregor. The Hague: Martinus Nijhoff. (Cited by Akademie edn vol. and page, e.g. 7:161.)

Kind, Amy (2003) "Shoemaker, Self – blindness and Moore's Paradox." *Philosophical Quarterly* 53: 39 – 48.

Korsgaard, Christine (1989) "Personal Identity and the Unity of Agency: A Kantian Response to Parfit." *Philosophy & Public Affairs* 18: 101 – 132.

Kriegel, Uriah (2007) "Self – consciousness." In Bradley Dowden (ed.), *Internet Encyclopedia of Philosophy*. Available at < http:// www. iep. utm. edu/self – con/ >.

——(2009) *Subjective Consciousness: A Self – representational Theory*. Oxford: Oxford University Press.

Kripke, Saul(1972) *Naming and Necessity*. Malden, MA: Blackwell.

Lawlor, Krista (2003) "Elusive Reason: A Problem for First – Person Authority." *Philosophical Psychology* 16: 549 – 564.

Lehrer, Keith (2002) "Self – presentation, Representation, and the Self." *Philosophy and Phenomenology Research* 64: 412 – 430.

Levine, Joseph(2007) "Phenomenal Concepts and the Materialist Constraint." In Alter and Walter 2007, 145 – 166.

Lewis, C. I. (1946) *An Analysis of Knowledge and Valuation*. La Salle, IL: Open Court.

Lewis, David (1979) "Attitudes *De Dicto and De Se*." *Philosophical Review* 88: 513 – 543.

——（1972）"Psychophysical and Theoretical Identifications."
Australasian Journal of Philosophy 50: 249 – 258.

Libet, B. J. （1985）"Unconscious Cerebral Initiative and the
Role of Conscious Will in Voluntary Action." *Behavioral and Brain Sciences*, 8: 529 – 566.

Locke, John （1689/1975）*An Essay Concerning Human Understanding*, edited by P. H. Nidditch. Oxford: Clarendon Press. （Cited
by bk, ch., sec., e. g. II. 1. iv.）

Lormand, Eric （1996）"Inner Sense until Proven Guilty."Draft.
Available at < http://www – personal. umich. edu/ ~ lormand/phil/
cons/inner_sense. htm > .

Ludlow, Peter and Martin, Norah （1998）*Externalism and Self –
Knowledge*. Stanford, CA: CSLI Publications.

Lycan, William G. （1996）*Consciousness and Experience*. Cambridge, MA: MIT Press （Bradford）.

——（2003）"Dretske's Ways of Introspecting." In Gertler
2003, 15 – 29.

Mackie, J. L. （1976）*Problems from Locke*. New York: Oxford University Press.

Markie, Peter （2008）"Rationalism vs. Empiricism." In Edward
N. Zalta （ed.）, *The Stanford Encyclopedia of Philosophy* （*Fall* 2008
Edition）. Available at < http://plato. stanford. edu/archives/
fall2008/entries/rationalism – empiricism/ >

Martin, M. G. F. （1998）"An Eye Directed Outward." In C.
Wright, B. Smith and C. Macdonald （eds）, *Knowing Our Own
Minds*. Oxford: Clarendon, Press, 99 – 121.

McDowell, John （1982）"Criteria, Defeasibility and Knowledge." *Proceedings of the British Academy* 68: 455 – 479.

McGinn, Marie (1997) *Wittgenstein and the Philosophical Investigations. London*: *Routledge*.

Medina, José (2006) "What's So Special about Self – knowledge?" *Philosophical Studies* 129: 575 – 603.

Moore, G. E. (1942) "Reply to Critics." *The Philosophy of G. E. Moore*, edited by P. A. Schilpp. La Salle, IL: Open Court.

Moran, Richard (2001) *Authority and Estrangement*: *An Essay on Self – knowledge*. Princeton, NJ: Princeton University Press.

——(2003) "Responses to O'Brien and Shoemaker." *European Journal of Philosophy* 11: 402 – 419.

Nagel, Thomas (1974) "What Is It Like to Be a Bat?" *Philosophical Review* 83: 435 – 450.

——(1989) *The View from Nowhere*. New York: Oxford University Press.

Neisser, Ulric and Jopling, David (eds) (1997) *The Conceptual Self in Context*: *Culture*, *Experience*, *Self – Understanding*. Cambridge: Cambridge University Press.

Nichols, Shaun and Stich, Stephen (2003) *Mindreading*. Oxford: Oxford University Press.

Nisbett, Richard and Wilson, Timothy (1977) "Telling More Than We Can Know: Verbal Reports on Mental Processes." *Psychological Review* 84: 231 – 259.

O'Brien, Lucy (2003) "Moran on Agency and Self – knowledge." *European Journal of Philosophy* 11:375 – 390.

——(2007) *Self – knowing Agents*. New York: Oxford University Press.

Pappas, George (2008) "Internalist vs. Externalist Conceptions of Epistemic Justification." In Edward N. Zalta (ed.) *The Stanford*

Encyclopedia of Philosophy (*Fall* 2008 *Edition*) . Available at < http://plato. stanford. edu/archives/fall2008/entries/justep – intext/ > .

Parfit, Derek (1984) *Reasons and Persons*. Oxford: Clarendon Press.

Peacocke, Christopher (1992) *A Study of Concepts*. Cambridge, MA: MIT Press.

——(1999) *Being Known*. New York: Oxford University Press.

Perry, John (ed.) (1975) *Personal Identity*. Berkeley, CA: University of California Press.

——(1977) "Frege on Demonstratives." *Philosophical Review* 86: 474 – 497.

——(1979) "The Problem of the Essential Indexical." *Noûs* 13: 3 – 21.

Piccinini, Gualtiero (2003) "Data from Introspective Reports: Upgrading from Common Sense to Science." *Journal of Consciousness Studies* 10: 141 – 156.

Pitt, David (2004) "The Phenomenology of Cognition, or, What Is It Like to Think That P?" *Philosophy and Phenomenological Research* 69: 1 – 36.

Plantinga, Alvin (1993) *Warrant: The Current Debate*. Oxford: Oxford University Press.

Plato (2002) *Five Dialogues*, trans. G. M. A. Grube, 2nd edn, revised by John Cooper. Indianapolis, IN: Hackett Publishing.

——(2005) *Phaedrus*, trans. Christopher Rowe. London: Penguin.

Reed, Baron (2008) "Certainty." In Edward N. Zalta (ed.), *The Stanford Encyclopedia of Philosophy* (*Fall* 2008 *Edition*) . Available at < http://plato. stanford. edu/archives/fall2008/entries/ certainty / > .

——(2010) "Self – knowledge and Rationality." *Philosophy and Phenomenological Research* 80: 164 – 181.

Reid, Thomas (1785/2002) *Essays on the Intellectual Power of Man*, edited by Derek Brookes. University Park, PA: Pennsylvania State University Press.

Roessler, Johannes and Eilan, Naomi (eds) (2003) *Agency and Self – awareness: Issues in Philosophy and Psychology*. Oxford: Oxford University Press.

Russell, Bertrand (1912) *Problems of Philosophy*. New York: Henry Holt & Co.

——(1921) *The Analysis of Mind*. London: George Allen & Unwin.

——(1927) *The Analysis of Matter*. New York: Harcourt, Brace.

Ryle, Gilbert (1949/1984) *The Concept of Mind*. Chicago: University of Chicago Press.

Schacter, S. and Singer, J. E. (1962) "Cognitive, Social, and Physiological Determinants of Emotional State." *Psychological Review* 69: 379 – 399.

Schultheiss, Oliver and Brunstien, Joachim (1999) "Goal Imagery: Bridging the Gap between Implicit Motives and Explicit Goals." *Journal of Personality* 67: 1 – 38.

Schwitzgebel, Eric (2008) "The Unreliability of Naïve Introspection." *Philosophical Review* 117: 245 – 273.

Sellars, Wilfrid (1956/1997) *Empiricism and the Philosophy of Mind*. Introduction by Richard Rorty and study guide by Robert Brandom. Cambridge, MA: Harvard University Press.

Shah, Nishi and Velleman, David (2005) "Doxastic Deliberation. " *Philosophical Review* 114 : 497 – 534.

Shoemaker, Sydney (1968) " Self – reference and Self – awareness. " *Journal of Philosophy* 65 , no. 19 : 555 – 567.

——(1988) " On Knowing One's Own Mind. " *Philosophical Perspectives* 2 : 183 – 209.

——(1994) " Self – knowledge and ' Inner Sense '. " *Philosophy and Phenomenological Research* 54 : 249 – 314.

——(2003) " Moran on Self – knowledge. " *European Journal of Philosophy* 3 : 391 – 401.

Siewert, Charles (1998) *The Significance of Consciousness*. Princeton University Press.

——(2003) " Self – knowledge and Rationality : Shoemaker on Self – blindness. " In Gertler 2003 , 131 – 145.

Sosa, Ernest (1997) " How to Resolve the Pyrrhonian Problematic : A Lesson from Descartes. " *Philosophical Studies* 85 : 229 – 249.

——(1999) " How to Defeat Opposition to Moore. " *Philosophical Perspectives* 13 : 141 – 153.

——(2003) " Does Knowledge Have Foundations?" In BonJour and Sosa 2003 , 119 – 140.

Stalnaker, Robert (2008) *Our Knowledge of the Internal World*. Oxford : Oxford University Press. Stephens, G. Lynn and Graham, George (2000) *When Self – consciousness Breaks : Alien Voices and Inserted Thoughts*. Cambridge, MA : MIT Press.

Strawson, Galen (2009) *Selves : An Essay in Revisionary Metaphysics*. Oxford : Oxford University Press.

Stroud, Barry (1984) *The Significance of Philosophical Skepticism*. New York : Oxford University Press.

Unger, Peter (1971) " A Defense of Skepticism. " *Philosophical*

Review 80: 198 – 219.

——(2006) *All the Power in the World.* New York: Oxford University Press.

Weatherson (2004) "Luminous Margins." *Australasian Journal of Philosophy* 82: 373 – 383.

Wegner, Daniel and Wheatley, Thalia (1999) "Apparent Mental Causation: Sources of the Experience of Will." *American Psychologist* 54: 480 – 492.

Williamson (2000) *Knowledge and Its Limits.* Oxford: Oxford University Press.

Wilson, Timothy (2002) *Strangers to Ourselves: Discovering the Adaptive Unconscious.* Cambridge, MA: Harvard University Press.

Wilson, Timothy and Dunn, Dana (2004) "Self – knowledge: Its limits, Value, and Potential for Improvement." *Annual Review of Psychology* 55: 493 – 518.

Wilson, Timothy and Kraft, Dolores (1993) "Why Do I Love Thee? Effects of Repeated Introspections about a Dating Relationship on Attitudes toward the Relationship." *Personal and Social Psychology Bulletin* 19: 409 – 441.

Winkler, Kenneth (1991) "Locke on Personal Identity." *Journal of the History of Philosophy* 29: 201 – 226.

Wittgenstein, Ludwig (1953) *Philosophical Investigation*, trans. G. E. M. Anscombe. Oxford: Blackwell.

Wright, Crispin (1989) "Wittgenstein's Later Philosophy of Mind: Sensation, Privacy, and Intention." *Journal of Philosophy* 86: 622 – 634.

——(1998) "Self – knowledge: The Wittgensteinian Legacy." In C. Wright, B. Smith, and C. Macdonald (eds). *Knowing Our Own*

Minds. Oxford: Clarendon Press.

Zimmerman, Aaron (2006) "Basic Self – knowledge: Answering Peacocke's Criticisms of Constitutivism." *Philosophical Studies* 123: 337 – 379.

——(2008) "Self – knowledge: Rationalism vs. Empiricism." *Philosophy Compass* 3, no. 2: 325 – 352.

图书在版编目（CIP）数据

自我知识/（美）格特勒著；徐竹译. —北京：华夏出版社，2013.5
书名原文：Self-knowledge
ISBN 978-7-5080-7586-0

Ⅰ. ①自⋯ Ⅱ. ①格⋯ ②徐⋯ Ⅲ. ①认知心理学－研究 Ⅳ. ①B842.1

中国版本图书馆 CIP 数据核字(2013)第 091516 号

Self-knowledge/ by Brie Gertler / ISBN:978-0-415-40526-3
Copyright ©2011 by Routledge
Authorised translation from the English language edition published by Routledge, a member of the Taylor & Francis Group. Copies of this book sold without a Taylor & Francis sticker on the cover are unauthorized and illegal.

本书中文简体翻译版授权由华夏出版社独家出版并限在中国大陆地区销售。未经出版者书面许可，不得以任何方式复制或发行本书的任何部分。
本书封面贴有 Taylor & Francis 公司防伪标签，无标签者不得销售。

版权所有　翻印必究
北京市版权局著作权合同登记号：图字 01-2011-0902

自我知识

作　　者	［美］布瑞·格特勒	译者	徐　竹
责任编辑	罗　庆		

出版发行　**华夏出版社**
经　　销　新华书店
印　　刷　北京市人民文学印刷厂
装　　订　三河市万龙印装有限公司
版　　次　2013 年 5 月北京第 1 版
　　　　　2013 年 6 月北京第 1 次印刷
开　　本　880×1230　1/32 开
印　　张　12
字　　数　312 千字
定　　价　39.00 元

华夏出版社　地址：北京市东直门外香河园北里 4 号　邮编：100028
网址：www.hxph.com.cn　电话：（010）64663331（转）
若发现本版图书有印装质量问题，请与我社营销中心联系调换。